第 2 版

卫生健康行业职业技能培训教

U0175384

助听器验配师
专业技能

国家卫生健康委人才交流服务中心　　**组织编写**

主　编　张　华
副主编　张建一　陈振声　孙喜斌　梁　涛

编　委（以姓氏笔画为序）

王　硕　首都医科大学附属北京同仁医院	陈振声　中国残疾人辅助器具中心
王　越　吉林大学第四医院	林　颖　空军军医大学西京医院
王永华　浙江中医药大学	郑　芸　四川大学华西医院
王树峰　北京听力协会	段吉茸　上海市浦东新区浦南医院
西品香　中国医学科学院北京协和医学院	商莹莹　北京协和医院
刘　莎　首都医科大学附属北京同仁医院	曹永茂　武汉大学人民医院
孙喜斌　中国听力语言康复研究中心	梁　涛　中国听力医学发展基金会
李晓璐　南京医科大学第一附属医院（江苏省人民医院）	梁　巍　中国听力语言康复研究中心
	韩　睿　中国听力语言康复研究中心
张　华　首都医科大学附属北京同仁医院	曾祥丽　中山大学附属第三医院
张建一　中国医学科学院北京协和医学院	

编委秘书

孙　雯　北京协和医院
冯晓飞　国家卫生健康委人才交流服务中心

人民卫生出版社
·北　京·

版权所有，侵权必究！

图书在版编目（CIP）数据

助听器验配师：专业技能 / 张华主编. —2 版. —
北京：人民卫生出版社，2021.10
ISBN 978-7-117-32271-3

Ⅰ. ①助…　Ⅱ. ①张…　Ⅲ. ①助听器－技术培训－教
材　Ⅳ. ①TH789

中国版本图书馆 CIP 数据核字（2021）第 210704 号

人卫智网	**www.ipmph.com**	医学教育、学术、考试、健康，购书智慧智能综合服务平台
人卫官网	**www.pmph.com**	人卫官方资讯发布平台

助听器验配师　专业技能
Zhutingqi Yanpeishi Zhuanye Jineng
第 2 版

主　　编：张　华
出版发行：人民卫生出版社（中继线 010-59780011）
地　　址：北京市朝阳区潘家园南里 19 号
邮　　编：100021
E - mail：pmph @ pmph.com
购书热线：010-59787592　010-59787584　010-65264830
印　　刷：北京汇林印务有限公司
经　　销：新华书店
开　　本：787 × 1092　1/16　印张：18
字　　数：438 千字
版　　次：2016 年 11 月第 1 版　　2021 年 10 月第 2 版
印　　次：2021 年 12 月第 1 次印刷
标准书号：ISBN 978-7-117-32271-3
定　　价：110.00 元

打击盗版举报电话：**010-59787491　E-mail：WQ @ pmph.com**
质量问题联系电话：**010-59787234　E-mail：zhiliang @ pmph.com**

前　言

　　国家卫生健康委人才交流服务中心组织编写的《助听器验配师 基础知识》和《助听器验配师 专业技能》第1版教材反馈较好，因职业标准有更新，故根据新的形势和任务对上版进行了修订。此次再版，编者以第三届助听器验配师国家职业技能鉴定专家委员会（以下简称"专家委员会"）专家为主。

　　时至今日，助听器仍然是帮助绝大部分听力障碍群体提高生活质量的最主要辅具。虽然助听器的科技含量日益增加，民众的经济支付能力大幅提高，我国政府助残、爱耳的支持力度进一步加大，但实际生活中对验配的助听器佩戴效果满意的听障者在确实需要助听器者中所占比例仍然很小。这种现象与我国强大的经济实力和文化基础很不一致，其主要原因之一是我国极其缺乏培训合格的验配师。此次编写充分体现了数以万计听障者对高质量验配的渴望，从另一个侧面也显示了助听器验配师正规培训的巨大市场需求。

　　此次编写，专家委员会首先根据国家卫生健康委员会及人力资源和社会保障部的要求，重新修订《助听器验配师国家职业标准（试行）》和培训大纲，既保持了原有文件的系统性，又根据新要求进行了重要增减，并充分体现了助听器技术的进展和对验配师的高标准要求。在此基础上，编委会根据新的标准和大纲，对本教材第1版进行了认真审核对照，以及修改。此次编写过程中，编委会分别召开了目录审定会议、编写安排会议和审核定稿会议，从整体安排、具体章节、图表等方面都进行了认真的书写核对。专家的认真负责、细致的审校促成了此版的质量提高和在较快时间内完成。

　　虽然此次编写各方竭尽努力，但难免有不当之处，敬请各培训单位和读者提出宝贵意见，让我们一起在不断修订中帮助我国助听器验配师队伍不断壮大。

张　华

2021年9月

目　录

第一篇　国家职业资格四级

第一章　听力咨询 1
　第一节　病史采集 1
　第二节　档案管理 5

第二章　听力检测 9
　第一节　耳镜检查 9
　第二节　纯音测听 18

第三章　助听器选择 45
　第一节　听觉功能分析 45
　第二节　助听器类型选择 53
　第三节　助听器功能选择 64

第四章　耳印模取样 73
　第一节　耳印模材料及注射方法 73
　第二节　耳印模取出 76

第五章　助听器调试 79
　第一节　助听器调试准备 79
　第二节　最大声输出调试 80
　第三节　助听器增益调试 85
　第四节　助听器降噪功能调试 93
　第五节　助听器声反馈管理 106

第六章　验证与效果评估 112
　第一节　助听听阈测试 112
　第二节　问卷评估 124

第七章　康复指导 138
　第一节　成人助听器使用指导 138

第二节　成人助听器佩戴适应性训练 ·· 144
第三节　跟踪随访 ··· 147

第二篇　国家职业资格三级

第一章　儿童病史采集及听力与助听器验配咨询 ··· 153
　第一节　儿童耳及听力病史采集 ·· 153
　第二节　儿童相关病史采集 ·· 155

第二章　听力检测 ··· 157
　第一节　声导抗测试 ·· 157
　第二节　游戏测听 ·· 164
　第三节　言语测听 ·· 169

第三章　耳印模取样 ·· 176
　第一节　耳廓异常耳印模取样 ··· 176
　第二节　外耳道异常耳印模取样 ·· 180

第四章　助听器调试 ·· 184
　第一节　助听器方向性调试 ·· 184
　第二节　助听器程序设置 ··· 193
　第三节　CROS 气导助听器和 BICROS 气导助听器调试 ······································ 198
　第四节　助听器常规性能测试 ··· 200
　第五节　助听器附件和智能设备连接 ··· 206

第五章　验证与效果评估 ··· 209
　第一节　真耳分析 ·· 209
　第二节　助听言语识别率评估 ··· 221

第六章　康复指导 ··· 231
　第一节　学龄期听障儿童听觉康复训练指导 ·· 231
　第二节　学龄期听障儿童语言康复训练指导 ·· 252

第七章　培训指导 ··· 269
　第一节　操作指导 ·· 269
　第二节　理论培训 ·· 271
　第三节　指导培训 ·· 272

推荐阅读 ·· 282

第一篇　国家职业资格四级

第一章　听力咨询

第一节　病史采集

【相关知识】

一、病史采集

1. **病史**　是指与疾病的发生、发展、诊治经过及既往健康状况有关的信息。

2. **病史采集**　是指通过病史询问者与患者及有关人员的提问与回答，了解疾病的发生和发展，进而获取病史资料的过程。

3. **病史采集的重要性**

（1）解决患者临床诊断问题的大部分线索和依据，来源于患者病史采集所获得的资料，其完整性和准确性对疾病的诊断和处理至关重要，同时为随后对患者进行的一系列相关检查和处置提供重要的线索和资料。

（2）病史采集的资料有可能会提供早于其他诊断性检查的阳性依据。

（3）部分临床疾病通过病史采集即可明确诊断依据。

（4）病史采集是医患接触的第一步，是医患沟通、建立相互信任的医患关系的最好时机。我们可以通过听他/她的发音、情感表达和交流方式了解其就诊时的听力状态，并根据患者在交流时的音量、言语的清晰度大致了解其损失的时间和严重程度，同时了解其对自己听力的态度和对助听的预期。正确的采集方式和沟通技巧，可使患者对检查者产生好感，提高患者对检查者的信任度，使患者对检查者的建议有更好的依从性，这对疾病的干预非常重要。

（5）尽管目前医学发展迅速，新的诊断设备及新技术不断涌现，但详细的病史询问和细致的体格检查仍是诊断疾病最基本的手段之一。尤其在条件简陋的情况下，采集病史和体格检查非常重要，任何先进仪器和设备均无法替代它的作用。所以，病史采集也是专业听力师和助听器验配师必须掌握的基本临床技能之一。

二、病史采集的方法

1. **病史采集对象**　可直接询问对自己病情最清楚、最了解的患者本人。对小儿、精神

1

障碍、听力严重障碍者等不能亲自叙述者,则由最了解其病情的监护人、亲属或其他了解病情经过的人代述。

2. 病史采集方法与步骤

（1）自我介绍:病史采集开始之前,询问者要做自我介绍,说明自己的身份和采集病史的目的,对患者称呼要使用礼貌用语,通过简单随和的交谈,使患者的情绪放松。

（2）遵循时间顺序:按主诉的症状与体征出现的先后次序询问,从症状开始的确切时间,直至目前疾病的演变过程,依次逐步深入。采集者提出的问题目的明确,重点突出,按顺序提问,使患者对所提的问题能清楚地理解,杂乱无章或无目的的提问会降低患者对采集者的信任程度。

（3）耐心聆听:大部分听力障碍患者患病后情绪不稳定或性格可能发生某些变化,对采集病史可能缺少配合,或寥寥数语,或滔滔不绝,或陈述不够系统或不准确,此时病史采集者对患者一定要亲切、耐心、同情、和蔼,态度要严肃认真,集中注意力,耐心倾听,适当启发鼓励,尽量让患者充分地陈述和强调他认为重要的情况及感受。

（4）巧用过渡语言:当患者所谈离题太远,或应该转向下一个问题时,应善于使用过渡语言,转换话题,引导患者叙述与病情有关的问题,切不可生硬地打断患者的叙述。

（5）重视患者的提问:耐心解答患者的疑问,对不懂或解释不清的问题,不能随便应付、不懂装懂,应坦诚个人的经验不足,并设法为患者寻找答案。

（6）防止诱导性提问:不要进行暗示性提问或有意识地诱导合乎采集者主观印象所需要的内容,语言应通俗易懂,避免使用医学术语。

采集病史后将患者所述按时间先后、症状主次加以整理、分析,并根据需要随时加以补充或深入追问,以充实病史内容。若患者病史长,对其整个病史过程记忆不完整,则鼓励患者或家属想起相关细节时可以随时补充。

3. 病史采集的注意事项

（1）病史采集是一项严肃的医疗行为,要遵守医生的职业道德,尊重患者的隐私,采集病史时注意回避陌生人,对患者或其家人的任何资料都要保守秘密,不扩散传播。

（2）病史的采集要对任何人一视同仁,不能因患者的经济地位、社会地位、文化程度、家庭背景、性别及种族等不同而采取不同的态度,对严重听力言语障碍的患者不能有歧视言行。

（3）对听力障碍的老年人、儿童及残疾人,应特别关心,尤其对听力言语障碍、交流有困难的患者,采集病史应减慢语速,由浅入深,大声交流时要面带微笑,配合简单明了的手势及肢体语言,注意患者的表情反应,判断是否听懂,必要时请患者的亲属、朋友代述,或采用书面形式提问交流。对于双耳听力损失严重、口头交流已经有困难的患者,则可以根据患者的具体情况采取辅助措施。如对于有一定文化并且视力尚可的患者,可采用写字板、微信语音输入转换成文字等措施;对于双耳听力损失程度不等的,则选择站在相对较好耳的一侧,加上适当的肢体语言辅助,放慢语速等;对于因方言所限者,则尽量找能用其方言进行沟通者,以帮助翻译。

（4）询问者在接触患者时要注意仪表和行为举止,着装整齐,使患者感到亲切,值得信赖。

（5）对同道不随意评价,不在患者面前诋毁其他医师或同行。

三、听力障碍者病史采集的内容

1. **一般项目内容** 包括姓名、性别、年龄、出生地、民族、婚姻、职业、工作单位、邮政编码、身份证号码、通信地址、电话号码、记录时间、病史叙述者及可靠程度。

以上内容不能遗漏，书写不能模糊。若病史陈述者不是患者本人，应注明与患者的关系。记录年龄要写实足年龄，不得简写为"成""儿"等，但不同年龄时期儿童的年龄记录要求不同，新生儿记录天数甚至小时数，婴幼儿记录月数，1 岁以上记录几岁几个月，如 16 个月则表示为 $1^4/_{12}$ 岁。职业应写明具体工作类别，如钳工、幼师、待业等，不能笼统地写为工人、干部。地址要注明，农村记录到乡、村，城市记录到街道门牌号码，工厂记录到车间班组，机关记录到科室。若患儿为听障儿童，则需了解父母的文化程度和听力情况。

2. **主诉** 主诉是指患者就诊的最明显的症状和 / 或体征，以及持续的时间。根据主诉能提供对某系统疾病的诊断线索，主诉语言表述要简洁明了，一般不超过 20 字。

3. **听力障碍疾病者的发病史** 听力障碍疾病的发病史是患者病史采集的主体部分，围绕主诉，按症状出现的先后，详细记录从发病到就诊时疾病的发生、发展及其变化的经过、伴随症状和发病后诊疗经过及结果，睡眠和饮食等一般情况的变化，以及与鉴别诊断有关的阳性或阴性资料等。其内容主要包括：

（1）起病情况：记录听力障碍发病的时间、起病缓急、前驱症状、可能的原因或诱因。

（2）主要症状特点及其发展变化情况：按发生的先后顺序描述主要症状的部位、单耳还是双耳，同时发病还是先后发病。听力下降的性质、持续时间、程度、缓解或加剧因素，以及演变发展情况，包括听力缓慢下降还是快速下降，双耳同样性质还是不同性质，听力稳定还是波动。

（3）伴随症状：伴随症状的特点及变化，与主要症状之间的相互关系。这些伴随症状常常是鉴别诊断的依据，所以对具有鉴别诊断意义的重要阳性和阴性症状应予以重视，如听力下降前后是否有耳内胀闷不适、耳鸣，是否出现头痛、头晕或眩晕。询问患者听力损失是否影响其正常生活及爱好，是否有心情郁闷、烦躁，或因听力障碍而减少社会活动等。

（4）诊治经过及结果：发病以来曾在何处接受检查、治疗的详细经过及效果，特别需要详细记录有关临床听力学及影像学的检查结果，对患者提供的药名、诊断和手术名称需加引号以示区别。记录助听器验配及使用情况，是否第一次使用，使用的时间及感受，了解听力言语康复训练情况及训练结果。

（5）一般情况：简要记录患者发病后的精神状态、睡眠、食欲、体重等情况。

（6）全身基础健康情况：健康状况是否稳定，听力损失以来是否过有手术、放疗等经历。

4. **听力障碍疾病者的既往病史** 是指患者本次发病以前的健康和疾病情况，特别是与目前疾病有密切关系的慢性病。按时间先后记录，内容包括既往一般健康状况与听力损失有关的疾病史，如高血压、高脂血症、糖尿病、肾功能不全、甲状腺功能减退及自身免疫性疾病等。是否患有与听力损失有关的疾病，如流行性腮腺炎、麻疹等传染病史及其他疾病史，耳科手术史，头外伤史等。耳毒性药物使用史，要了解是否使用过链霉素、庆大霉素等氨基糖苷类抗生素，使用的时间及种类，尤其是自幼听力障碍者，另外，一些内科疾病患者需服用利尿药等其他耳毒性药物，都需要详细询问了解。

5. **听力障碍疾病者的个人史**

（1）社会经历：包括出生地、居住地区和居留时间、受教育程度、经济条件和业余爱好。

（2）职业及工作条件：过去及目前所从事的职业，工作环境及劳动保护情况，重点了解是否有噪声接触史，应注明接触时间及程度，是否有个人防护装置（如防护耳塞、护耳器等）。

（3）习惯与嗜好：起居与卫生习惯、饮食的规律与质量，有无烟、酒、药物等嗜好，了解摄入量，有无治游史。

6. **出生史** 如是或疑是听力障碍的患儿，要着重了解出生前母亲孕期传染性疾病史、孕期耳毒性药物使用史及其他疾病史，分娩方式和过程（顺产、难产）。要记录患儿胎龄、胎次，出生时有无窒息、新生儿黄疸、产伤，阿普加（Apgar）评分，出生时体重。3 岁以内的患儿还要了解听觉、语言、体格及智力发育过程。年长儿应了解其学习成绩、性格，与周围人相处关系等。

7. **婚育史** 婚姻状况、是否近亲结婚、结婚年龄、配偶健康状况、有无听力问题、有无子女等。

8. **家族史** 详细了解父母、兄弟、姐妹及子女的健康状况，有无与耳聋相关的疾病，有无家族遗传倾向的疾病，如有则需了解两系三级亲属的健康和疾病情况，必要时可绘出家系图显示详细情况。

【能力要求】

认真学习病史采集的相关知识，掌握病史采集的方法和技巧，掌握老年和儿童听力障碍者病史采集的方法和采集要点。

1. **老年性听力障碍患者病史采集询问要点**

（1）病因和诱因：感染、创伤、物理因素、精神因素，如听力下降前是否有呼吸道感染，是否有航空旅行和潜水经历，耳漏是否较前有所加重，是否精神紧张、情绪波动、过度劳累、睡眠欠佳、饮烈性酒，是否接触强噪声等。

（2）听力损失的特点：突发性、波动性，还是隐匿发病，渐进性听力下降症状的持续时间。单耳还是双耳，了解听力下降是听不到还是听不清，是否存在重振现象，安静与嘈杂环境听敏度的区别，言语分辨能力。

（3）伴随症状：耳鸣，低音调还是高音调，间歇性还是持续性，是否伴发眩晕、头晕、耳闷胀感、耳疼痛。

（4）相关既往病史及其他病史：是否合并与听力损失有关的慢性疾病，包括高血压、冠状动脉粥样硬化性心脏病、糖尿病、动脉硬化、高脂血症、自身免疫性疾病等。是否有头部外伤史、耳部疾病手术史。是否使用过或正在使用耳毒性药物。曾经及目前所从事的职业，是否有职业性及娱乐性噪声暴露史。

（5）诊疗经过：患病以来是否曾到医院就诊，做过哪些检查，听力及影像学检查的结果，曾接受过何种治疗；是否佩戴过助听器，单耳还是双耳，佩戴效果怎样；是否对听力康复有特殊需求。

（6）一般情况：患病以来的睡眠、情绪及精神状态等。

2. **小儿听力障碍患者病史采集询问要点**

（1）病因和诱因：发现听力下降前，是否有呼吸道或其他部位病毒、细菌感染性疾病，是否有头部的轻微外伤、剧烈运动等。

（2）听力损失的特点：听力下降发生的时间，出生后对声音有无反应，尤其在浅睡眠时对较响的声音是否有惊吓反应。对稍大的婴幼儿可询问对周围发声物体是否有兴趣，是否能转向发声者，是否发现小儿有拍打或抓耳部的动作，是否到了说话年龄仍不会说话，或发音吐字不清。

（3）既往病史：是否有脑膜炎、腮腺炎等感染性疾病病史，是否有头部外伤史、耳部疾病手术治疗史，是否用过或正在应用耳毒性药物，尤其是氨基糖苷类药物。

（4）母亲妊娠史及分娩史：母亲孕期有无感染史，如巨细胞病毒、风疹病毒、单纯疱疹病毒、梅毒螺旋体及弓形体等，是否患有甲状腺功能减退、糖尿病等疾病，孕期是否使用不当的药物，尤其是耳毒性药物，是否接触放射线。出生时是否有缺氧、窒息，新生儿 Apgar评分，出生时体重，有无溶血病、高胆红素血症等。

（5）小儿的生长发育状况：小儿的体格发育、智力发育是否与同龄儿童一致。对于学龄儿童，要了解其学习情况、注意力是否集中、与同学及小朋友的关系如何。0～3 岁儿童听力发育异常观察项目请参考表 1-1-1。

表 1-1-1　婴幼儿听觉发育异常重点观察项目

年龄	观察项目	年龄	观察项目
3 月龄	对很大声音没有反应，逗引时不发音或不会笑	18 月龄	不会有意识叫"爸爸"或"妈妈"，不会按要求指人或物
6 月龄	发音少，不会笑出声	2 岁	无有意义的语言
8 月龄	听到声音无应答	2.5 岁	不会说 2～3 个字的短语
12 月龄	呼唤名字无反应	3 岁	不能与其他儿童交流、游戏，不会说自己的名字

（6）诊疗经过：患病以来是否曾到医院就诊，做过哪些检查，听力检查的结果，曾接受过何种治疗；是否佩戴过助听器，单耳还是双耳，佩戴效果怎样。患儿是否接受过正规的康复训练，是以康复机构训练为主，还是以家庭训练为主，训练的模式如何，每日、每周的平均训练时间多少，结果怎样，是否满意等。

（7）家族中有无其他听力障碍患者，父母及其近亲属的听力如何，是否近亲结婚。

（王　越　曾祥丽）

第二节　档 案 管 理

一、档案管理的概念

档案管理是指对档案实体和档案信息进行管理并利用的过程，包括收集、整理、保管、鉴定、统计和利用。在验配过程中需要实现档案管理的内容主要包括患者的病史、检查及验配结果、调机记录、使用情况、验配后评估、维修记录等，特殊情况下（如听神经病、听觉发育延迟、中枢听觉处理障碍等）还必须包括患者的知情同意书。

二、档案管理的必要性

档案中记录的信息可以帮助验配师判断患者是否有使用助听器的适应证。例如,对于大部分传导性听力损失患者(常见于中耳病变),手术治疗是首选的干预措施;发病 3 个月以内的感音神经性听力损失患者,或仍存在听力波动的听力障碍患者,验配助听器之前可以考虑药物治疗。

在明确助听器是最佳的干预措施后,通过这些信息可以帮助验配师了解患者的具体需求,指导助听器的选择。例如,同样的听力水平,有的患者的活动范围比较局限,仅要求在家庭生活等安静环境下获得较佳的聆听效果,而有些则要求在嘈杂环境下也能保证较佳的聆听效果。对于前者,选配基础型的助听器即可;而对于后者,则必须选配具备相应功能(如自适应指向性麦克风)的助听器。

随后,助听器验配师可以通过这些信息明确在验配过程中是否需要特别处理或需要注意的地方,避免患者遭受不必要的伤害。例如,对于中耳术后的患者,外耳道形状不规则,若按常规方法取耳模往往会出现耳模无法取出的情况;对于部分不愿手术的鼓膜穿孔患者,若操作不慎往往会发生耳模材料进入中耳腔的情况。

而通过验配后的评估结果,可以帮助验配师了解患者助听器佩戴效果,指导助听器进一步调试工作。例如,对于初次选配的婴幼儿患者,起始增益应低于所需增益,然后随着患者的适应程度再进行相应调整;而对于发育迟缓的患者,后期的效果评估对助听器的调节更为重要。

对于维修记录而言,可以针对患者助听器的维修部件及次数对其进行进一步的使用指导和调试。例如,对于具有方向性麦克风的助听器,排除其他常见故障(部件位移、皮屑、湿气、尘埃等)外,再次出现调试后仍难达到初次验配时的效果,就应该考虑助听器麦克风出现严重不匹配问题,需要到维修部进行检测或更换;曾经因为清洁不到位而出现助听器无声音的患者,排除电池没电的情况下,首先应检查患者助听器耳膜声孔或通气孔堵塞问题;除此之外,维修记录也是保证验配中心和患者在服务期间是否需要付费的凭证,保证双方利益的有效依据之一。

由此可见,做好档案管理是帮助患者获得良好聆听效果的有效途径。同时,它也是助听器验配师自我保护的重要措施。例如,可通过对患者的病史、助听器的选择、患者每次的调机要求和调机记录及评估效果等做好记录,明确自己的验配及调试工作是准确无误的,是符合当时患者需求的。最后,通过对信息的整理、分析与总结,可以开展关于助听器参数与效果等方面的研究,有利于提高助听器验配师的验配水平,并指导助听器厂家进行相应的参数调整。

三、档案内容的整理方法

只有对众多的信息进行有序地整理才能便于我们使用,因此,整理是档案管理中的重要一环。档案整理的方法主要包括以"案宗"为单位的整理,以及以"件"为单位的整理。在验配过程中一般以第一种方法为主,即按照信息材料在形成和处理过程中的联系将其组合成一个案卷,一名患者立一个案卷。立卷是一个分类、组合、编目的过程。分类即将各种信息按照不同内容进行分类,例如病史资料、调机记录等;组合即将分类好的信息按一定形式组合起来，例如评估结果可以按照时间顺序进行排列组合；编目即将组合后的材料进行排列编号。

四、档案管理的方式及其优缺点

文书记录是档案管理的重要方式。例如，我们对历史朝代的认识都是从文书记录中获得的。文书记录是指利用笔、刀等书写工具将想保存的信息在纸、竹等载体上进行记录。而随着科技的发展，计算机成了生活工作中必不可少的办公用具，已成为信息管理的重要手段。虽然，目前验配档案大多已实现计算机保存，但鉴于核对的需要，建议实行文书记录和计算机保存的双模式管理，文书记录在核对结束后，保存满5年可考虑销毁。

1. 文书记录

优点：所需工具方便易得，价格便宜，操作无须特殊技能。

缺点：保存档案所需空间大，保存难度大，信息调用难，同一时间只能提供单人使用，信息流通性较差，时间久了记录的文字可能会模糊难认。

2. 计算机保存

优点：较文书记录环保，占用空间小，信息调用方便，信息能同一时间供多人使用，信息流通性较佳。

缺点：所需工具成本相对较高，且需熟练掌握计算机技术。

五、患者的隐私保护

患者档案中因为包含众多的个人资料，为了避免患者受到不必要的滋扰，在档案管理过程中必须坚持患者的隐私保护原则。隐私保护即要求验配师及验配机构只有在获取服务所需资料的情况下，并在得到患者（或在某些情况下，其监护人或家人）的知情同意后，才能使用患者资料。

具体要求如下：尊重患者享有保密的权利；资料必须是患者自愿提供的，是通过合法及妥善的途径收集的，且只用于完善或提高助听器验配效果；收集到的资料只可按需要披露给提供服务或评估的相关单位，如上级验配中心、残联、医院等；除非资料的转移是合乎法例所需或授权，或基于保护人身安全，否则必须在征得患者本人同意后方可将资料转给其他机构；资料只提供有需要知情的员工查阅。

六、科研工作中使用档案信息的原则

为了给患者提供更佳的验配效果，开展相关科研项目是必须的。但若科研需要使用到患者的信息，则必须先征得患者同意（并签署知情同意书），并严格遵循研究伦理原则。研究伦理主要分为两部分：一是研究者必须遵循的实事求是、严谨审慎的一般原则；二是以人类为对象所必须遵守的道德原则。

（1）一般原则：研究者自始至终都应该奉行实事求是的科学精神和严谨审慎的工作作风。需要注意的是，由于研究方法的局限或者研究者自身的期待心理，研究者可能无意地歪曲了事实，这就必须通过研究者严格谨慎的研究态度来消除。

（2）道德原则：

知情同意权：计划入组资料的患者有权利了解研究目的和内容，并仅在自愿同意的情况下签署知情同意书。

退组的自由：研究者必须尊重患者退组的自由，允许患者在任何时候退出，患者应被告知自己有权利随时退出。

保护患者免受伤害：必须确保在研究中所使用的资料不会对患者造成生理、心理及财物等方面的伤害。

保密原则：除非资料的转移是合乎法例所需或授权，或基于保护人身安全，否则未经患者许可的条件下，研究者不应泄露患者的任何资料。

因此，研究中档案资料的使用必须建立在实效的基础上，即研究者必须首先做到最好地保护患者，然后才能考虑如何完成一项有意义且有效的研究。这就是科学研究有效性与道德伦理的统一。

（曾祥丽　黎志成）

思 考 题

1. 为什么要进行病史采集？
2. 简述病史采集的注意事项。
3. 简述听力障碍患儿病史采集要点。
4. 什么是档案管理？当中应包括什么信息？
5. 进行有效的档案管理的意义是什么？
6. 档案管理的方式有哪些？各有什么优缺点？
7. 档案管理的原则是什么？

第二章　听　力　检　测

第一节　耳　镜　检　查

　　耳镜又称"电耳镜"，是自带光源和放大镜的窥耳器，可检查某些裸眼不易察觉到的细微病变，在缺乏反射光源时尤为重要。耳镜体积小，携带方便，操作简便，是助听器验配师的必备工具之一，主要用于检查患者的外耳道和鼓膜，判断患者的外耳条件是否适合进行助听器验配。

　　良好的外耳条件是进行助听器选配必要的前提和生理基础，某些外耳病变会影响患者听力检测结果，也可能会影响耳印材料的注入，还有些病例，需要先行转诊治疗后，方可考虑验配。

　　美国食品药品监督局（Food and Drug Administration，FDA）颁布的助听器验配转诊指标指出，耳镜检查若发现以下几种情况，建议将患者先行转诊至耳科或听力门诊治疗：①明显的遗传性或外伤性耳部畸形；②近 90 天内有活动性外耳道渗出；③近 90 天内有突发性听力减退或听力迅速减退病史；④耳鸣；⑤纯音测听结果显示 500Hz、1 000Hz、2 000Hz 频率段气 - 骨导差≥15dB 听力级；⑥外耳道耵聍栓塞或外耳道异物；⑦耳部疼痛或不适。

【相关知识】

一、耳镜准备

　　1. **耳镜结构**　耳镜一般的组成部分有：①头部；②手柄：内有电源，多为 1.5V 干电池；③光源：多为 3.5V 卤素灯泡；④窥耳器：其尖端尺寸粗细不同，有一次性的，也有可以重复使用的（图 1-2-1）。

　　2. **耳镜消毒**　为避免交叉感染，耳镜使用前需要进行消毒，推荐步骤如下：

　　（1）验配师在接触患者和设备前，需清洗双手。

　　（2）耳镜使用前，用酒精擦拭消毒。

　　（3）找一块清洁的纱布或干毛巾铺在

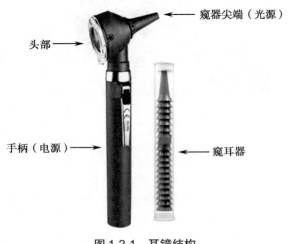

头部←

窥器尖端（光源）

手柄（电源）←

←窥耳器

图 1-2-1　耳镜结构

桌子上,用于放置擦拭好的耳镜及其配件。

（4）耳镜检查时,注意每侧耳单独使用一只窥耳器,避免左、右耳交叉感染。

（5）窥耳器要准备充足,使用前用酒精消毒。

二、耳镜检查

用耳镜检查外耳道和鼓膜前,首先要检查患者耳廓是否正常,注意避免漏检耳廓背面。

（一）外耳道检查

1. 主要内容

（1）外耳道一般情况:为保证耳印材料顺利注入,助听器验配师在检查外耳道时,要特别留意其大小、形状以及质地（例如柔软、中等或者坚硬）,对注入耳印材料时要用多大压力做到心中有数。

验配师还需要根据外耳道的形状和大小,来选择合适的棉障。

（2）检查外耳道是否有阻塞:正常外耳道应该是通畅的,如果在耳镜检查时鼓膜窥不清,且患者纯音测听结果显示为传导性听力损失,就不能排除外耳道阻塞。

外耳道阻塞的常见原因是耵聍栓塞或外耳道异物。此时如果强行注入耳印材料,就可能给患者造成不必要的痛苦,甚至损伤。

（3）检查外耳道是否有分泌物:外耳道分泌物常提示耳部感染,是转诊指标之一,耳镜检查可见外耳道内有性质不一的分泌物,有时还可伴有特殊臭味（如胆脂瘤）。

2. 操作规范

（1）注意事项:外耳道检查一般都要注意以下几点。

1）持镜方式:建议采用"握笔式"持镜（图 1-2-2）,左手牵拉耳廓,右手拇指、示指和中指,以类似于握笔的姿势,握住耳镜手柄。

图 1-2-2　"握笔式"持镜

A. 检查左耳；B. 检查右耳。

2）窥耳器先行消毒后,方可接触患者。

3）描述耳廓情况,包括其背面。

4）注意观察外耳道有无异物,如耵聍、新生物和外来异物等。

5）描述外耳道情况。

6）判断能否继续进行助听器验配的相关操作（如纯音测听等）。

（2）操作步骤

1）体位：检查右耳时，患者向左侧坐，头部随之偏向左侧，使其右耳面对验配师。验配师和患者的头位在同一平面，检查时可根据需要调整患者头位。检查左耳时方向相反。

检查小儿时，请其家长或监护人正坐于检查椅，面对验配师，将小儿抱坐于家长一侧大腿上，使其受检耳面对验配师。家长两侧大腿挟持小儿两腿，以此固定小儿双下肢；一手环绕小儿头部，轻轻靠在胸前，固定其头部；另一手环绕小儿双臂，固定其上身。

2）选择合适的窥耳器：选择窥耳器时，以其前端直径与患者外耳道第一狭窄处直径相当为宜。消毒后，将窥耳器按顺时针方向安装到耳镜头部窥器尖端。

3）打开耳镜电源开关。

4）右手"握笔式"持镜，尽量靠近耳镜头部，同时左手固定患者头部，防止检查过程中患者头部移动造成损伤。由于外耳道略呈"S"形弯曲，故在检查外耳道深部或鼓膜时，需牵拉耳廓，使外耳道成一直线，便于观察。成人耳廓需向上、向后、向外方牵拉，小儿则需向下、向后、向外方牵拉。

5）将耳镜头部轻放入外耳道，停于距离外耳道口 0.3～0.6cm 处，注意耳镜前端不要超过外耳道软骨部与骨部交界处，即不超越外耳道的外 1/3 处，以免引起患者疼痛和咳嗽。

6）仔细观察外耳道和鼓膜的各解剖标志是否正常。

（二）正常外耳道和耳廓特征

正常外耳道应是畅通的，牵拉后，通过耳镜，可以观察到外耳道壁、鼓膜外表面及相应解剖标志。图 1-2-3 为正常耳廓各解剖标志示意图。

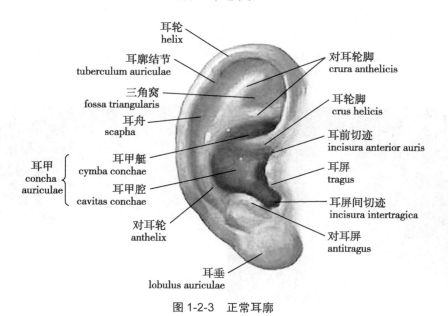

图 1-2-3　正常耳廓

（三）常见外耳道病变

1. 耳廓和外耳道畸形　耳廓和外耳道畸形多由先天发育不全导致，常见如小耳畸形、外耳道闭锁和外耳道狭窄、无耳畸形。外耳畸形常会伴发中耳或内耳畸形，导致听力损失。

（1）无耳畸形：一般指先天性耳廓发育不全（图 1-2-4），常伴有外耳闭锁、中耳畸形和颌面部畸形,而内耳发育多为正常,通过骨传导有一定听力,其发生率约为1:7 000,男性多见,畸形在右侧者居多,双侧者少见。如耳部完全不发育,则称为无耳,极为罕见。

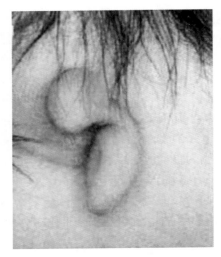

图1-2-4　无耳畸形

（2）外耳道闭锁:如图1-2-5所示,系胚胎发育过程中第一、第二鳃弓或第一鳃沟发育不全所致,可伴有第一咽囊发育不全所引起的咽鼓管、鼓室或乳突畸形,常合并先天性小耳畸形。根据其临床表现,可分为三型:

第一型:耳廓较正常小,外耳道及鼓膜存在,听力尚可。

第二型:耳廓畸形,外耳道闭锁,鼓膜及锤骨柄未发育,砧骨体与锤骨头融合,镫骨已发育或未发育,纯音测听呈传导性听力损失。

第三型:耳廓畸形严重,外耳道闭锁,听小骨畸形,合并非鳃源性内耳畸形,内耳功能丧失。

第二型、第三型有时伴有颌面发育不全,称Treacher-Collins综合征。

（3）小耳畸形:为先天性耳廓发育畸形（图1-2-6）,绝大多数小耳畸形是由皱缩而无耳廓形态的小块软骨团和外形较正常但向前上方移位的耳垂所构成,无外耳道和鼓室,听小骨发育不良,伴有听力减退。小耳畸形的轻重程度差异较大,最重者可表现为无耳,最轻者耳廓形态近似正常,但明显较正常耳廓小。这两种情况都较少见。先天性小耳发生率约为1:20 000。单双侧之比约为8:1。因耳廓位于明显部位,其形态失常对患儿心理发育影响极大。

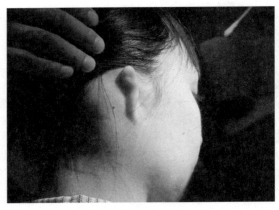

图1-2-5　外耳道完全闭锁

图1-2-6　小耳畸形

（4）外耳道狭窄:外耳道直径较正常小称为外耳道狭窄,致病因素有先天发育不良和后天因素。前者因胚胎发育障碍,第一鳃沟和第一、二鳃弓后部的发育畸形所致,故常伴有颌面骨发育不全。后者常因外耳道烧伤、炎症、肿瘤、外伤及手术等因素所致。外耳道狭窄程度呈个体差异,常导致传导性听力损失,严重者可发生外耳道胆脂瘤,压迫甚至破坏鼓膜、中耳及乳突骨质,如继发感染,则可出现耳聋、耳鸣、耳痛及外耳道流脓等症状。

2. **外耳道耵聍栓塞**

(1)耵聍的特征:耵聍是外耳道软骨部皮肤内耵聍腺的分泌物。耵聍在空气中干燥后呈薄片状。有的耵聍如黏稠的油脂,俗称"油耳"。耵聍具有保护外耳道皮肤和黏附外物的作用,平时借助咀嚼、张口等运动,耵聍多自行排出。若耵聍逐渐凝聚成团,阻塞于外耳道内,即为耵聍栓塞。

因栓塞程度和位置不同,耵聍栓塞症状也不尽相同:外耳道未完全阻塞者,多无症状;外耳道完全阻塞者,可有传导性听力损失;若耵聍压迫鼓膜,还可引起眩晕、耳鸣及听力减退;若耵聍压迫外耳道后壁皮肤,可因刺激迷走神经耳支而引起反射性咳嗽。游泳或洗澡后,耵聍遇水膨胀,可导致听力骤降。

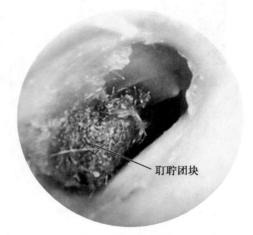

耵聍团块

耳镜检查可见外耳道被黄色、棕褐色或黑色块状物所堵塞,如图 1-2-7,或质软如泥,或质硬如石,多与外耳道紧密相贴,不易活动。

(2)处理方法:耵聍栓塞是转诊指标之一。耳镜检查一旦发现耵聍栓塞,应先将患者转至耳科听力门诊,彻底清除外耳道耵聍后,方可进行助听器验配。

图 1-2-7 耵聍栓塞

3. **外耳道湿疹或皮炎** 湿疹是指由多种内外因素引起的变态反应性多形性皮炎。病变若只局限于外耳道内,称为外耳道湿疹。若病变不仅发生在外耳道,还包括耳廓和耳周皮肤,则称为外耳湿疹。

湿疹多认为与变态反应有关,还可能和精神因素、神经功能障碍、内分泌功能失调、代谢障碍、消化不良等因素有关。外耳道内湿疹常由接触过敏引起,如药物、中耳炎脓性分泌物等。按有无诱发外因,可分为湿疹样皮炎(有外因)和湿疹(无外因)。

急性湿疹症状为患处奇痒,多伴烧灼感,挖耳后流出黄色水样分泌物,凝固后形成黄痂。亚急性湿疹多由急性湿疹未经治疗、治疗不当或久治不愈迁延所致。局部仍瘙痒,渗液比急性湿疹少,但有结痂和脱屑。急性和亚急性湿疹反复发作或久治不愈,就成为慢性湿疹,此时患者外耳道内剧痒,皮肤增厚,有脱屑。

急性湿疹耳镜检查可见患处红肿,散在红斑、粟粒状丘疹、小水疱、红色糜烂面、黄色结痂。亚急性湿疹可见患处皮肤红肿较轻,渗液少而较稠,有鳞屑和结痂。慢性湿疹可见患处皮肤增厚,粗糙,皲裂,苔藓样变,有脱屑和色素沉着(图 1-2-8)。

4. **外耳道炎** 外耳道炎是外耳道皮肤或皮下组织的广泛的急、慢性炎症。外耳道炎可分为急性弥漫性外耳道炎和慢性外耳道炎。其常见病因如下:①高温,潮湿。②局部环境改变。各种因素改变了外耳道酸性环境,使外耳道的抵抗力下降。③外伤。皮肤损伤,引起感染。④中耳炎脓液流入外耳道,使皮肤感染。⑤慢性病、抵抗力下降,如糖尿病、慢性肾炎、内分泌紊乱、贫血等。

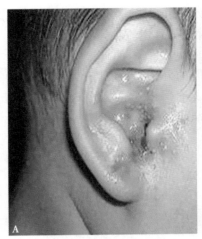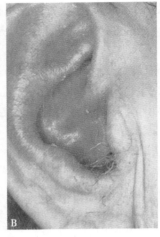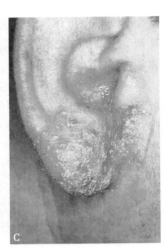

图 1-2-8 外耳湿疹
A. 急性湿疹；B. 亚急性湿疹；C. 慢性湿疹。

急性弥漫性外耳道炎主要症状有：①疼痛。初期耳内有灼热感，随病情发展，疼痛逐渐加剧，甚至坐卧不宁，咀嚼或说话时加重。②分泌物。随病情的发展，外耳道有分泌物流出，并逐渐增多，初期是稀薄的分泌物，逐渐变稠成脓性。慢性外耳道炎主要症状有耳痒不适，不时有少量分泌物流出。慢性外耳道炎可转为急性感染，具有急性弥漫性外耳道炎的症状。

急性外耳道炎检查可见：①耳屏压痛和耳廓牵引痛；②外耳道弥漫性充血，肿胀；③外耳道内有分泌物；④鼓膜可呈粉红色，也可大致正常；⑤耳廓周围可水肿，耳周淋巴结肿胀或压痛（图 1-2-9）。

慢性外耳道炎检查可见外耳道皮肤增厚，有痂皮附着，可有少量稠厚的分泌物，或外耳道潮湿，有白色豆渣状分泌物堆积在外耳道深部（图 1-2-10）。

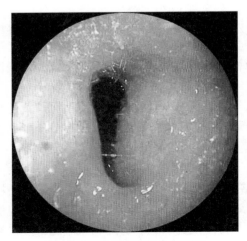

图 1-2-9 急性弥漫性外耳道炎

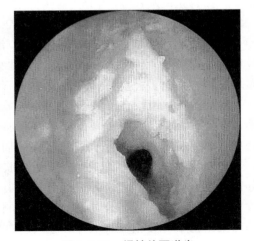

图 1-2-10 慢性外耳道炎

5. **外耳道异物** 指异物不慎进入外耳道所致的损伤性疾病,多见于儿童。主要病因为:①儿童在玩耍时可将各种小玩具和植物的种子塞入外耳道;②成人挖耳时将纸条、火柴棍、棉花球等不慎留在外耳道内;③各种昆虫误入耳内;④意外事故发生,小石块、木屑、铁屑等飞入耳内;⑤战争中,弹片等进入耳内,均为异物;⑥医生在处理外、中耳的病变时,偶将棉片或纱条遗留在耳内。

根据异物本身大小及是否有刺激性,可引起不同的症状,如听力减退、耳鸣、耳痛、头痛、眩晕等症状,亦可继发外耳道炎、中耳炎。

耳镜检查可直接发现异物。

(四)鼓膜的特征及分区

1. **鼓膜特征** 鼓膜是椭圆形、淡灰色、半透明的薄膜,位于外耳道底,作为外耳与中耳的分界。鼓膜大部附于颞骨鼓部的鼓沟内,上方一小部分附于鳞部。附于鼓沟的部分较坚实,叫紧张部;附于鳞部的部分薄而松,叫松弛部。鼓膜向内凹陷,凹陷的尖部叫鼓膜脐。如把鼓膜假想成一个钟面,在 5 点钟方向(前下象限)有一反光区——光锥,其他耳镜下可见的正常解剖标志如图 1-2-11 所示。

2. **鼓膜分区** 为便于描述鼓膜病变的位置,人为地将鼓膜分区,即先沿锤骨柄作一假想直线,另经鼓膜脐作其垂直相交线,鼓膜便被分为前上、前下、后上及后下 4 个象限区域(图 1-2-12)。

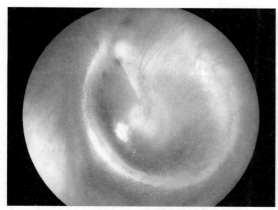

图 1-2-11　正常鼓膜

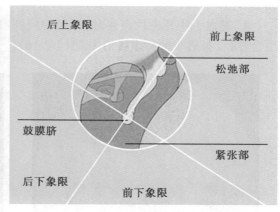

图 1-2-12　鼓膜分区

(五)常见的鼓膜病变

1. **鼓膜穿孔** 穿孔常见病因有:①中耳感染,鼓室内压力增高,如各种化脓性中耳炎;②用锐物挖耳,直接损伤鼓膜(外伤性穿孔);③爆震使外耳道压力急剧改变等。

(1)外伤性穿孔:穿孔多呈裂隙状、三角形或不规则形;个别严重的外伤性穿孔,鼓膜紧张部可完全撕裂。

(2)炎性穿孔:根据病程长短,分为急性和慢性。

1)急性炎症的穿孔:多为紧张部中央性小穿孔,呈针尖状,多伴有液体搏动,如星星闪烁样反光,又称"灯塔征"。

2)慢性炎症的穿孔:单纯型多为鼓膜紧张部中央性穿孔,穿孔多呈椭圆形或肾形;骨痖型多为鼓膜紧张部边缘性或中央性穿孔（图 1-2-13），鼓室内或穿孔附近有肉芽组织或息肉，后者常自鼓膜穿孔处脱出掩蔽穿孔，妨碍引流；胆脂瘤型多见于松弛部边缘性穿孔，或紧张部后上边缘性穿孔（图 1-2-14）。

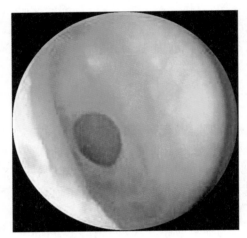

图 1-2-13　中央性穿孔

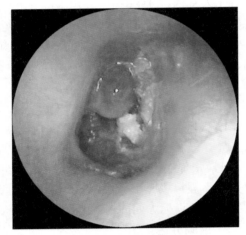

图 1-2-14　胆脂瘤型穿孔

2. **鼓膜钙化**　继发于中耳感染，钙在鼓膜表面沉积，导致鼓膜增厚，局部呈白色，见图 1-2-15。

3. **充血**　中耳急性炎症时，鼓膜弥漫性发红、肿胀，早期以松弛部最为明显，以后发展至全鼓膜，鼓膜表面标志可消失（图 1-2-16）。

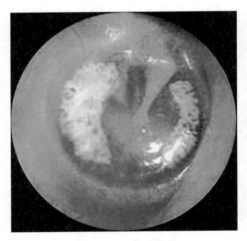

图 1-2-15　鼓膜钙化

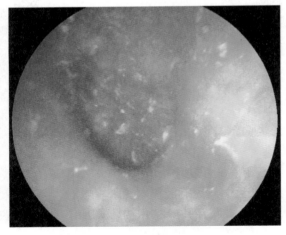

图 1-2-16　鼓膜充血

4. **色泽改变**　鼓室内有深色液体或充血组织，鼓膜色泽变蓝，见于鼓室积血、胆固醇肉芽肿、鼓室异位、血管及颈静脉体瘤等。

分泌性中耳炎时，鼓室内有淡黄色积液，使鼓膜呈琥珀色。若鼓室积液为浆液性，且未充满鼓室，可透过鼓膜见到液平面，此液面状如弧形发丝，称为发线（图 1-2-17），凹面向上，当头位变动时此液平面保持水平位，有时可见到液体中的气泡。

5. **鼓膜内陷**　表现为光锥变形、分段、缩短、位移或消失，锤骨短突和前、后皱襞特别突出（图1-2-18）。鼓膜内陷严重者，鼓膜向内异位，可结合鼓室导抗图综合分析确诊。

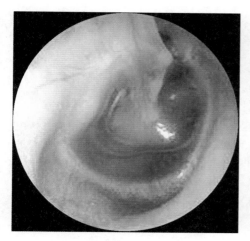

图1-2-17　发线

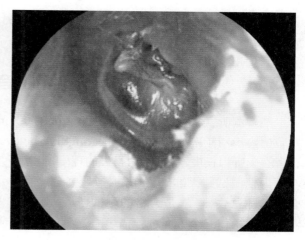

图1-2-18　鼓膜内陷

【能力要求】

耳镜检查的能力要求包括掌握转诊指标，能够选择合适的耳镜观察外耳道和鼓膜。具体操作步骤如下：

1. 酒精消毒耳镜，并将其置于干净纱布或毛巾表面。

2. 简要询问病史。

（1）是否有过耳部手术或外伤？

（2）近90天是否有外耳道溢液？

（3）是否有耳鸣？

（4）是否曾经不得不到医院取出耵聍？

（5）是否曾经有过传导性或混合性听力损失？

（6）是否有单侧听力损失？

（7）近90天内，是否有突发性聋或听力急剧下降？

（8）是否有耳痛或其他不适？

3. 向患者简要说明将要开始进行的操作，例如："我要用耳镜检查您的耳朵（同时向患者展示耳镜），先看右耳，后看左耳。我还要检查你的耳廓，这些检查都是无损伤的，但也可能会有点儿不舒服，请您尽量配合，检查结束时我会告诉您。请问您还有什么问题吗？"

4. 酒精消毒双手，选择适合的窥耳器，酒精消毒，安装到位。详见本节"二、耳镜检查"之"2.操作规范"。

5. 检查受试者外耳，查看有无畸形。

6. 打开耳镜电源，右手"握笔式"持镜，左手向上、向后、向外方牵拉耳廓（如是小儿，则需向下、向后、向外方牵拉），使外耳道成一直线。将耳镜轻轻置入外耳道，注意其前端不要超过软骨部与骨部交界处，以免引起疼痛和移动不便，仔细观察耳道各部及鼓膜，同时报告耳镜所见。例如："我看到光锥了，外耳道畅通，接下来我们可以进行听力测试（或注入耳印材料）。"

7. 用干净纱布取下用过的窥耳器，再安装另一只用酒精消毒好的窥耳器。重复步骤5～6，检查对侧耳。

第二节 纯音测听

纯音测听又称纯音听阈测试（pure tone audiometry），主要测定受试耳对一定范围内不同频率纯音的听阈（hearing threshold）。通过纯音测听，可以判断受试者有无听力损失，评估听力损失的程度，并初步判断听力损失的性质和部位。

【视频】
纯音测听

为使测试结果准确可靠，必须具备三个条件：一是合格的测试人员，二是合格的测试仪器，三是合格的测试环境。本节将从纯音听力计、测听室、纯音测听基本操作三个方面进行描述。

【相关知识】

一、术语和定义

1. **听阈（threshold of hearing）** 在规定条件下，受试者对重复给声测试能作出50%正确察觉的最低声压级。

此处，"规定条件"是指符合标准的听力计、测听室及合格的测试人员等。重复测试是指以"规定的声信号"，及按基准零级和频率校准了的信号，重复进行测试。

2. **纯音** 纯音是指单一频率的声音。

3. **纯音测听** 纯音测听是测试听敏度的、标准化的主观测听方法，包括纯音气导听阈测试和骨导听阈测试。纯音测听是最基本的听力测试，也是首选的听力测试。

4. **听力零级和其他声强表现方式**

（1）声压级（sound pressure level，SPL）：声压是指声波通过媒质时，由振动所产生的压强改变量。声波在空气中传播时，空气的疏密程度会随声波而改变，因此，区域性的压强也会随之改变，此即为声压。

声压级是指声压与参考声压比值取常用对数后乘以20的积，即将待测声压有效值 P 与参考声压 P_0 的比值取常用对数，再乘以20，其单位为分贝（dB）：

$$SPL = 20\lg(P/P_0)(dB)$$

例如：1 000Hz的0dB听力级（hearing level，HL），在仿真耳上测得的声压级为7.5dB SPL。

（2）听力零级（audiometric hearing zero level）：听力零级是听力计各频率点上标定"0dB"声强相对应的声压级，代表一个国家或地区"0dB"的听力标准。

听力零级分为气导听力零级和骨导听力零级，前者是指对规定气导耳机输出正常听力所能感受的最小振动信号，后者是指对规定骨导耳机输出正常听力所能感受的最小振动信号。

（3）（纯音）听力级[hearing level（of a pure tone），HL]：在规定的频率，对规定类型的耳

机及规定的使用方式,该耳机在规定的声耦合腔或仿真耳中产生的纯音声压级与相应的基准等效阈声压级之差。

临床上为了方便起见,将听力计各频率的听力零级定位 0dB,这样测得高于 0dB 的分贝数就是该频率点的听力级。

(4)纯音听阈级(hearing threshold level for pure tones):在规定频率上,用规定类型的耳机,以规定的方式测得的某耳的以听力级表示的听阈。

(5)正常听力级(normal hearing level,nHL):采用一定数量的健康青年正常耳的听阈作为听力零级,将其表示为正常听力级,其中 n 表示测试耳的例数,应以数字表示,但多被省略,仅以字母 n 代表已经自行校准过,排除了环境因素对听力零级的影响。

(6)感觉级(sensation level,SL):如果将某一具体受试者的听阈定为零级,那么,某一纯音的声强对于该受试者的阈上分贝数即为感觉级。

感觉级可以看成是受试者个体主观感觉与刺激声的声强之差,如某人某耳在 1 000Hz 个体主观感觉为 0dB HL,这时 1 000Hz 的 60dB HL 刺激声对该耳的强度则为 60dB SL(60−0=60)。

5. 耳科正常人(otologically normal person) 健康状况正常,无耳部疾病,耳道无耵聍堵塞,无过度噪声暴露史,无耳毒性药物或家族性听力损失者。

6. 堵耳效应(occlusion effect,OE) 用耳机或耳塞将耳堵塞,会在外耳与耳机间或外耳道内形成一密闭的含气的空腔,从而使该耳的骨导听阈级降低,这一现象成为堵耳效应。堵耳效应在低频率时(250Hz、500Hz、1 000Hz)明显。

为了避免堵耳效应,进行不加掩蔽的骨导听阈测试时,一般不需要佩戴气导耳机。

二、纯音听力计

1. 定义、分型、功能 纯音听力计(pure tone audiometer)是一种带耳机的电声仪器,它能提供已知声压级的规定频率的纯音信号,用于测量纯音听力,尤其是适用于测量听阈。

听力计可以是固定频率式的,也可以是连续扫频式的。

听力计除纯音外,还可以采用语言和复合信号等。

我国要求纯音听力计在出厂时需符合《电声学 测听设备 第 1 部分:纯音听力计》(GB/T 7341.1—2010)标准,并有检验合格标识。以后每年需要到计量监督部门进行校准,合格后方可继续使用。

按照最低的强制性功能的要求,纯音听力计分为 4 种不同的型式(表 1-2-1),不排除其他功能。这 4 种型式的听力计与它们设计的应用范围有关。固定频率听力计应提供的频率及听力级范围的最低要求见表 1-2-2。

听力计应标明制造厂名、型号、类型、出厂编号,还应在测试信号换能器上标明仪器各自的唯一识别号。

听力计由信号发生器、功率放大器、衰减器、指示仪表(或显示器)及换能器等部分组成,换能器包括压耳式耳机、插入式耳机、耳罩式耳机、骨振器、扬声器等类型。如果耳机有颜色代码,左耳用蓝色标记,右耳用红色标记。

2. 听力计的校准 测听仪器是临床普遍应用的听力诊断仪器,测听结果不仅关系到对疾病的诊断治疗和助听器验配,而且也是工伤、事故鉴定、职业性听力损伤分级和听力伤残等级评定的执法依据。测试设备在使用时应符合《声学 校准测听设备的基准零级 第一

表 1-2-1　固定频率听力计的最低功能要求（GB/T 7341.1—2010）

功能	1型（高级临床诊断/研究）	2型（临床诊断）	3型（基本诊断）	4型（筛查/监测）
气导				
双耳机	×	×	×	×①
附加插入式耳机	×			
骨导	×	×	×	
听力级和测试频率（见表 1-2-2）				
窄带掩蔽噪声	×	×	×	
外接信号输入	×	×		
纯音开关				
纯音出现	×	×	×	×②
纯音阻断	×	×		×③
脉冲纯音	×	×		
掩蔽线路				
对侧耳机	×	×	×	
同侧耳机	×			
骨振器	×			
参考纯音④				
交替出现	×	×		
同时出现	×			
受试者反应系统	×	×	×	×c
电信号输出	×	×		
信号指示器	×	×		
测试信号监听				
纯音和噪声	×			
外接输入	×			
语言传输				
操作者对受试者	×	×		
受试者对操作者	×			

注：空缺表示不具备这项功能；X 表示具备此项功能。
①如果要求配置头带，可以提供单耳机。
②对自动记录听力计不作强制要求，校准目的除外。
③对手动听力计不作强制性要求。
④最低的要求是为了提供与测试纯音频率相同的参考纯音。

部分》（GB/T 4854.1—2004/ISO 389-1：1998）和《电声学　测听设备　第 1 部分：纯音听力计》（GB/T 7341.1—2010）的要求。因此，听力计被列为国家强制检定的工作计量器具。

建议按《声学　测听方法　纯音气导和骨导听阈基本测听法》（GB/T 16403—1996）要求，采用以下三级检查及校准步骤：

A 级——常规检查及主观检查。

B 级——定期客观检查。

表 1-2-2　固定频率听力计应提供的频率及听力级范围的最低要求（GB/T 7341.1—2010）

单位：dB HL

频率/Hz	1 型		2 型		3 型		4 型
	气导	骨导	气导	骨导	气导	骨导	气导
125	70	—	60	—	—	—	—
250	90	45	80	45	70	35	70
500	120	60	110	60	100	50	70
750	120	60	—	—	—	—	—
1 000	120	70	110	70	100	60	70
1 500	120	70	110	70	—	—	—
2 000	120	70	110	70	100	60	70
3 000	120	70	110	70	100	60	70
4 000	120	60	110	60	100	50	70
6 000	110	50	100	—	90	—	70
8 000	100	—	90	—	80	—	—

注：最大听力级至少等于列表值。最小听力级对 1～3 型为 −10dB HL，对 4 型为 0dB HL。使用耳罩式或插入式耳机时，最大听力级可以比表中 500～8 000Hz 范围的值低 10dB HL。

C 级——基本校准检查。

（注：建议在进行 A 及 B 级检查时，测听设备应处于平时正常工作的位置。）

A 级检查有 8 个步骤，详见本节"能力要求"之"一、听力计 A 级校准检查"，建议每天正式测试前，按步骤 2～5 进行检查，每周作一次步骤 1～8 的全部检查。

建议 B 级检查最好每 3 个月作一次，最长不应超过 12 个月。

在有严重的仪器故障或误差出现时，或较长时期使用后仪器已不再完全符合规格时，才进行 C 级检查，或如用了 5 年或进行修理后也应对仪器进行 C 级检查。

（1）A 级——常规检查及主观检查：A 级校准由没有听力障碍的、听力极佳的操作者完成，其目的是尽可能地了解仪器是否工作正常，其校准有无明显的改变，其附件、电线和附属品有无任何会影响检查结果的问题。

检查时环境噪声应不大于正常设备使用时的声级。

（2）B 级——定期客观检查：包括测量和将测量结果与相应的标准比较。

1）测试信号的频率。

2）纯音测听仪的气导耳机发出的声音强度的校准。

3）骨振器（骨导耳机）发出的声音强度校准。

4）掩蔽噪声级。

5）衰减器的档（在有效部分范围内，特别是在 60dB HL 以下）。

6）谐振畸变。

如频率或测试声级不符合标准，通常可加以调节，如不可调则应将其送去作基本校准，进行校准调整时，两组测量结果（调节前和调节后的）都应记录下来。

（3）C 级——基本校准：基本校准在专业的实验室内进行。

测听设备经基本校准后,应符合《声学 测听设备 第1部分:纯音听力计》(GB/T 7341.1—2010)载明的有关要求。当仪器已经基本校准送回时,在重新使用之前,应按A级和B级检查及校准所列步骤检验。

三、测听室

1. **概述**　测听室是一种用于对受试者进行听力测试用的房间,其壁面由吸声、隔声材料和构件组成,使边界能有效吸收所入射声音(图1-2-19)。

测听室的空气温度要求为18~28℃,相对湿度为30%~90%,气压为86~106kPa。此外,测听室的建立还应考虑通风、照明、磁场屏蔽等一系列因素。测听室建成后,必须进行声学校准,合格后方可使用,具体标准请参照2008年颁布的《测听室声学特性校准规范》(JJF 1191—2019)。

测听室有双室或单室格局。

测听室中应保持足够低的本底噪声,以避免测听室中的本底噪声掩蔽测试音信号。

在用耳机、骨振器或者扬声器发送测试音信号进行测听时,应根据不同的发声方法,分别规定本底噪声的允许值,使其不至于影响受试者的听力测定。在用扬声器发送测试信号进行测听时,应考虑测听室内声场的要求。

图1-2-19　测听室

2. **设计依据**

《测听室声学特性校准规范》(JJF 1191—2019)

《声学 测听方法 纯音气导和骨导听阈基本测听法》(GB/T 16403—1996)

《声学 测听方法 第2部分:用纯音及窄带测试信号的声场测听》(GB/T 16296—1996)

《民用建筑隔声设计规范》(GB 50118—2010)

《室内空气质量标准》(GB/T 18883—2002)

《建筑设计防火规范》(GB 50016—2008)

《电气装置安装工程电气照明装置施工及验收规范》(GB 50259—96)

《室内装饰装修材料人造板及其制品中甲醛释放限量》(GB 18580—2001)

《声环境质量标准》(GB 3096—2008)

四、测听方法的一般问题

测定听阈的方法有气导和骨导测听法。

气导(air conduction,AC)是指声音在空气中通过外耳与中耳到达内耳的传递过程。气导测听法是用耳机将测试信号发送给受试者。

骨导(bone conduction,BC)是指声音主要由颅骨的机械振动间接到达内耳的传递过程。骨导测听法是用骨振器(bone-conduction vibrator)给信号,骨振器又称骨导耳机,是把电振荡转换为机械振动的换能器,目的是密切地耦合到人的骨结构(一般是乳突部)上。骨振器位于受试者乳突或额部。

一般先作气导听阈级测定,而后作骨导听阈级测定。

在气导和骨导测听时,两耳的听阈级应分别测定。

在规定条件下,非测试耳(对侧耳)应加掩蔽噪声。掩蔽噪声可经压耳式、罩耳式或插入式耳机给出。

1. **测试人员**　测试人员应为曾受过有关测听检查的理论和实际操作的教学课程培训的人员。

实际操作中,测试人员应对测听检查的以下方面作出抉择:①先检查哪一耳;②是否需要加掩蔽噪声;③受试者的反应是否与检查信号相应;④有无任何外部噪声、事件或受试者的任何行为或反应影响检查结果;⑤对全部或部分检查是否需要中断、终止或重复。

2. **测试时间**　为避免因过度疲劳而影响测试结果的可靠性,纯音测听每进行 20 分钟,需要让受试者稍作休息。

3. **对测听检查环境和条件的要求**　在测听检查中,受试者和检查人员都应坐得舒适,不被任何不相关的事物或附近人员干扰或分散注意力。

手控操作听力计时,测试人员应能清楚地看到受试者,但受试者应看不到听力计键钮的操作。

4. **受试者的准备**　为避免过度紧张而导致的反应错误,受试者应在检查前 5 分钟来到测听室。如受试者在近期有噪声接触史,可能会导致其听阈级暂时性上升,所以应避免在测听检查前有明显的噪声暴露,如有,则应在测听报告中加以注明。

在测听前作耳镜检查,详见本章第一节。还应检查外耳道是否被耳机压瘪,如被压瘪,则应采取适当的措施。

5. **对受试者的指导**　为获得可靠的检查结果,必须对受试者说明检查程序和有关事项,使其充分了解将要进行的操作。

讲解时,注意采用适合受试者的语言。

讲解内容应包括以下几点:①怎样作出反应,如按应答器、举手等;②在任意耳听到不管多么轻微的纯音时,受试者都应作出反应;③在听到纯音时应立即作出反应;④声音的一般音调次序;⑤要先检查哪一耳。

操作者还应指导受试者避免不必要的活动,以防发出不应有的噪声。

指导完成后,操作者应询问受试者是否能够理解,还应告知受试者,如有任何不适,可提出中断检查。

如受试者有任何疑问,应再次指导。

6. **换能器的佩戴**　进行检查要先去掉眼镜、头饰、耳环等和助听器,在换能器(即耳机和骨振器)和头之间尽可能把头发拨开。

换能器应由测试人员为受试者佩戴在正确的位置,并指导受试者此后不要碰换能器,在戴好和调整好换能器后不要立即开始检查,耳机的声孔应面对耳道入口。佩戴骨振器时,应使其尽可能与头颅接触。如放在乳突上,应在耳后最接近耳廓处,但又不直接接触耳廓。

五、非测试耳不加掩蔽的气导测试

《声学 测听方法 纯音气导和骨导听阈基本测听法》(GB/T 16403—1996)详细规定了气导和骨导听阈测定的方法步骤和必要条件。

1. **耳别顺序** 在开始进行纯音测听前,测试者要先询问患者哪一侧耳的听力相对好些,以确定相对好耳,然后首先测试该耳的气导听阈。如果患者不能确定哪一侧是相对好耳,则先测试右耳。

2. **频率顺序** 给测试音的次序是先从1 000Hz开始,因为对于大多数人,1 000Hz是最容易听到的频率点,也被证明是测试/重复测试时反应最可靠的频率点。

1 000Hz测试完成后,依次测试2 000Hz、4 000Hz和8 000Hz,然后复测1 000Hz,其目的是确认受试者理解测试过程。

值得一提的是,复测1 000Hz只需在先测试耳进行,当对侧耳进行纯音气导听阈测试时,无须复测1 000Hz。

如果1 000Hz复测结果和首次测试结果相差不超过5dB HL,说明受试者反应可靠,继续测试500Hz、250Hz和125Hz。反之,则要求依次重新完成1 000Hz、2 000Hz、4 000Hz、8 000Hz、1 000Hz,直至两次1 000Hz测试结果相差不超过5dB HL。

相邻倍频程间声级相差20dB HL以上、助听器验配、噪声性听力损失或疑为噪声性听力损失者,需要加测半倍频程,即750Hz、1 500Hz、3 000Hz和6 000Hz。

在低频高听力级时可有振动触觉感,故应注意勿将这种感觉误当成听觉。

3. **测试音的输出和阻断** 每次给声时间为1~2s,给声之间的间歇期应是不规则的,且不应短于给声时间。

4. **初步熟悉** 在正式开始测听阈前,建议采用以下步骤,使受试者熟悉应如何配合作出反应。

(1)给1 000Hz纯音,声强以保证受试者能清晰听到为准,听力正常的受试者给40dB HL。

(2)每20dB HL一档地降低纯音级,直至不再作出反应。

(3)每10dB HL一档地加大纯音级,直至作出反应。

(4)在(3)中作出反应的同一级再给纯音。

如反应和给声一致,则已熟悉。如不一致,则应重复。如再次失败,则应重复说明指导。对极重度听力损失患者,上述步骤可能不适用。

5. **检查步骤** 主要有升降法和上升法两种,二者只在给受试者的测试声级的次序方面有所不同。

使用上升法测试,需要逐级加大测试声级,直至得出反应;使用升降法测试,也需要逐级加大测试声级,但在得出反应后,又逐级降低测试声级。

不加掩蔽的气导测试共有以下4个步骤,上升法和升降法在步骤一是相同的,从第二步才开始有所不同。此外,二者对听阈级的判定方法也有区别。当操作正确时,上升法和升降法得出的听阈级应当是相同的。目前以上升法较为常用。

(1)步骤一:用在熟悉阶段,从受试者作出反应的最低纯音听阈级以下10dB HL的测试音开始检查,在每次给测试音而未得出反应时,以5dB HL一档逐步加大测试音直至得出反应。

(2)步骤二

1)上升法:在得出反应后,每10dB HL一档地降低纯音级,至不再作出反应为止,而后每5dB HL一档地上升直至得出反应,即"升5降10"。如此继续检查,直至在最多5次上升中有3次是在同一纯音级开始作出反应的。

有时可采用上升法的简短法得出与上述操作很接近的结果。此时通常以3次上升中有两次在同一级得出反应,来代替上述操作。

如果在 5 次上升中,任一听阈级 5 次上升中的反应都少于 3 次,或 3 次上升中任一级的反应都少于两次,则需在最后作出反应的纯音级上加 10dB HL 给纯音,并重复检查步骤二。

2)升降法:在得出反应后,再将测试音加大 5dB HL,开始给刺激得出反应后,5dB HL 一档地逐档下降直至不再有反应,而后再降低 5dB HL,并从这一声级开始检查,并 5dB HL 一档地上升,如此上升 3 次,下降 3 次。

升降法也有简短法,具体操作时省去上述步骤中无反应后再下降 5dB HL 这一步,或只需两次上升两次下降,得出 4 个最小反应级相互间之差不大于 5dB HL。

(3)步骤三:从步骤二的测试结果估计下一个测试频率可听到的声级,以这一估计可听级重复步骤二,测试下一个频率,直至完成一耳的全部频率测试。

对任何频率,可重复(或简化)熟悉步骤。

最后应复查 1 000Hz,如该耳复查 1 000Hz 的结果和开始测得的结果相差不超过 5dB HL,就可进行另一耳的检查。如听阈级比开始测得的要好 10dB HL 以上,则应按相同频率次序重复检查,直至两次测试结果相差少于 5dB HL。

(4)步骤四:继续测试对侧耳,完成双耳的气导听阈测试。

6. 计算听阈级 根据所用的不同测试方法,每一耳和每一频率的听阈级可按以下步骤判定。

(1)用上升法判定:对每一耳每一频率,找出在 5 次上升中有 3 次(或 3 次中有两次)以上的最低反应级相同的听力级。这一最低反应级即听阈级。

如果某一频率的最低反应级之间相差大于 10dB HL,则应认为测试结果是不可靠的,应复查,并应在听力图中注明。

(2)用升降法判定:对每一耳每一频率,将上升中的最低反应级和下降中的最低反应级分别平均,再得出两个平均数的均值,四舍五入至最接近的整分贝数,即为该耳在该频率的听阈级。

如上升中的最低反应级之间相差大于 10dB HL 或下降中的最低反应级相差大于 10dB HL,则认为测试结果是不可靠的,应复查。

[例 1] 以 1 000Hz 频率点为例,详述用上升法的简短法进行纯音气导听阈测试的步骤,对侧耳不加掩蔽。

(1)测试音的起始给声强度为 40dB HL,受试者有应答,表示能听到该测试音。

(2)测试音降低 10dB HL,由原来的 40dB HL 变为 30dB HL,受试者有应答,表示仍然能听到。

(3)测试音继续降低 10dB HL,由原来的 30dB HL 变为 20dB HL,受试者仍然有应答,表示还是能听到测试音。

(4)测试音继续降低 10dB HL,由原来的 20dB HL 变为 10dB HL,受试者无应答,表示听不到该测试音。(10dB HL 第一次)

(5)测试音增加 5dB HL,由原来的 10dB HL 变为 15dB HL,受试者有应答,表示能听到。

(6)测试音降低 10dB HL,由原来的 15dB HL 变为 5dB HL,受试者无应答,表示听不到测试音。

(7)测试音增加 5dB HL,由原来的 5dB HL 变为 10dB HL,受试者有应答,表示能听

到测试音。（10dB HL 第二次）

（8）测试音降低 10dB HL，由原来的 10dB HL 变为 0dB HL，受试者无应答，表示听不到测试音。

（9）测试音增加 5dB HL，由原来的 0dB HL 变为 5dB HL，受试者无应答，表示仍然听不到。

（10）测试音增加 5dB HL，由原来的 5dB HL 变为 10dB HL，受试者有应答，表示能听到该测试音。（10 第三次）

本例中，3 次中有两次听到 10dB HL，故 1 000Hz 频率点的气导纯音听阈级为 10dB HL。

六、非测试耳不加掩蔽的骨导测试

骨导听阈测试在气导听阈测试完成后进行，也可以在言语测听完成后进行。

1. **耳别顺序** 同气导测试。

2. **频率顺序** 骨导测试的频率为 250Hz、500Hz、1 000Hz、2 000Hz 和 4 000Hz。

3. **操作步骤** 骨导听阈测试方法与气导测试相同，详见本节"能力要求"之"三、非测试耳不加掩蔽的骨导测试"。

4. **来自骨振器的空气声辐射** 当骨振器与没有外耳和中耳功能障碍的受试者头部接触时，骨振器辐射出任何空气声的声级，应低到足以保证在真正骨导听阈级和由骨振器诱发的假气导听阈级之间有足够的差距。

如在 2 000Hz 以上频率不符合这一条件时，可在受试者外耳道中插入一耳塞来排除这种不要的效应，然而应考虑堵塞效应也可能发生在 2 000Hz。

5. **振动触觉阈级（vibrotactile threshold level）** 人在重复测试中因对皮肤的振动感觉而作出预设百分数的正确反应的最小振动力级或声压级。

骨振器振动时可产生振动触觉感，注意勿将这种感觉误判为听觉。

骨振器摆放于乳突时，以听力级表示的振动触觉阈平均相当于：250Hz 约 40dB HL，500Hz 约 60dB HL，1 000Hz 约 70dB HL。

振动触觉阈级存在个体差异。

七、掩蔽

（一）基本概念

1. **测试耳（test ear, TE）** 测试耳是指我们想要测出其阈值的那一侧耳。

2. **非测试耳（non test ear, NTE）** 非测试耳是指我们想要其听到噪声的那一侧耳。

3. **掩蔽（masking）** 一个声音的听阈由于另一个声音的出现而提高的现象称为掩蔽。纯音测听中，"掩蔽"是指通过给 NTE 人为地施加噪声，来阻止 NTE 听到正在施加给 TE 的目标信号声。掩蔽的大小即被提高的听力级的量，用分贝表示。

4. **有效掩蔽级（effective masking level, EM）** 是规定的掩蔽声级，其数值上等于理论上的正常人由于掩蔽声的出现而使纯音听阈提高的听力级。

EM 决定了对 NTE 施加多大的噪声，才能消除其对 TE 测试的影响，从而消除交叉听力。

5. **交叉听力（crossover）** 当双耳听阈相差较大时，在测 TE 时，声信号就会在没有达到其阈值前传至对侧耳蜗，使得 NTE 听到声音而作出反应。这种由 NTE 参与而得到的听力就是"交叉听力"。

[**例2**] 如图 1-2-20 所示,已知 500Hz 频率点左耳气导听阈为 10dB HL,请计算该频率点当右耳的给声强度达到多少分贝时,左耳就能够听到?

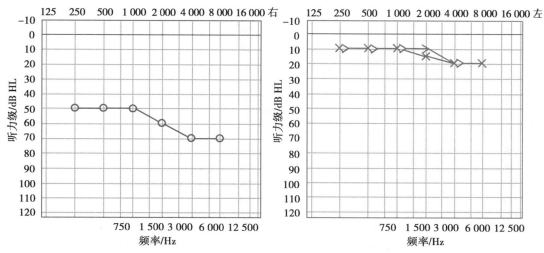

图 1-2-20 500Hz 频率点处,当右耳测试信号强度超过 50dB HL 时,左耳就有可能够听到

解答:气导耳间衰减为 40dB HL,本例中左耳阈值为 10dB HL,所以,必须保证右耳的给声强度至少能克服耳间衰减,才能让左耳听到。

$$右耳给声强度 = 10dB\ HL + 40dB\ HL = 50dB\ HL$$

所以,当右耳给声超过 50dB HL 时,左耳就能够听到。

显然,此时需要对左耳进行掩蔽操作,才能准确测试右耳的气导听阈。

(二)掩蔽的必要性

以气导测试为例,若患者双耳听阈差别较大,当我们需要测试相对差耳(TE)的听阈时,随着 TE 给声强度增大,NTE 反而会先听到给声,这时患者就会举手或按应答器,示意我们"听到了",但其本人并没有意识到这个"听到了"的反应实际是来自 NTE,而非 TE。此时如果我们把没有掩蔽测得的结果误认为是 TE 的阈值,按照此"伪听阈"描记出的听力图,称为"影子曲线(shadow audiogram)",如图 1-2-21 所示。

影子曲线并非 TE 的实际阈值,而是交叉听力的结果。为避免这种情况,在测试相对差耳时,我们常常需要对相对好耳进行掩蔽。掩蔽 NTE 后测得的 TE 阈值,称为"掩蔽阈(masked thresholds)",是 TE 的真实阈值。

(三)掩蔽的性质

1. **掩蔽过度(over masking)** 掩蔽噪声掩蔽了受试耳的测试音,被称为掩蔽过度,亦称为过掩蔽。可改用插入式耳机给掩蔽噪声,减少这种干扰。

掩蔽过度时,加在 NTE 的掩蔽声强度过大,经过耳间衰减仍然会干扰测试耳,造成 TE 阈值比实际阈值下移(增大)。

在掩蔽操作过程中,如果 NTE 的掩蔽噪声每增加 10dB HL,TE 阈值在平台上随之下降超过 10dB HL,就要警惕掩蔽过度,常见于骨导测听。

在加至掩蔽过度之前的掩蔽噪声级,即为最大有效掩蔽级(EMmax)。

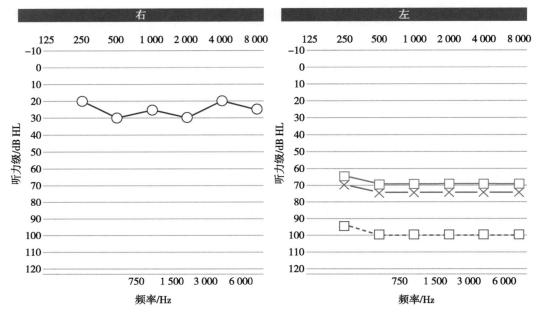

图 1-2-21 "影子"曲线

双耳听力不对称，先不加掩蔽，测试右耳气导听阈（○），后测左耳气导听阈（╳）；考虑到骨导一般好于气导，故当双耳气导阈值之差≥40dB HL 时，虽尚未测得右耳骨导听阈，也可判断需在右耳加掩蔽，再测试左耳气导；右耳加掩蔽后，如左耳听阈无明显变化（□），则为真实听阈；右耳加掩蔽后，如左耳听阈明显提高（□），则未掩蔽时为"影子曲线"，掩蔽后为真实听阈。

2. 掩蔽不足（under masking） 指掩蔽声强度不足以产生测试耳阈值的改变，导致测得的阈值要低于测试耳真正的阈值，常见于气导测听。

3. 掩蔽失败（masking dilemma） 由于双耳均有较大的气 - 骨导差（图 1-2-22），掩蔽声强到一定水平即已造成掩蔽过度，从而导致掩蔽不能完成，称为掩蔽失败。

当测试耳的骨导听阈和非测试耳的气导听阈两者之间的差值达到耳间衰减值时，会产生掩蔽失败。

4. 中枢掩蔽 指虽然非测试耳的噪声强度不足以引起掩蔽过度，但测试耳却出现听阈改变（阈移）的现象。中枢掩蔽通常被认为是由于大脑听觉中枢受到噪声抑制而产生的现象，其掩蔽值会随着掩蔽噪声的加大而增大，一般为 5～10dB HL，平均为 5dB HL。

（四）测听操作时常用的掩蔽声

纯音听力计可以提供的掩蔽声源有窄带噪声、言语噪声、白噪声等，前两者较为常用。

1. 窄带噪声（narrow band noise） 频率范围较窄，中心频率带可以人为设定。对纯音而言，合适的掩蔽噪声是窄带噪声。

2. 言语噪声 是对白噪声进行特殊的滤波处理后，在低频和中频段（250Hz～1kHz）能量相等的噪声，广泛用作语言信号的掩蔽噪声。

（五）掩蔽的适应证

掩蔽的适应证指加掩蔽的条件，即在何种情况下需要进行掩蔽操作。为此，首先要理解耳间衰减的概念。

耳间衰减（interaural attenuation，IA）指声波在从 TE 传导到 NTE 的过程中损失的能量。

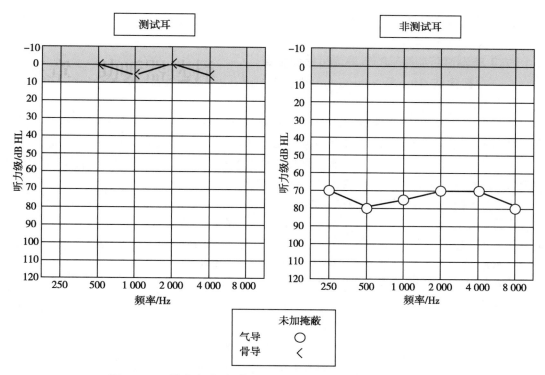

图 1-2-22 掩蔽失败:如果加有效掩蔽级,就可能导致掩蔽过度

耳间衰减值取决于所用的换能器形式,插入式耳机有较大的耳间衰减,产生的交叉听力最少。压耳式耳机与较大的皮肤表面相接触,故耳间衰减减少,而交叉听力产生的概率高。

压耳式耳机的耳间衰减值为40~70dB HL,因此将40dB HL定义为其耳间衰减最小值,也就意味着可能发生交叉听力的最小值为40dB HL。

骨导耳间衰减为0~15dB HL,因此其耳间衰减最小值为0dB HL。

表1-2-3为3种不同形式换能器的最小耳间衰减值。

表 1-2-3 不同形式换能器的最小耳间衰减值

频率/Hz	压耳式耳机/dB HL	插入式耳机/dB HL	骨振器/dB HL
250	40	75	0
500	40	75	0
1 000	40	60	0
2 000	45	55	0
4 000	50	65	0
8 000	50	65	—

1. 气导掩蔽适应证 TE气导阈值与NTE骨导阈值相差≥40dB HL时,气导需加掩蔽。

为便于描述,本节中把相对好耳定义为NTE(非测试耳),相对差耳定义为TE(测试耳),那么,究竟对NTE加多大的掩蔽声才能避免掩蔽不足和掩蔽过度呢?答案是10dB HL。

因此,气导起始掩蔽级的计算公式为:起始掩蔽级(EM)=NTE的阈值+10dB HL。

2. 骨导掩蔽适应证 同侧气、骨导阈值相差≥10dB HL 时，骨导需加掩蔽。起始掩蔽级的计算可以同气导。

（六）非测试耳加掩蔽的气导测听检查步骤

1. 平台搜索法（Hood's plateau method） 建议用压耳式耳机给掩蔽噪声时，按下述步骤加噪声级测定听阈级：

第一步：给 TE 未加掩蔽时听阈级相等的测试音，同时对 NTE 给有效掩蔽级等于该耳听阈级的掩蔽噪声，加大噪声级直至不再听见测试音，或噪声级超过测试声级。

第二步：如加等于测试声级的噪声级后仍能听到纯音，则这一纯音级即听阈级，如纯音被掩蔽，加大纯音级至再度听到纯音。

第三步：把噪声级增加 5dB HL，如听不到纯音，再加大测试纯音级直至能再听到，重复这一步骤直至掩蔽噪声继续加了 10dB HL 以上还能在同一纯音级听到纯音，在大于这一掩蔽噪声级时，也不再需要加大纯音级就能听到纯音，此掩蔽级即为合适的掩蔽级。而这一步骤可得出该检查频率的正确的听阈级。记下合适的掩蔽级。

在有些平台窄的情况下，上述步骤可得出错误的结果。

操作中注意，掩蔽噪声也可掩蔽受试耳的测试音，此时可用适当的插入式耳机给掩蔽噪声，以减少掩蔽过度。

［**例 3**］根据图 1-2-23，演示用平台搜索法进行掩蔽操作，测试左耳 1 000Hz 的气导听阈。

（1）分析听力图，判断是否需要掩蔽：本例中不加掩蔽时，1 000Hz 频率点的右耳气导听阈为 0dB HL，左耳为 50dB HL，双耳 1 000Hz 气导阈值相差 40dB HL，右耳骨导阈值虽未标出，但推断其应≥0dB HL，因此，TE 气导阈值与 NTE 骨导阈值相差≥40dB HL，符合气导掩蔽适应证，故需要在右耳加掩蔽，测试左耳的真实气导听阈。

本例中，左耳为测试耳（TE），右耳为非测试耳（NTE）。

（2）左耳给 50dB HL 纯音作为测试音，右耳给窄带噪声开始掩蔽，起始声强为起始掩蔽级（EM），如图 1-2-24 所示。

$$气导掩蔽 EM = NTE 阈值 + 10dB HL$$
$$= 0 + 10dB HL$$
$$= 10dB HL$$

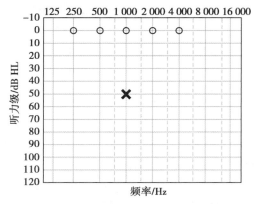

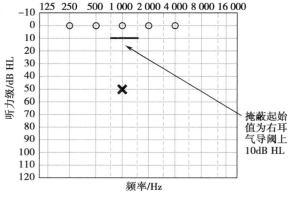

图 1-2-23　右耳气导阈值为 0dB HL，左耳 1 000Hz 不加掩蔽时测试的气导阈值为 50dB HL

图 1-2-24　气导的起始掩蔽级

（3）观察受试者反应：如果左耳仍然能听到50dB HL纯音，把右耳的掩蔽声每次增加5dB HL，直至左耳纯音信号听不到。如果左耳听不到50dB HL纯音，把左耳的测试音每次增加5dB HL，直至听到纯音信号。

（4）重复步骤（3），直到右耳掩蔽噪声连续增加了10dB HL以上，还能在同一纯音级听到纯音，在大于这一掩蔽噪声级时，也不再需要加大纯音级就能听到纯音，此掩蔽级即为合适的掩蔽级。

（5）此时的阈值就是左耳1 000Hz的真实听阈。

2. **阶梯法（step masking）** 阶梯法测试耗时较平台搜索法短，患者更容易配合，缺点是容易产生掩蔽过度。

一般临床测试建议使用平台搜索法。

（七）非测试耳加掩蔽的骨导测听检查步骤

要精确地测定单耳的骨导听阈级，理论上都应在NTE加掩蔽。但在实际操作时，当不需要精确测定单耳骨导听阈时，可不加掩蔽作骨导测听（参见GB/T 16403—1996）。

NTE加掩蔽，用平台搜索法进行骨导听阈测试，建议步骤如下：

（1）将骨振器佩戴在TE后，把掩蔽耳机戴在NTE，注意两个换能器的头带不要互相干扰，在不加掩蔽噪声的条件下测听阈级。

注：这一测试结果不一定代表未加掩蔽时的骨导听阈的准确数值，因为NTE可能有堵耳效应存在。

（2）当对NTE给相当于该耳的气导听阈的有效掩蔽级的掩蔽噪声时，在这一级重复给测试音，增加噪声级直至不再听到测试音，或直到噪声级超过测试声级40dB HL。

（3）如果当噪声级在测试声级以上40dB HL时仍能听到纯音，则这时的纯音级就是听阈级，如纯音被掩蔽，则增加它的声级直至再次听到。

（4）加大5dB HL噪声级，如测试音听不到了，加大测试声级直至再次听到，重复这一步骤直至掩蔽噪声增加了10dB HL以上，不增加纯音级就能听到纯音。这一步骤可得出该测试频率正确的听阈级。记下合适的掩蔽级。

实际操作中，注意以下几点：①有些情况平台短，上述步骤可能得出假结果；②如有掩蔽过度，可以考虑采用插入式耳机；③有中枢掩蔽时，平台的斜坡大于零；④对某些情况，每10dB HL一档地增加噪声级是可行的。

［例4］根据图1-2-25，演示用平台搜索法进行掩蔽操作，测试右耳1 000Hz的骨导听阈。

（1）分析听力图，判断是否需要掩蔽：不加掩蔽时，右耳1 000Hz频率点的气导听阈为35dB HL，骨导听阈为15dB HL，骨导阈值和气导阈值相差20dB HL，符合骨导掩蔽适应证，所以，需要给左耳加掩蔽，才能测出右耳骨导的真实听阈。

本例中，右耳为测试耳（TE），左耳为非测试耳（NTE）。

如图1-2-26所示，佩戴换能器。

（2）NTE的起始掩蔽级（EM）是多少？

$$EM = NTE气导阈值 + 10dB HL$$
$$= 35dB HL + 10dB HL$$
$$= 45dB HL$$

故此，左耳给45dB HL的窄带噪声，开始掩蔽。

同时,右耳骨振器给 15dB HL 纯音,增加左耳噪声级,直至右耳不再听到测试音,或直到噪声级超过 55dB HL。

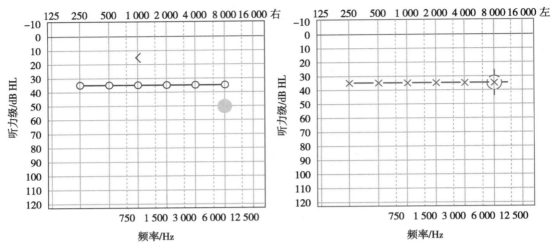

图 1-2-25 不加掩蔽测得右耳 1 000Hz 频率点的气导听阈为 35dB HL,骨导听阈为 15dB HL

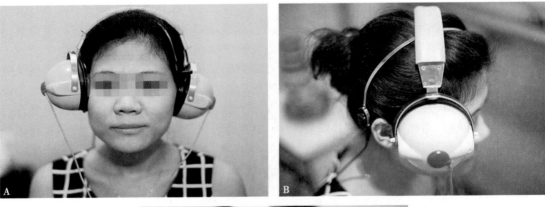

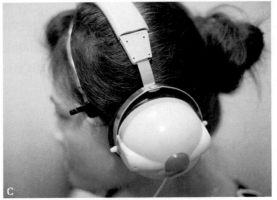

图 1-2-26 骨导掩蔽时骨振器和气导耳机放置示意图
A. 正面观;B. 测试耳侧面观;C. 非测试耳侧面观。

（3）如果此时右耳仍能听到 15dB HL 纯音，则右耳的真实听阈即为 15dB HL。

（4）如果右耳听不到原来 15dB HL 纯音，则增加纯音，直至能够再次被右耳听到。

（5）左耳噪声再加大 5dB HL，如右耳听不到测试纯音，则加大纯音声级直至再次被听到。

（6）重复步骤（4）和（5），直到掩蔽噪声连续增加了 10dB HL 以上，不增加右耳的纯音级就能听到测试纯音，此时的听阈级就是右耳骨导的真实听阈。

八、最舒适阈

最舒适阈（most comfortable level，MCL）是受试者在语言频率段的最舒适声强，是助听器验配的重要参数。MCL 大约在言语识别阈（speech reception threshold，SRT）和不舒适阈（uncomfortable loudness level，UCL）之差（即动态范围）的中点附近。一般来说，听力正常人的 MCL 在 40～50dB HL。

动态范围和听力损失的类型有关，正常人的动态范围约为 90dB HL，传导性听力损失一般在 80dB HL 以上，感音神经性听力损失约为 30dB HL（图 1-2-27）。

所以一旦发生听力损失，MCL 也会发生相应改变。

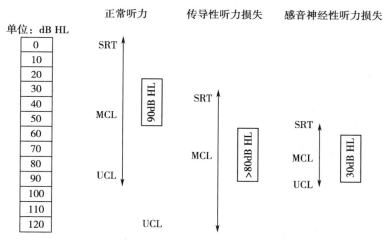

图 1-2-27　动态范围：听力损失类型不同，动态范围也不同
SRT. 言语识别阈；MCL. 最舒适阈；UCL. 不舒适阈。

MCL 测试具体操作步骤如下：

1. 先测试相对好耳。如果双耳听力无明显差别，先测试右耳。

2. 起始给声强度为言语识别阈值＋40dB HL。

3. 给出指令。例如："现在开始，我将要一直对你说话，我想找到你听我讲话感觉最舒适的那个强度。现在听我从 1 数到 10，把我想象成一个电视机，而你正拿着遥控器音量调节开关，告诉我你是想把我的声音调高、调低，还是维持现状？"

4. 测试者开始从"1"数到"10"。

5. 根据受试者的反应，增加或降低 5dB HL，再次询问患者感觉如何，是否听得最舒适了？

6. 测试完成,用正确的符号将结果记录在听力图上。

7. 重复步骤1~6,完成对侧耳的测试。

九、不舒适阈

不舒适阈(UCL)又称不舒适阈值(threshold of discomfort,TD)、不舒适响度级(loudness of discomfort level,LDL),指当患者佩戴助听器时,声音强度引起听觉明显不舒适感时的声压级。通俗地说,UCL就是当测试信号(言语声或纯音)的声强逐渐提高,达到某一程度时,令患者感到难以忍受,对这种测试声连1秒也不愿意多听时的那个声音强度。

UCL是最大声输出调试的重要依据。

在测试UCL时,测试者要与受试者面对面进行操作,一边充分观察其因声音过吵所致的面部表情细微变化,从而作出准确判断。

(一)纯音UCL测试

测试音为纯音时,UCL的具体操作步骤如下:

1. 测试频率500Hz、1 000Hz、2 000Hz、4 000Hz。

2. 先测试相对好耳,如果双耳听力损失无明显差别,则先测试右耳。

3. 给出指令。例如:"从现在开始,我将给你听一些很响的声音,而且声音会越来越响,当你觉得声音很响时,就举起示指;如果你觉得声音吵得让你很难受,根本不想再听下去,你就举起手,一旦你举手,我就会停止给声。所以,如果你只是觉得声音很响,就举起示指,如果你觉得声音吵得听不下去了,就举起整只手。明白吗?"

4. 起始强度为70dB HL,或者受试者的MCL。起始测试频率为1 000Hz。间断给声,每次提高5dB HL,直到他们举起整只手。除此之外,还可以通过观察受试者面部表情变化,来识别其是否已经很不舒服,或者听力计达到最大声输出,均可帮助我们判断UCL。

5. 用正确的符号将结果记录在听力图上。

6. 重复步骤4~5,继续测试2 000Hz→4 000Hz→500Hz。

7. 重复步骤4~6,完成对侧耳的测试。

(二)言语声UCL测试

测试音为言语声时,UCL测试具体操作步骤如下:

1. 起始强度为70dB HL,或者受试者的MCL。

2. 先测试相对好耳,如果双耳听力损失无明显差别,则先测试右耳。

3. 给出指令。例如:"现在开始,我将要一直对你讲话,我的声音会越来越响,当你觉得声音很响时,就举起示指;当声音越来越吵,让你感觉很难受,根本不想再听下去时,你就举起手,我一看到你举手就会停止说话。明白吗?"

4. 开始测试。一直对受试者说话,声强每次提高5dB HL,直到他们举起整只手。除此之外,还要通过观察受试者面部表情变化,来识别其是否已经很不舒服,或者测听仪达到最大声输出,均可帮助我们判断UCL。

5. 测试完成,用正确的符号将结果记录在听力图上。

6. 重复步骤1~5,测试对侧耳。

十、听力图

(一)听力图记录

听力图是进行助听器验配和了解听力状况的最直接的依据。所以,读懂听力图,不仅可以帮助我们了解患者听力损失情况,还能根据具体情况采取不同的治疗措施。

听力图横坐标表示声音的频率,单位为赫兹(Hz),标记在听力图上下两端;纵坐标表示声音的强度,单位为听力级(dB HL),标记在听力图左侧(图1-2-28)。

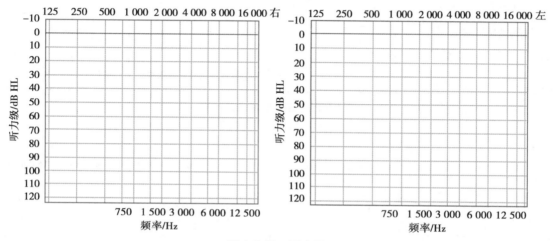

图 1-2-28　听力图

一张完整的听力图还包括一些其他重要信息,如受试者一般情况(姓名、年龄、性别等)、测试日期、听力计型号、耳机种类、测试可靠性、结果说明及一些其他的听力测试相关信息等。

纯音测听的结果有其特定的记录方法:

1. 左右耳测试结果采用不同颜色标记　通常规定用红色标记右耳测试结果,用蓝色标记左耳结果。

2. 标记时采用规定的符号,分别代表气导、骨导听阈测试结果,见图1-2-29。

(二)典型听力图结果分析

读听力图时,一般需要注意以下3点:①听力损失的类型;②听力损失的程度;③听力图的图形特点。

1. **听力损失的类型**　听力损失的类型主要有传导性听力损失、感音神经性听力损失和混合性听力损失3种,其听力图各有特点。

(1)传导性听力损失(conductive hearing loss,CHL):传导性听力损失是指声波在外耳道、鼓膜、听骨链等部位的传导障碍而造成的听力损失。所以,传导性听力损失多由外耳和中耳病变导致,如外耳或中耳感染、鼓膜穿孔、耵聍栓塞、良性肿瘤、外耳、外耳道和中耳畸形或发育不良等。

图1-2-30所示为传导性听力损失听力图的特征性表现:患耳骨导听阈正常,但气导听阈>25dB HL,骨导听阈明显好于气导听阈,形成气-骨导差(air-bone gap)。

给测试音的方法	符号		给测试音的方法	符号	
	右耳	左耳		右耳	左耳
气导　　未掩蔽	○	×	无反应　气导		
气导　　加掩蔽	△	□			
骨导乳突　未掩蔽	◁	▷	无反应　骨导		
骨导乳突　加掩蔽	⊏	⊐			
骨导前额　掩蔽					
声场	S		两耳气导在同一听阈级	⊗	
			气导与骨导在同一听阈级		×

图 1-2-29　表示听阈级的符号

注：不舒适阈标记符号为"U"。

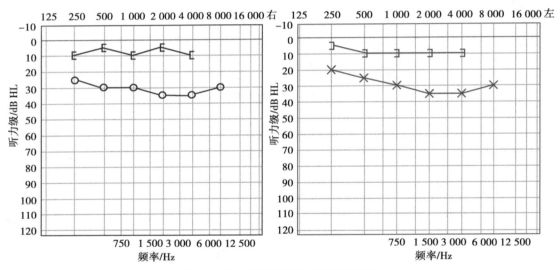

图 1-2-30　双侧轻度传导性听力损失

（2）感音神经性听力损失（sensorineural hearing loss，SNHL）：感音神经性听力损失的含义包括 3 个方面。①感音性听力损失：指因为内耳（耳蜗）病变，不能将声波转化为神经冲动；②神经性听力损失：从内耳到中枢的神经通路（蜗后）病变或功能障碍，不能将神经冲动传入听觉中枢；③中枢听觉处理障碍：大脑皮质中枢性病变，患者不能分辨语言。这 3 种病变，单凭纯音测听结果不能区分，因此，统称为感音神经性听力损失。

感音神经性听力损失常见病因有：传染病、产伤、耳毒性药物、遗传病症、噪声接触、病毒、头部外伤、老年性听力损失和肿瘤等。

图 1-2-31 所示为感音神经性听力损失的听力图特征性表现：患耳气、骨导听阈均下降，且都在各自相对应频率点的上下，骨导听阈和气导听阈相差不大，气 - 骨导差≤10dB HL。

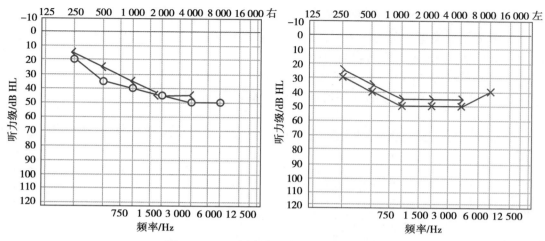

图 1-2-31　双侧中度感音神经性听力损失

（3）混合性听力损失（mixed hearing loss，MHL）：混合性听力损失是指同时患有传导性听力损失和感音神经性听力损失，临床多见于患者在外耳或中耳病变的同时，还伴有内耳（耳蜗）。

图 1-2-32 所示为混合性听力损失的听力图表现：气导听阈和骨导听阈均有下降，但骨导听阈明显好于气导，气 - 骨导差 > 10dB HL。

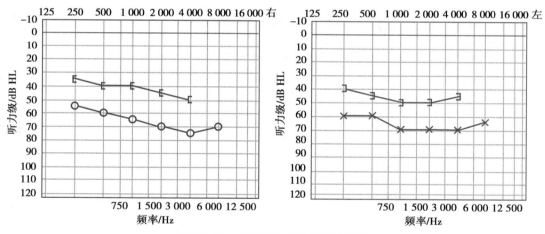

图 1-2-32　双侧重度混合性听力损失

2. **听力损失的程度**　听力损失的程度主要根据纯音平均听阈（pure tone threshold average，PTA）来判定。PTA 是指 500Hz、1 000Hz、2 000Hz、4 000Hz 4 个纯音测听气导阈值的平均值。

成人 PTA ≤ 25dB HL 为正常。

根据 PTA，将听力损失程度分为 4 个等级（世界卫生组织，1997）：

26～40dB HL 为轻度听力损失；

41～60dB HL 为中度听力损失；

61～80dB HL 为重度听力损失；

>80dB HL 为极重度听力损失。

3. **听力图的类型**　听力图类型信息主要包括各频率听力损失的程度和听力图的总体特征。以下为几种常见的听力图类型：

（1）平坦型（flat loss）：所有频率阈值差别小于 15dB HL，见图 1-2-33。

（2）下降型（gently sloping）：阈值从低频到高频逐步下降，见图 1-2-34。

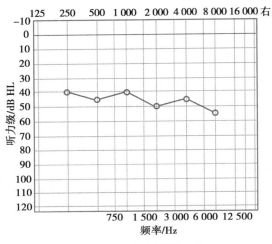

图 1-2-33　平坦型听力图

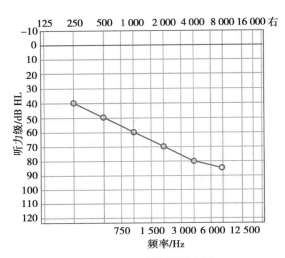

图 1-2-34　下降型听力图

（3）上升型（rising）：低频听力损失较高频重，见图 1-2-35。

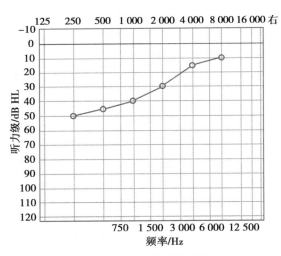

图 1-2-35　上升型听力图

（4）角听力图（corner audiogram）：低频重度或极重度听力损失，中、高频听力计最大输出无反应，见图 1-2-36。

（5）陡降型（high-frequency loss）：低频听阈较好，高频听阈突然下降，见图 1-2-37，又称为滑坡型（ski-slope）。

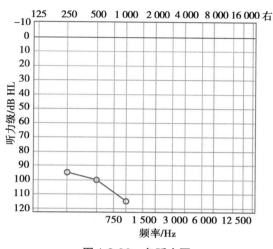

图 1-2-36 角听力图

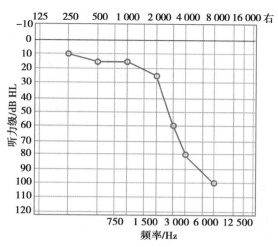

图 1-2-37 陡降型听力图

4. 听力图描述常用术语

（1）侧别：①单侧听力损失，即只有一侧耳有听力损失；②双侧听力损失，即双耳均有听力损失。

（2）波动性：①波动性听力损失，即听力损失可随时间改变而改变；②稳定性听力损失，即一段时间内听力损失无改变。

（3）进展：①突发性听力损失，即迅速发生的听力损失；②进行性听力损失，即随时间改变缓慢出现的听力损失。

（4）对称性：①对称性听力损失，即双耳听力损失的程度和听力图形相同；②非对称性听力损失，即双耳听力损失的程度和听力图形不同。

5. 听力图结果判读实例分析 如前文所述，在解释听力图时，需要判读患耳侧别、听力损失的类型、程度和图形特点。

[例5] 图 1-2-38 结果判读。

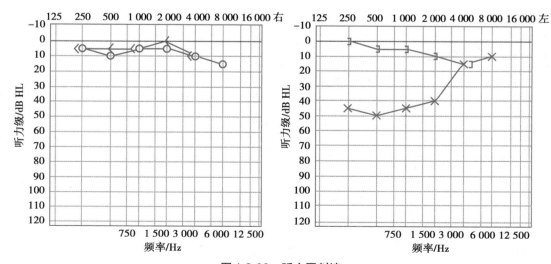

图 1-2-38 听力图判读

结果判读：

（1）右耳 PTA＝7.5dB HL，气-骨导差≤10dB HL，听力正常。

（2）左耳 PTA＝37.5dB HL，气-骨导差＞15dB HL，为轻度传导性听力损失。

［例6］图1-2-39结果判读。

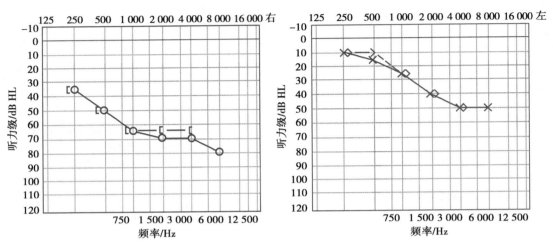

图1-2-39　听力图判读

结果判断：

（1）左耳 PTA＝32.5dB HL，气-骨导差≤10dB HL，为轻度感音神经性听力损失。

（2）右耳 PTA＝63.5dB HL，气-骨导差≤10dB HL，为重度感音神经性听力损失。

（3）双耳均为缓慢下降型听力图。

［例7］图1-2-40结果判读。

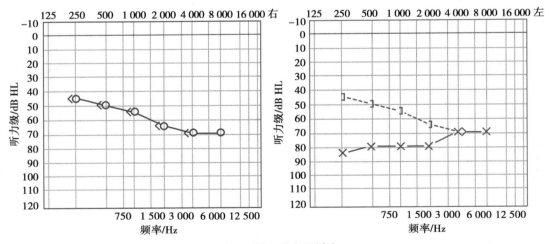

图1-2-40　听力图判读

结果判断：

（1）右耳为中度感音神经性听力损失，缓慢下降型。

（2）左耳为重度混合性听力损失，呈平坦型。

[例8] 图 1-2-41 结果判读。

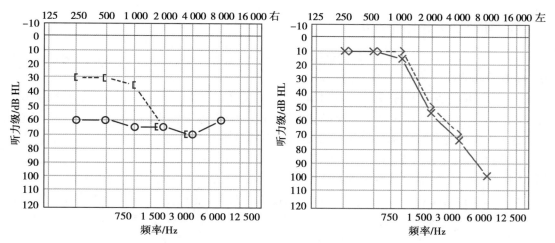

图 1-2-41 听力图判读

结果判断：

（1）右耳图形为平坦型，气、骨导阈值均有下降，气 - 骨导差≥15dB HL，PTA = 65dB HL，为重度混合性听力损失。

（2）左耳图形为陡降型，1 000Hz 以前频率段听力正常，随后高频听力下降，PTA = 38.75dB HL，为轻度感音神经性听力损失。

[例9] 最大声输出无应答（图 1-2-42）。

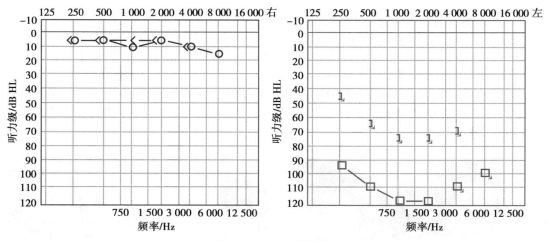

图 1-2-42 听力图判读

结果判读：

（1）左耳气、骨导测试结果显示角型听力图对听力计最大声输出无应答，因此，患者的听力损失程度超出听力计测试范围，为极重度听力损失，注意排除功能性听力损失。

（2）右耳听力正常。

【能力要求】

一、听力计A级校准检查

1. 清洁和检查听力计及全部附件，检查耳机垫、耳塞、主导线及附件导线有无磨损或损伤（损伤的或磨损严重的部分应更换）。

2. 开机并按说明书建议的时间预热（厂家未述及预热期，则等5分钟使仪器稳定），按厂家（说明书）规定的方式操作各个键钮，对以电池为电源的仪器，按规定的方法检查电池的状态，如有必要还要检查耳机和骨振器的系列号与仪器系列号是否相符。

3. 可用10dB HL或15dB HL的听力级检查听力计的气导和骨导是否大致正确，聆听"恰能听到"的音，应对全部规定的频率和对两个耳机及骨振器都进行这项检查。

4. 在高听力级水平（例如气导用60dB HL，骨导用40dB HL听力级），对各个频率和两个耳机的各种功能都进行检查，聆听工作状态是否正常，有无畸变、阻断器"喀呖"声等，检查所用耳机（包括掩蔽换能器）及骨振器的输出有无失真和间断，检查插座和导线有无断裂，检查全部键钮、指示灯和指示器工作是否正常。

5. 检查受试者的信号系统工作是否正常。

6. 在低声级，听有无任何噪声或交流声等不应有的声音，检查衰减器在其整个范围内是否都能衰减，并且在给出声信号的时期内同时操作衰减器不会有电流或机械声。检查阻断键是否无声操作和有无从仪器辐射到受试者位置处的可听到的声音。

7. 用和检查纯音功能相同的步骤检查受试者的对讲线路。

8. 检查耳机头带及骨振器头带的张力，确认旋轴关节转动灵活没有过度的滞涩。检查隔绝噪声耳机的头带和旋轴关节，既不会戴用过紧，也无金属疲劳。

二、非测试耳不加掩蔽的气导测试

1. 受试者操作前先洗手　为避免受试者看到测试者的操作，当两者在同一个房间时，要求受试者和听力计成90°就座（图1-2-43）。

如果是双室测听，即测试者和受试者不在同一房间，最好双室之间用单向玻璃隔开，可以面对面就座，以便测试者观察其面部表情和动作，但同时要注意不让对方看到测试者的手部操作（图1-2-44）。

图1-2-43　同室测听

图1-2-44　双室测听

2.耳镜检查　详见本章第一节　耳镜检查之"能力要求"。

3.先测试相对好耳,如果受试者自觉双耳听力无明显差别,则可以从右耳开始进行检测。

4.给出指令　简明扼要地向受试者解释将要进行的测试,指导其配合操作。

纯音测听是主观听力测试,所以,受试者的良好配合是获得准确测试结果的首要基本保证。

测试者可以如此给出指令:"我将要给你戴上耳机,你会听到'嘟嘟声'或'滴滴声',这些声音开始很响,随后越来越轻,请你一听到声音就按下应答器,哪怕声音很小,听到一声,按一下应答器(同时给受试者示范怎样按应答器)。我先测试右耳,然后测试左耳。明白了吗?"

在实际工作中,受试者也可以选用其他方式给出反应,如以举手替待按应答器,因此可以根据实际情况,相应更改指令即可。

5.佩戴气导耳机　首先除去受试者佩戴的耳环、头饰等物品,拨开遮挡外耳道口的头发。将耳机红色标记的一侧戴在右耳,蓝色标记的一侧戴在左耳,防止外耳道受压,将耳机膜片中心对准外耳道口,收紧头带。

6.测试频率顺序　1 000Hz→2 000Hz→4 000Hz→8 000Hz→1 000Hz(复测受试者反应可靠性)→500Hz→250Hz→125Hz。

7.初步熟悉　具体操作详见本节"五、非测试耳不加掩蔽的气导测试"中"4.初步熟悉"。

8.给声要求　避免有节律地给声,如果受试者有耳鸣,可以采用"间断给声(pause)"避免干扰。

9.采用上升法,"升5降10",测得1 000Hz频率点气导听阈级,参见例1。

10.用正确的符号将测试结果记录在听力图上,标记符详见本节图1-2-29。

11.按步骤6的顺序,依次测得同侧耳其他频率的气导听阈级,并记录。

12.对侧耳测试　重复步骤9～10,注意对侧耳测试频率顺序为:1 000Hz→2 000Hz→4 000Hz→8 000Hz→500Hz→250Hz→125Hz(无须复测1 000Hz),并记录测试结果。

实际操作中,125Hz频率点可以酌情选做。

13.测试完毕,测试者在报告上完善受试者姓名、性别、年龄、测试日期等相关信息,并签名。

三、非测试耳不加掩蔽的骨导测试

1.取下受试者头戴之气导耳机。

2.给出指令　例如:"我将要把这个耳机带到你的耳后(同时向其展示骨振器),你还会听到各种'嘟嘟声'或'滴滴声',这些声音开始很响,随后越来越轻,请你一听到声音就按下应答器,哪怕声音很小,听到一声,按一下应答器。无论哪只耳朵听到声音,都要按下应答器。明白了吗?"

在实际工作中,受试者也可以用其他方式给出反应,如以举手代替按应答器,此时只需根据实际情况,相应更改指令即可。

3.按图1-2-45所示,放置骨振器,注意骨振器不要和耳廓接触,也不要压住头发。测试耳不应被堵住,如有,则应在听力图中注明。

图 1-2-45 骨导耳机放置,适用于不加掩蔽的骨导听阈测试

4．从 1 000Hz、40dB HL 开始给测试声。采用上升法,"升 5 降 10",按以下步骤,测得 1 000Hz 频率段的骨导听阈。

（1）测试音的起始给声强度为 40dB HL,受试者有应答,表示能听到该测试音。

（2）测试音降低 10dB HL,由原来的 40dB HL 变为 30dB HL,受试者有应答,表示仍然能听到测试音。

（3）测试音再降低 10dB HL,由 30dB HL 变为 20dB HL,受试者仍然有应答,表示能听到测试音。

（4）测试音降低 10dB HL,由原来的 20dB HL 变为 10dB HL,受试者无应答,表示听不到测试音。

（5）测试音增加 5dB HL,由原来的 10dB HL 变为 15dB HL,受试者有应答,表示能听到测试音。（15dB HL 第一次）

（6）测试音降低 10dB HL,由原来的 15dB HL 变为 5dB HL,受试者无应答,表示听不到测试音。

（7）测试音增加 5dB HL,由原来的 5dB HL 变为 10dB HL,受试者仍然无应答,表示还是听不到测试音。

（8）测试音增加 5dB HL,由原来的 10dB HL 变为 15dB HL,受试者有应答,表示能听到测试音。（15dB HL 第二次）

所以本例中受试者 1 000Hz 测试音的骨导听阈是 15dB HL。

5．将测试结果标记在听力图上。

6．1 000Hz 测试完成后,按照 1 000Hz→2 000Hz→4 000Hz→500Hz→250Hz 的顺序,重复步骤 4～5,依次测得其他各频率的骨导听阈。

7．测试完毕,测试者在报告上完善受试者姓名、性别、年龄、测试日期等相关信息,并签名。

（李晓璐）

（特此感谢李宛桐、徐莹为本节听力测试示意图拍摄所提供的帮助）

第三章　助听器选择

第一节　听觉功能分析

一、纯音听力图的识别及病理意义

听力损失俗称"聋"。"聋"有不同性质、部位及程度之分。在验配助听器之前进行听力测试，是对听力损失进行定性、定位及定量的诊断，选择助听器验配的适应证和最佳的验配时机，保证助听器验配的成功率。通过听力测试结果可以知道每一个人的听力损失情况。首先听力损失的程度可分为轻度、中度、重度或极重度听力损失，这就意味着应该针对不同程度的听力损失选择功率相匹配的助听器；其次，听力曲线类型不同，针对高频听力下降、低频听力下降和全频听力下降，选择可针对不同频段进行不同放大的助听器；最后，每一个人的舒适阈和不舒适阈也不同，这就要求针对不同佩戴者设置不同的助听器最大声输出。因此，准确的听力测试结果是保证助听器验配成功的关键因素。

二、测听基础

听力评估用于诊断和康复已经有几百年历史了，在此期间具有重大意义的进展之一就是行为听力测试技术与临床听力计的结合。自从 Bunch（1943）首次发表纯音测听方法以来，听力学专业人员已经将它作为最基本的听力评估方法。纯音测听可以对听力损失定量、定位，有时还可以提示一些特殊疾病的存在。

在正常人耳，声音的传导有两种途径。一种是气导传导，另一种是骨导传导。

气导的传导途径：耳廓收集空气中的声波经外耳道传送至鼓膜。鼓膜以与声波一致的速率振动。鼓膜与中耳的锤骨相连。锤骨与砧骨相连、砧骨又与镫骨相连，称之为听骨链。镫骨底板的环状韧带使镫骨与前庭窗紧密封闭。鼓膜以振动的形式将声音通过细小的听骨链传递到前庭窗。听骨链能够高效地将声音振动转化为内淋巴振动，同时还能保护听觉器官不受过大声的伤害。镫骨在前庭窗的振动使内耳的液体发生相对运动，这个运动又使毛细胞顶部的纤毛发生了剪切运动，从而把神经冲动传导到螺旋神经节，再由它传到听觉中枢。气导参与了声音经空气、骨及液体的传导，是声音传导的主要途径。

骨导的传导途径：声音直接振动颅骨，再传入到充满液体的内耳。正常听力者听自己的声音主要经骨导传导，听外界的声音大部分是通过气导传导。

从传导途径来说，骨导短于气导，因此骨导听阈应该好于气导，如果出现气 - 骨导差（＞10dB HL），说明听觉通路上固体传导的部分，即外耳和 / 或中耳发生了病变。

三、听阈测试和听力图

听阈的概念是纯音测听的核心。在临床听力评估中,听阈定义为受试者能够识别出至少50%声音信号的最小声压级。早在20世纪30年代人们就开始测试不同频率的听阈。纯音测听为评估听敏度提供了一种简便、可靠的方法。听阈测试结果以听力图的形式表示,如图1-3-1,该测试结果能够提示听力损失的程度、听力损失的类型及提供一些供助听器验配的参考信息。耳科医生也可利用听力测试结果来协助诊断和治疗。

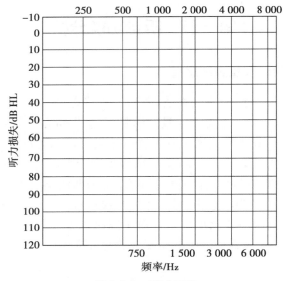

图1-3-1　测试结果

最基本的听力测试包括骨、气导的纯音测听及言语测试。

听力图中横轴表示频率,从左至右表示测试声的频率,从低到高即从250~8 000Hz。纵轴表示声音的强度,从上至下表示受试者能听到的最小的声音,从-10~120dB HL。0dB HL是听力零级。听力零级是通过测试一定数量听力正常青年人群的各个频率听阈,求出各频率全组均数得到的声压级值,再将这些声压级值规定为不同频率的0dB HL。所以听力零级既不是最小的声压级,也不是最好耳能听到的最小声音。而是正常耳在各个频率能听到的最小声音。当然有些受试者的听力会低于零。记录听阈国际通用的符号如表1-3-1所示。

表1-3-1　听阈记录的常用符号

	气导		骨导	
	非掩蔽	掩蔽	非掩蔽	掩蔽
左耳	×	□	>	⌐
右耳	○	△	<	⌐

听力正常人的所有频率听阈都应≤25dB HL,而且气-骨导差不大于10dB HL(图1-3-2)。
　　根据骨、气导听阈的关系可以将听力损失分为传导性听力损失、感音神经性听力损失及混合性听力损失。气-骨导差>10dB HL 且骨导听阈在正常范围为传导性听力损失(图1-3-3)。气骨导听阈一致(≤10dB HL)且都超出正常范围的为感音神经性听力损失(图1-3-4)。气-骨导差>10dB HL 且骨导听阈超出正常范围的为混合性听力损失(图1-3-5)。

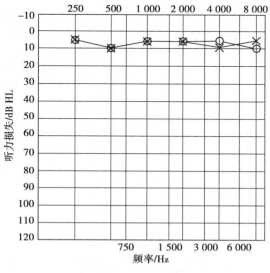

图 1-3-2　正常听力图

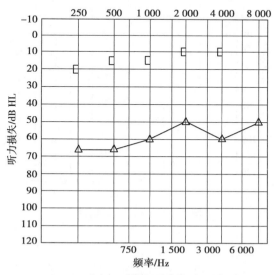

图 1-3-3　传导性听力损失的听力图

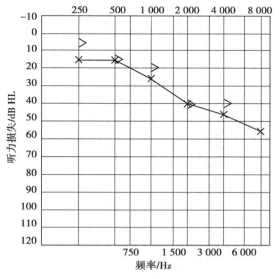

图 1-3-4　感音神经性听力损失的听力图

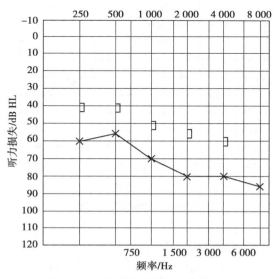

图 1-3-5　混合性听力损失的听力图

根据听力曲线的形状,可以将听力图分为:平坦型(图1-3-6)、渐降型(图1-3-7)、陡降型(图1-3-8)、上升型(图1-3-9)及盆型(图1-3-10)等。

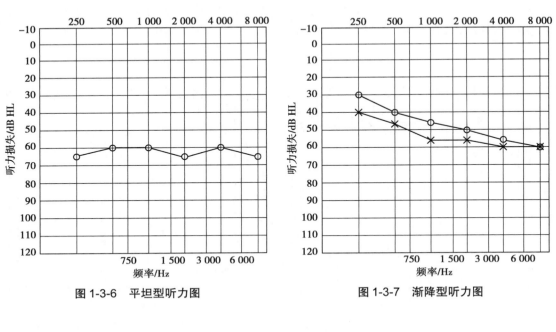

图 1-3-6　平坦型听力图　　　　　　　　图 1-3-7　渐降型听力图

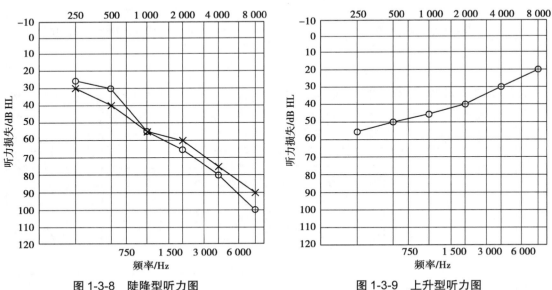

图 1-3-8　陡降型听力图　　　　　　　　图 1-3-9　上升型听力图

有些疾病在听力图中有特征性表现。如噪声性聋表现为双侧3 000Hz、4 000Hz或6 000Hz的"V"型切迹(图1-3-11)。有些药物性聋表现为双侧陡降型听力曲线(图1-3-12),老年性聋表现为双耳渐降型听力曲线(图1-3-13)。

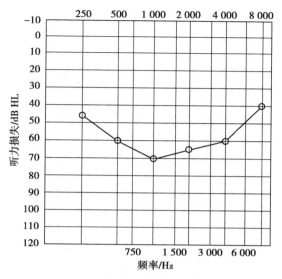

图 1-3-10　盆型听力图

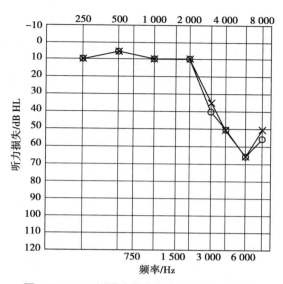

图 1-3-11　双侧噪声性聋,示 6 000Hz 处听力下降切迹

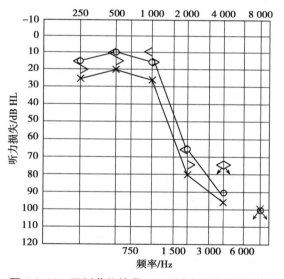

图 1-3-12　双侧药物性聋,示双侧陡降型听力下降

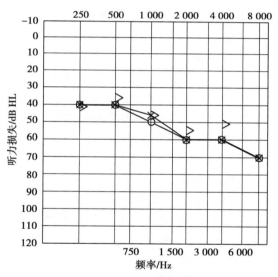

图 1-3-13　老年性聋,示双侧渐降型听力下降

四、助听器验配适应证和影响因素

在实际工作中,患者向我们陈述的问题及对助听器的希望和要求往往非常复杂。尽管各种先进的助听器不断问世,助听器验配技术不断提高,但要想解决好患者(尤其是感音神经性听力损失患者)的各种问题,尚有许多工作要做。

国际助听器听力协会在其基本教材中列出了 Sam Lybarger 的一段名言,以诉说患者的希望:"助听器应该是一个超小型的电声装置,但总是做得太大;助听器必须将声音放大 100万倍,而不放大任何噪声;一直能工作,从不停止,即便是汗流如雨或者全身都是爽身粉时也应如此；可以推迟 10 年才买助听器，但只要使用以后连 30 分钟的维修时间都不能等。"这些要求虽然苛刻，但是也对我们验配人员提出了追求的方向。

（一）影响助听器验配的主要因素

任何一位听力障碍患者佩戴助听器绝非为了炫耀自己，也非为了外观美丽。听力障碍者的需求、期望值、动机等都是能否成功验配助听器的关键因素。使患者接受适合其听力损失的助听器（包括外观），远比劝说一个胆脂瘤患者接受手术困难得多。目前全世界尚无人能用一个综合的量化指标衡量患者是否需要助听器。

1. 听力障碍的后果与需求　听力下降以后对患者的工作和生活质量到底影响有多大？有些人对听力有特殊需求，如教师、音乐家等，临界的听力损失对他们来说可能都是致命的。助听器对那些需要天天与他人交流的听障人士的帮助是不容置疑的。还有一些人，日常工作生活对听力需求不高，听力损失已达 40～50dB HL 才有明显感觉。不同的患者对听力的要求不同，听力损失对他们的影响也不同。

2. 听力损失的程度　这常常决定患者对助听器的满意程度和日常使用的时间。

（1）轻度：是否需要使用助听器取决于个人工作、生活对听力的依赖程度。以往国内罕有 <40dB HL 听力损失而验配助听器者，大部分是自己认为不需要，少数是试用以后发现，噪声放大超过了所希望听到的言语声。随着助听器技术的提高及人们对生活品质要求的提高，轻度听力损失患者的助听器验配率逐渐增加。

（2）中度：此类患者近距离听人说话没有明显困难。他们能从助听器中获得较好的帮助。此类患者对助听器的音质要求较高。

（3）中重度：此类患者对声音放大有较大要求，在多人同时说话或有背景噪声的情况下就会感到言语分辨困难。在他们的发音中通常存在清晰度欠佳、音素替换和发音走样（失真）的问题。他们具有足够的残余听力以通过听觉反馈来学习或保持自己的言语能力，助听器对他们会有很大帮助。

（4）重度：即使近距离交流，患者听到的声音也很不清晰，部分患者可以辨别环境噪声或元音，但不能察觉辅音。助听器可以改善他们的沟通能力。随着当今助听器综合技术的进一步完善，使得重度听力损失患者获得了更多的帮助，助听器小型化就是明显的例子。

（5）极重度：已经不能依靠现有残余听力与他人正常交流，多需要唇读的帮助。助听器只能部分补偿其听力损失。但是助听器可以帮助他们保持与外界的联系，感知环境中的部分声音，并提高唇读的辨别率。极重度听力损失的儿童早期验配了助听器并经过语言训练可以做到"聋而不哑"，开口说话。虽然大功率助听器不断问世且帮助了许多以往我们不能帮助的患者，但极重度听力损失仍然是人工耳蜗的主要适应证。

3. 听力损失的曲线特征　纯音听力图的坡度（或称斜率）在助听器验配中起着重要的作用。传统的观点是平坦型、渐升型和渐降型曲线较易验配，而陡降型、盆型或下降/上升不规则型较难验配。而对低频就开始陡降、岛状听力或仅有低频残余听力者就更难验配。但是随着助听器的数字化、智能化及各项新技术的不断推出，患者许多疑难问题也可以获得满意的解决，助听器的清晰度和舒适度得以明显改善。

4. 裸耳言语识别率　言语识别率在助听器验配中起着重要作用，因为听得见容易做到，而想要达到患者的最终目的——听得清就并非轻而易举了，裸耳言语识别率与助听器效果的相关性如下：

（1）识别率 90%：验配容易成功，患者综合效果比较好。

（2）识别率 70%～90%：可以明显提高患者的交流能力。

（3）识别率 50%～70%：改善言语辨别能力。

（4）识别率 <50%：综合效果较差，但可帮助唇读、监听自己的嗓音和环境声，由此减轻生活压力并增加安全感。

当代技术的进步使得我们解决了许多以往不能解决的问题。但是患者的期望值也越来越高。在验配各种品牌/型号的产品之前，了解患者的言语辨别能力是非常重要的前提条件。纯音听力图的完美补偿远远不等于成功的验配。

另外，若患者理解言语很困难，但听大强度的声音时没有明显不适，线性线路助听器常可使患者受益；反之，若患者平时理解言语相对困难较少而难以忍受吵闹的噪声，线性线路助听器常不能帮助患者。对后者使用非线性且功能全的助听器是较好的选择。

5. 病因　通常验配传导性听力损失助听器的综合效果较好。此时需要强调的是，对于传导性听力损失患者，在验配助听器前，首先应推荐到耳科专科医师处就诊，以寻求药物/手术治愈的可能性。对手术失败或通过手术和药物治疗未能完全补偿听力损失的患者，可以验配助听器。

若听力损失部分或全部由中枢疾患引起，尽管纯音听力尚可，其使用助听器的效果极其有限。如听神经病的患者使用助听器后的言语识别率仍然较低。

6. 耳鸣　听障者多伴有耳鸣。部分患者使用助听器后，其放大的声音能部分甚至全部掩蔽耳鸣。也有部分患者使用助听器后耳鸣没有改变甚至加重。要指出的是，助听器的使用不影响其他形式的耳鸣治疗。另外，临床上可以使用耳背式或台式的耳鸣掩蔽器来抑制耳鸣。

（二）患者的认知态度

对助听器验配人员来说，了解患者对听力损失的认知与态度的重要性不亚于听力图。首先我们要明确患者是否理性地认识到并承认自己的听力不正常，是否完全了解听力障碍的存在。当患者不承认自己听力有问题，或者知道而不愿意承认时，助听器验配师一定要让患者对自身情况有清晰的了解。

1. 自我形象与个性　当人们看到一个佩戴助听器的人，可能把他/她看成是残疾人，或者认为其年老等。此时要看患者本人如何对待这些问题。比较乐观的人常常更能得到助听器的帮助。认为自己可以掌握命运的人比听天由命者能更好地使用助听器。而外向者也比内向的人容易从使用中受益。

2. 期望值　患者的期望值多基于其他助听器使用者的介绍、耳科医生的推荐、所观察到的他人使用情况、各种宣传介绍等。期望值和助听器的实际效果是两回事。听障者的听力损失情况个体差异很大，验配师要引导听障者建立科学合理的期望值。

3. 担心和疑惑　患者在验配助听器前可能存在各种担心，如可能担心不能操作如此小巧的机器，戴上助听器就意味着承认自己已经老了等。

4. 年龄　高龄常常影响对助听器的操作使用，如手部不灵活而难以调节音量开关和取放电池、将耳模放入外耳道等。年龄越大学习使用助听器越困难，同时在嘈杂的环境中会感到难以应付。而对聋儿来说，需要耳科医师、听力学家、听力康复工作者和家长密切地配合。明确诊断并验配助听器后需进行康复训练，并需要经常随访调整助听器的验配方案。

5. **外观** 无论多大年龄,患者总希望助听器看不见才好,尤其是青年人在面临学习、就业和恋爱婚姻问题时。这也是助听器逐渐微型化的主要动因。

(三)社会、家庭与环境因素

1. **他人推荐** 医务人员、家人、其他成功使用人士的推荐也起到很大作用。

2. **家人的态度** 有时家人的态度比患者本人的态度更重要。大约 50% 的患者是在家人的督促下第一次寻求助听器帮助的。在我国,多数家长往往为听力损失儿童验配最好的助听器,这也是我国听力障碍儿童康复成功的一大特点。而对于一些大多有勤俭持家习惯的老人,退休金也不高,常常认为"自己没几年可活,还是把钱留给下一代吧"。门诊经常看到儿女愿意为父母验配助听器,但老人一听到一只助听器要几千元扭头就走的情形。另外一种情形是,儿女在外为父母购买了助听器,或者验配中并未使老人自己了解助听器的功能和使用方法,这种情况下,患者使用该助听器的可能性或满意使用的可能性很小。无论对聋儿还是老人,家人对助听器使用和康复训练的态度,都是助听器使用成功与否的关键。

3. **患者和家人对验配人员的信任程度** 验配人员的服务态度、知识水平,验配单位的知名度等都对验配是否成功起着重要作用。

4. **使用时间** 使用助听器满意的人士并非时刻都佩戴着助听器。验配成功与否也并不取决于使用时间的长短,解决他们的听力需求是最重要。

5. **使用环境** 若患者经常使用助听器的地点比较安静,则助听器对其日常工作和生活有较大帮助。若需要经常在噪声环境中使用助听器,由于助听器将噪声放大而掩蔽掉部分言语声会使患者感到不满意。方向性麦克风的使用可以改善此类患者的聆听效果。通常背景噪声限制患者对低频的感知,而其本身的听阈则限制其对高频的感知。

6. **经济承受能力** 近 30 年来我国民众生活水平迅速提高,使得听力学家和验配师的知识更有用武之地。但是由于助听器在我国绝大多数地区属于自费项目,经济问题常常是患者验配时首先要考虑的问题。作为专业工作者,切忌不顾效果差异而强力推荐高价产品。这样做也常常是验配失败或退货的原因之一。尤其是患者更换产品而新旧价格差别极大时,其期望值会很高。例如对一个手术失败的耳硬化症患者,上万元的产品未必比一个普通的线性助听器辨别率高出很多。

以上诸多因素均可影响验配结果,但我们仍然鼓励患者使用助听器。以上信息大多在询问病史(甚至在其家人打电话咨询时)或在测听以后可以得到。因此详细的病史询问和检查为我们给患者验配满意的助听器打下了很好的基础。作为验配师,我们有责任向患者提供各种必要的和他 / 她所关心的信息。在帮助和鼓励的同时,我们应该向患者交代助听器使用的优缺点。只有患者本人在佩戴助听器之后才能真正体会其优缺点,并判断助听器是否有帮助。

五、助听器验配的转诊指标

作为验配人员,遇到以下情况必须停止向患者推荐助听器,立即转诊到临床医师处就医。

1. 短期内发生的听力损失,尤其是发生在半年以内者。

2. 快速进行性听力下降。

3. 耳痛。

4. 最近发生的或仅一侧耳鸣。

5. 不明原因的单侧或双侧明显不对称的听力损失。

6. 伴有眩晕者。

7. 伴有头痛者。

8. 任何原因的传导性听力损失。

9. 外耳、中耳炎症，无论有无溢液（流水或流脓）。

10. 外耳道有耵聍（超过 25% 的外耳道空间）或异物。

11. 外耳畸形（如外耳道闭锁、小耳廓等）。

以上患者在治疗以后是否应当验配助听器，取决于其医学诊断、治疗效果、医生的建议和患者的愿望。

第二节　助听器类型选择

随着助听器技术的进步和听力康复事业的不断发展，不同类型的助听器相继面市，其分类方法多种多样。根据助听器的使用范围，可分为集体助听器和个体助听器两大类。个体助听器依其外观和佩戴位置又分为盒式助听器、耳背式助听器、耳内式助听器等类型。依芯片中信号处理技术的不同，分为模拟助听器和数字助听器；从放大原理的角度讲，有线性助听器和非线性助听器之分；据助听器的最大声输出不同，可将其分成小功率、中功率、大功率及特大功率 4 类；另外，还有多通道助听器、可编程助听器、定制式助听器、双耳助听器、外置麦克风助听器、移频助听器、一次性助听器、植入式助听器等。

一、个体助听器的类型及特点

个体助听器是与集体助听器相对而言，通常我们所见的盒式助听器、耳背式助听器、耳内式助听器、骨导助听器等皆为个体助听器，它们为每个个体使用，故而得名。集体助听器顾名思义，为一个以上的个体同时使用的助听器。它主要用于集体教学、室外活动、电化教育、大型会议等方面，多设于聋儿康复机构、学校、影剧院、会议中心等场所，一般有固定式有线集体助听器、无线调频或红外线集体助听器、闭路电磁感应集体助听器、蓝牙技术、2.4GHz 技术集体助听器等多种类型。由于个体助听器的长足进步，尤其是耳背式助听器在输出功率方面、耳内式助听器在外观和性能方面所取得的技术飞跃，使之成为听力障碍者实现听力言语康复的主要工具。

1. **盒式助听器**　盒式助听器又叫体佩式或口袋式助听器（body worn/pocket hearing aid，图 1-3-14）。外形有如一个小型收音机般大小的长方形盒子，助听器的麦克风、放大器及电池组装在其中，外边由一根长导线连接耳机及耳塞或特制的耳模。通常放在衣服口袋里或特制的小袋中，外观上好像在用耳机听收音机一样。

此类助听器体积较大，助听器的麦克风与耳机距离较远，不易产生声反馈，因而对其最大输出限制较小，功率可以做得很大，并可放置多个手动调节旋钮。其价格低廉，维修方便，使用 5 号或 7 号电池，也可使用充电电池。

由于盒式助听器能够提供足够的增益而又不会产生反馈，该类助听器主要适用于极重度听力损失患者，或者手指灵活性差的患者。

由于此类助听器体积较大，因此，隐蔽性差，不适合双耳验配。同时，耳机导线易损坏，

图 1-3-14　盒式助听器外观

小儿佩戴不安全。盒式助听器多采用普通晶体管元件,本底噪声较高,加之助听器本身及导线与衣服的摩擦,使声音易失真,声音质量降低。麦克风的位置非人体功能位(人双耳外耳道位于头颅两侧,而盒式助听器的麦克风通常置于胸前),因此,其声音定位能力差。

同时,现代助听器研发中,很少将最先进的技术用于盒式助听器中。即其放大原理常常采用的是比较落后的技术。

2. **耳背式助听器**　耳背式(behind the ear, BTE)助听器又叫耳后式或耳挂式助听器,可以分为传统耳背式助听器和迷你耳背式助听器两种类型。

(1)传统耳背式助听器:传统耳背式助听器(图 1-3-15)是依赖于一个弯曲呈半圆形的硬塑料耳钩挂在耳后的助听器,比起盒式助听器,它的体积和重量都小了许多,隐蔽性较好。麦克风、放大器和耳机全部镶嵌在机器内部,患者可以操纵的外部设置包括 M-T-O 开关、音量旋钮等都在机器的背面。放大后的声音经耳钩(earhook)通过一根导声管传入耳模的导声孔(sound bore)中。此类助听器是目前使用较广泛的种类之一,它适于各种听力损失的患者,麦克风的开口向前,利于面对面交谈。耳背式助听器可以实现多种功能,有传统手动调节的,也有通过计算机软件调节的;既有小功率的,又有特大功率的;既有模拟技术的,又有数字技术的等。但由于它是挂在耳后,对于一些戴眼镜的患者(尤其是眼镜腿较粗的)会有一些不便,而且耳廓的集音作用和定位功能未能利用。其次,对于经常出汗的患者,助听器也易受潮,从而加速元器件的老化,导致损坏。对外观要求较高的患者,体积仍太大。

(2)迷你耳背式助听器:迷你耳背式助听器是一款外观比传统耳背式助听器更小巧的耳背机,是目前市场上备受青睐的耳背式助听器。根据安装方式的不同可以分成细声管助听器(图 1-3-16)和受话器外置式助听器(图 1-3-17)。细声管助听器除了外形更小,其产品配置与传统耳背式助听器相似,不同之处在于这些产品没有耳钩而是通过非常细的声管传输信号,耳道耦合可以使用定制耳模或耳塞(配备多种尺寸耳道耦合耳塞)。受话器外置式助听器是一款甚至比细声管助听器外观更小更隐蔽的迷你耳背式助听器,通过一根细线将机身部分和外部接收器相连接,然后使用定制或非定制的耳塞耦合到耳朵。迷你耳背式助听器比起传统耳背式助听器,外观更隐蔽,更轻便,但也意味着更小的电池,更短的电池寿命。

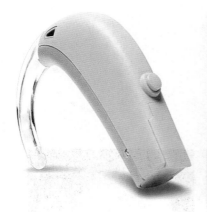
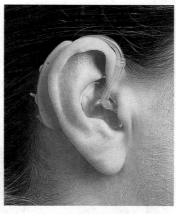

图 1-3-15　耳背式助听器外观

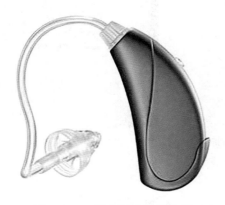

图 1-3-16　细声管助听器外观

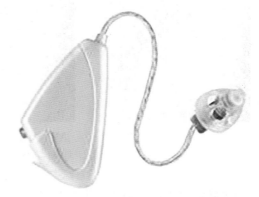

图 1-3-17　受话器外置式助听器外观

3. **定制型助听器**　定制型助听器（custom made，custom-molded hearing aids）的外形根据患者耳印模加工而成。该种助听器的电子元件通常封装于硬质的医用高分子材料中。主要分为 3 种类型，即耳内式、耳道式、完全耳道式（图 1-3-18）。

（1）耳内式助听器：耳内式（in the ear，ITE）助听器是最早开发应用的定制型助听器。它占据耳甲腔和耳甲艇，从解剖学来讲，也叫耳甲式助听器。其外壳是根据患者的耳甲形状定制的，麦克风、放大器和耳机全部放在定制的外壳内，外部不需任何导线或软管，能全部放在耳甲艇、耳甲腔和外耳道内，比较隐蔽、轻便。此类助听器的麦克风入口位于助听器外侧面［即面板（faceplate）］，助听器在组装前，除外壳和通气孔以外的所有原件均在此线路板上，比起耳背式助听器更符合人耳感受声音的自然位置。耳内式助听器体积和面板面积相对较大，使双麦克风技术较易得到应用，同时也可以增加电感拾音线圈，使得耳内式助听器仍然具有 M-T-O 功能。

（2）耳道式助听器：耳道式（in the canal，ITC）助听器比耳内式助听器略小，是目前较为流行的助听器之一。耳道式助听器能够放入耳道更深的位置，从而可以产生更多的增益，对具有相同听力损失的患者，佩戴方面比佩戴耳内式助听器可以节省 5dB HL 的增益，而能

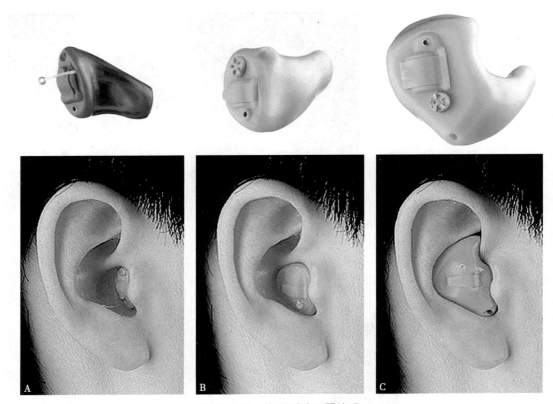

图 1-3-18 定制型助听器外观
A. 耳内式；B. 耳道式；C. 完全耳道式。

达到相同的听力放大效果。助听器外壳可以依据皮肤颜色定制，因而更加隐蔽。助听器表面可安装音量控制旋钮程序转换按钮。

（3）完全耳道式助听器：完全耳道式（completely in the canal，CIC）助听器是目前较小型的助听器，戴上它即使从侧面看也不易被发现。它能更深地放入外耳道内，达到或超过外耳道的第二生理弯曲，非常接近鼓膜，其放大特性更加接近于正常人耳的生理特性。对具有相同听力损失的患者，佩戴完全耳道式比佩戴耳道式助听器可以节省 5～10dB HL 的增益（尤其对高频部分），而能达到相同的听力放大效果。由于体积较小，双麦克风技术很难在此使用，助听器表面通常只有电池仓，而无音量控制旋钮，外下方有一长 3～5mm 的塑料线，便于摘戴。由于定制型助听器的麦克风位于外耳道口附近，与人耳自然接收声音的位置近乎相同，声音自然传入，定位能力增强；耳机与鼓膜间距离缩短，有助于提高增益，同时具有隐蔽性好等优点。随着助听器技术的进步，此类助听器的输出功率会越来越大，能够提供更宽的验配范围，满足更多的听力损失患者的需求。但其也存在一些缺点：体积小，增益不易做得很大，助听器上也不能安装太多的功能旋钮；需要根据听力障碍者的外耳形状定制，花费时间多；不能直接试听（可借助听筒、样机或面板试听，但与实际使用的效果有一定差异）；相对价格高。随着助听器技术的不断发展，定制型助听器将会用于更多的听力障碍者。其中，遥控器的使用将解决部分定制机的不足。由于定制型助听器是将所有元件放置于外壳内，会使得助听器的通气孔无法按照要求定制，同时麦克风在面板上，距外耳道口较近，容易产生声反馈。人们对定制型助听器的麦克风进行了放置的改进，将麦克风位于耳甲艇处，其他元件仍放置于耳道处，此技术的应用大大改善了定制型助听器的舒适度。

4. **骨导听觉装置** 骨导听觉装置利用的是一种直接通过骨传导途径传播信号的人工听觉技术，适于先天外耳发育不全（外耳道闭锁、耳廓畸形等）、中耳炎后遗症、耳硬化症、外伤引起的外耳道狭窄、重度单侧听力损失及其他不适合使用气导助听器的患者，或用于手术前后补偿听力。传统的骨导助听器是将助听器接收和处理过的声信号，经由振动器（骨导耳机）与耳后乳突接触通过振动传至内耳，推动内耳淋巴液的运动，以此产生听觉。盒式、耳背式及眼镜式助听器都可连接骨导耳机。在眼镜式助听器上，骨导耳机是放在眼镜腿末端，正好位于乳突上（图1-3-19）。在盒式和耳背式助听器，则是用头戴发夹固定骨导耳机在耳后乳突上（图1-3-20）。此类骨导助听器佩戴不方便且不美观，目前基本已被淘汰。新型的骨导听觉装置由言语处理器、基座和钛质植入体3部分组成（图1-3-21）。钛质植入体可通过穿皮（植入装置与外界相连、暴露在皮肤外面）或经皮（植入装置与外界不相连、包埋在皮肤里面）两种手术植入方式放置于患耳后方颅骨上，与周围骨质融合从而紧密附着于颅骨，骨融合形成后即可安装言语处理器。言语处理器将采集到的声信号转化为有效的机械振动，通过颅骨将这振动传递到内耳。如果植入侧内耳功能正常，该振动会传到双侧耳蜗产生听觉；如果患者仅对侧耳蜗有功能，振动就通过颅骨传到对侧耳蜗产生听觉，并消除投影效应。与传统骨导助听器相比，外观更隐蔽，并且可减少佩戴疼痛等问题。目前临床使用较为广泛的骨导听觉装置有澳大利亚Cochlear公司的骨锚式助听器Baha和丹麦Oticon公司的Ponto。

对于6岁以前需采用骨导装置补偿听力者，因颅骨尚未发育成熟，不宜植入钛质植入体，可建议使用软带骨导听觉装置（图1-3-22）。软带骨导听觉装置包含带有基座的可调节松紧软带和声音处理器两部分，声音处理器被固定于的松紧带基座上，然后利用松紧软带的压力使得基座紧贴耳后皮肤，通过振动颅骨产生听觉，从而使得婴幼儿在避免手术的情况下得到尽早干预。欲行骨导听觉装置植入者也可以术前通过软带佩戴方式体验植入效果，效果满意再决定是否植入。软带佩戴方式相对手术植入而言，不受年龄限制，佩戴方便，但聆听效果及佩戴的美观性和舒适性、隐蔽性不及手术植入。

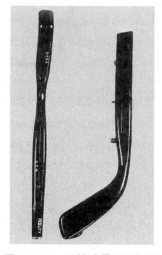

图1-3-19 眼镜式骨导助听器

图1-3-20 头夹式骨导助听器

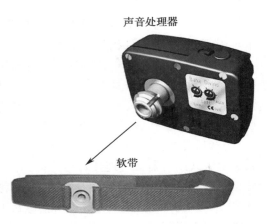

声音处理器

软带

图 1-3-21　植入式骨导听觉装置(Baha)的组成示意图　　图 1-3-22　软带骨导听觉装置的组成示意图

5. 交联式助听器

（1）单侧交联式助听器：该种助听器使用信号对传线路（contralateral routing of offside signals，CROS）。适合于一侧听力正常或接近正常、另一侧重度听力损失的患者。助听器戴在听力正常或接近正常侧，助听器的麦克风移至另一侧听力较差耳，当听力较差一侧有声音信号传至麦克风后，通过导线或无线调频（FM）发射器传至对侧助听器，利用好耳帮助识别声音信号。

（2）双侧交联式助听器：该种助听器使用双耳信号对传线路（bilateral CROS，BICROS）。适合于一侧轻度或中度听力损失，另一侧重度听力损失的患者。听力较好耳佩戴一助听器（有一麦克风），而听力较差耳只佩戴一麦克风，二者间有导线或通过无线 FM 连接。双侧麦克风接收的信号都传至助听器，经放大后传至听力较好耳，利用它可很好地感知来自头颅两侧的声音信号。

6. 助听听诊器

助听听诊器（amplified stethoscope）主要适用于有听力损失的医务人员（以内外科、小儿科和妇科为多）。在听诊器的中部安置一个放大器，可以调节音量、音调。同时还可以通过监听管让实习医生同时聆听（图 1-3-23）。可以使用原来的听诊器，只验配中间的放大器，现在也可以在完全耳道式助听器与常规听诊器之间定制一个连接头，使二者相连。

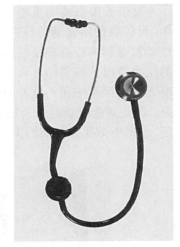

图 1-3-23　常用的助听听诊器

二、助听器的其他分类方法

助听器技术涉及多学科内容，平时我们还接触到许多对助听器的称谓，这是人们从不同角度来命名助听器造成的。本文将助听器发展过程中用到的名词术语进行归纳分析，以帮助读者了解助听器的演化进程、性能特点和实际应用状况。

1. 根据出现年代和科技含量分类

纵观人类的助听历史，可将助听设备分为声学和 / 或机械助听器、现代电助听器两大类。最早的声学助听器为人类自己的手掌，手掌合拢放在同侧耳后方，便能提高来自前方的声音能量，在 1 500Hz 约能增加 15dB HL。此外，号角、喇叭、传声管都可以看成是声学助听器的一种。此类助听器自 17 世纪开始便有记载应用，直到 20 世纪初电助听器出现后，才不再担当主要助听工具的角色。

2. **根据助听器输出功率分类**　在助听器验配中，要根据患者的听力损失程度来选择助听器的功率。根据助听器的饱和声压级不同将其分成小、中小、中、大、特大功率 5 类（表 1-3-2）。

表 1-3-2　助听器的功率分类

单位：dB SPL

类型	饱和声压级
小功率助听器	<105
中小功率助听器	105～114
中功率助听器	115～124
大功率助听器	125～134
特大功率助听器	≥135

注：饱和声压级数值为经耳模拟器（IEC711）产生的最大输出声压级。

由于助听器技术的发展，目前助听器的输出功率已能达到 140dB SPL 以上，满足了部分极重度听力损失患者的需要。

3. **根据助听器放大线路分类**

（1）线性助听器：线性助听器（linear）放大的输入/输出函数关系为 1:1，助听器的增益是恒定的，线性输入/输出曲线（I/O）斜率不变，输入声强度每增加 1dB，输出声强度相应增加 1dB，直到最大声输出（饱和状态）。但是，由于多数听力损失患者的听觉动态范围变窄，且往往伴有重振现象，而助听器最大声输出往往高于患者的响度不舒适阈，因此会造成患者佩戴不适，甚至损伤残余听力。

（2）非线性助听器：非线性助听器（nonlinear）的增益不是恒定的，其放大的输入/输出关系也不是 1:1。非线性助听器包括以下几种压缩方式：

1）自动增益控制（automatic gain control，AGC）：自动增益控制是在线性放大电路中增加了电压自动调节装置。以 AGC-I 为例，它可分为输出压缩（AGC-O）和输入压缩（AGC-I）两种。当输入电压增大到某一限定水平时，通过反馈可降低前置放大器输入阶段的电压。输入信号越大，电压降低越多，故信号不会超过限定输出。自动增益控制系统中有 4 个重要指标：压缩拐点（compression kneepoint，CK）、启动时间（attack time，AT）、恢复时间（release time，RT）和压缩比（compression ratio，CR），这四个指标在一个系统内是恒定的。这种输出控制的好处是谐波失真很低，且保持了较好的信噪比。但由于只有声强度到达压缩拐点水平，系统才会启动压缩功能，同时受起动时间和恢复时间的影响，所以在拐点附近的声音信号容易产生失真。

2）多通道压缩：多通道压缩即将声信号频谱分为多个频带，并且对每个频带都能进行独立调节，都有自己的增益、压缩阈值和压缩比。通道和频带的概念并不相同，频带只是声信号频谱上的一段频率，并不保证其能进行独立的信号处理。多通道压缩为非线性放大，可以根据患者的听力损失情况更好地调整助听器的放大性能，尤其对非平坦型听力损失者，它保证了对每个频段的补偿更有针对性。

3）宽动态范围压缩（wide dynamic range compression，WDRC）：宽动态范围压缩是指随输入声信号强度的变化，助听器增益进行实时变化，使放大了的语言信号完全在患者已缩小的听觉动态范围之内，这种放大更有利于患者理解语言。大多数听力障碍患者的特点是响度增长异常导致的听觉动态范围变窄，即小声音不易听见，稍大的声音听起来又过响。虽然自动增益控制可以压缩高强度的声信号，但由于自动增益控制线路压缩比恒定，可能使拐点以下的线性增益部分放大的不够充分。所以，低强度的语音信号，特别是一些重要的弱辅音放大不够，以致影响言语理解能力。宽动态范围压缩克服了这一缺点，它的增益是可变的，对于低强度的语音信号该系统都会给予适当的增益，对于不同的频带也会有不同的压缩比，以达到合适的响度水平。

4. 根据助听器信号处理方式分类

（1）模拟助听器：模拟助听器（analog hearing aids）的声音信号通过麦克风转换成连续改变的电信号，此信号经滤波、放大最后传送到助听器的耳机。音量和增益控制多数为模拟设置，模拟信号处理能够精确地传送放大后的信号，具有高保真、低失真的特点，同时将压缩限制和非线性动态范围压缩很好地统一在一起。缺点是处理速度慢、应对复杂环境的能力差。

（2）数字助听器：数字助听器（digital hearing aids）是近几年来日臻完善的一种助听器，其信号处理方式不同于模拟助听器。数字助听器是把连续的声信号经模数转换器变成离散的数字代码，数字信号处理器按一定程序处理这些代码，然后经放大器放大，最后由耳机转换成声信号。由于该助听器采用了全数字信号处理技术，使它具有极高的信号处理速度，可记忆多组电声参数以适应声环境的变化情况。它可产生平滑的频率响应，消除声反馈，实现最低失真压缩功能，并可提高信噪比。正是因为数字助听器的诸多优点，它将是未来几年中助听器发展的重点之一。

5. 根据助听器是否能够通过计算机软件来编写程序分类

（1）非编程助听器：不能与计算机连接，无法用计算机软件来编写程序，只能通过助听器表面的微调旋钮来改变内部参数设置，调节范围相对较小。通常此类助听器的微调旋钮有：增益（gain），低频消减（low-cut 或 high-pass），高频消减（high-cut 或 low-pass），自动增益控制（AGC），输出（output）等。

（2）编程助听器：某些模拟助听器和大部分数字助听器为编程助听器（programmable hearing aids），它是通过装有编程软件的计算机对助听器进行功能设置，并能存储助听器的各种设置。它具备以下优点：①多频段处理；②更精细地调节；③压缩比可变；④多种程序设置等。由于编程助听器的适配范围很广，对渐进性听力损失患者及听力有波动的患者，具有较大的灵活性，听力一旦发生变化，参数可随时调整。缺点是对其功能调试需要有计算机和编程软件及相关配件。

6. 根据助听器麦克风技术不同分类

（1）全向性麦克风助听器：大部分线性助听器都采用此麦克风系统，助听器中只有一个麦克风。声音进入麦克风，振动振膜，声音的能量被转换成电能，而且被放大。全向性麦克风（omni-directional microphone）对任何方向进来的声音敏感度相同，所以，在噪声环境中对言语声和背景噪声放大的程度是一致的，致使在噪声环境中的言语辨别能力下降。

（2）方向性麦克风助听器：最早的方向性麦克风（directional microphone）的设计是假设声音信号来自前方，噪声则是从后面进来。方向性麦克风系统主要有两种设计方法来实现方向性的功能：

①单麦克风系统：一个特殊设计的单体麦克风，它具有两个声音入口，一个为前向开口，另一个为后向开口，后向开口中有一个声学延时装置（阻尼器）。麦克风内部有一个横隔振膜，这两个声音入口分别连到振膜的两面；②双麦克风系统：由两个独立的全向性麦克风所组成，一个为前置麦克风，一个为后置麦克风加信号延迟电路。

因此方向性麦克风系统对从前方进来的声音比从后方来的声音敏感。最近开发的方向性麦克风系统可以自动连续搜索需要降低强度的噪声点，不管噪声来自何方向，都可将最低敏感区指向此方位，从而获得并保持最佳的噪声压缩效果。方向性麦克风的应用使得信噪比提高，从而提高了患者在噪声环境中的言语分辨力。

7. 根据使用距离分类　根据使用距离的不同，可以分成近距离使用助听器和远距离使用助听器。一般个体助听器皆为近距离使用助听器，其麦克风、耳机都位于身体周围；而远距离使用助听器可将麦克风和耳机分开几十米使用，使交流的双方可以在远距离进行交谈，并能增强对周围环境噪声的抵抗能力。常见的远距离使用助听器有以下几种：

（1）调频助听器：调频（frequency modulation，FM）助听器系统由发射器和接收器组成。发射器可放到声源附近，接收器可与助听器连接来处理解调后的声信号。这种助听器使用方便，不受患者活动的限制，可在几十米的半径内接收声音，非常适于听力损失儿童的户外教学。一对一或一对多个的调频助听器更适合于对听力障碍儿童进行听力和言语训练，老师把麦克风别在衣领上，不论患儿坐在什么位置上，都可以清楚地听到老师的声音。

（2）红外线助听器：红外线（infrared amplification）助听器系统包括两个部分，一是说话者使用的麦克风，它可以是各式各样的放大器，而非只限于助听系统的麦克风；二是红外线发射器，它将语音信号从声源处的麦克风传送至患者的红外线无线电波接收器，这个接收器内含有一个放大器。这种系统常用在电影院、歌剧院、教堂等大型公共场合，以帮助听力障碍者收听远距离的声音。接收讯息的患者所用的红外线无线电波接收器的形状如听诊器，该系统的优点在于输出频率较广且无本底噪声。但由于其输出功率有限，因此只适用于轻、中或中重度听力损失的患者。

另外，近年来移频助听器（frequency-transposing/shifting hearing aids）也得到了应用。它是一种全数字动态重新编码助听器，可以将高频声移向低频。具有音量开关、程序开关；10个高通滤波器和10个低通滤波器；清辅音频率压缩、浊辅音频率压缩、动态辅音推动等功能。移频助听器的主要工作原理是将高频声按比例进行频率压缩，将高频言语信息"移"到具有较好残余听力的低频区。用此技术可将输入言语信号的带宽匹配到患耳最敏感的有限频带，使患者高频区听阈降低，从而可以听到声母或辅音信息，在言语交流中就可以分辨音节的长度，理解音节的内容，从而提高患者的言语识别能力。

与以上介绍的多种助听器不同，还有一类需要植入到人体内的助听器，叫植入式助听器。它是一种将助听器一部分植入耳内或颅内，不用耳机传送声音的助听器。

广义地讲，人工耳蜗、人工听觉脑干、人工中耳等都叫植入式助听器（implantable hearing aids）。人工中耳是指电磁驱动器直接与鼓膜、听小骨、或内耳蜗窗相连，不需要传统耳机而将放大的声音信号以接触方式传给鼓膜、听小骨或蜗窗。其优点是功率大、无声反馈；缺点是需要手术，有感染风险，并且需要配有外部装置，不美观。

以上的助听器分类方法是针对现有的助听器而言，某一名称的助听器可能会属于多个类别，这是由于助听器技术属于多学科交叉并且发展迅速造成的。随着助听器技术的不断发展，对助听器的分类也会增加新的内容。

三、助听器类型选择

当患者决定验配助听器以后，首先要考虑的问题常常是选择什么类型的产品，然后选择其线路特性和特别功能。

以下因素常常是我们在选择类型（盒式、耳背式、眼镜式、耳内式、耳道式、完全耳道式）时要综合考虑的。眼镜式现在已很少应用，而使用盒式绝大部分是由经济原因所致。

1. **价格**　许多听障患者尤其是经济收入不高者选择助听器时，常常将价格作为第一考虑因素。作为验配人员，既不要盲目推荐高价机型，也不要为患者"勉强"选择价低但不适合的助听器。

2. **取戴是否容易**　定制机比较容易放入外耳道，同时不影响佩戴眼镜。完全耳道式助听器由于具有移拿软柄（removal string，渔线），体积虽小但也较易取出。满耳甲腔型耳内式助听器由于有深入耳甲艇的突出部分（helix lock，这是北美听力学界和助听器产业界的惯用词，与我们耳科解剖上学的 helix 不同），使许多老人放取困难。耳背式助听器的耳模若为同样外形也有类似问题。

3. **操作调节钮的难易**　当完全耳道式助听器正在使用时，患者自己很难调节音量开关。而对耳内式和耳道式助听器的使用者，若操作不便，可以在音量开关上加一层盖。对两手操作不便的患者，在选择机型时可以考虑：选择动态范围宽的压缩线路而不使用音量开关；选择患者所能接受的最大型号的助听器和电池；选择半耳甲腔型（half-concha）耳内式助听器而不选择耳背式助听器；手部精细动作尚可者考虑使用遥控器；对于视力不好者，所有的调节钮和电池门均应能触觉到。

4. **外观**　对于不愿让他人知道自己使用助听器的患者，完全耳道式助听器是最佳选择。

5. **增益和最大输出**　麦克风和耳机的距离越大，产生声反馈（啸叫）所需增益就越大，即越不容易产生啸叫；耳机和电池越大，助听器的体积就越大，最大输出就越大，尤其在低频。

6. **风噪声**　风噪声主要是由于环境或头颅晃动，在耳廓处产生气流所致。这在耳背式和眼镜式助听器比较明显。而完全耳道式助听器由于其麦克风位置远离产生气流的耳廓部分，产生风噪声的可能性很小。

7. **方向性（directivity）**　目前只有耳背式和耳内式助听器具有足够的空间放置方向性麦克风，从而抑制来自两侧和后方的声音。若所选助听器只能安装全向性（omni-directional）麦克风，完全耳道式助听器机型则最具有方向性，因为其充分利用了头颅、耳廓和耳甲腔的集音、声音衰减功能。

8. **耐久性（reliability）**　耳机位于外耳道内的机型（如 CIC、ITC 和 ITE）的耐久性相对比较差，这是因为耵聍潮气缩短耳机的寿命。使用防耳垢网（wax guard）可以减少耵聍的侵蚀。

9. **电话兼容性**　助听器可以从电话受话器拾取声信号或电磁信号，也可通过蓝牙技术得以实现。耳背式和眼镜式常配有电感拾音线圈（telecoil）。使用盒式机打电话时要把体配盒靠近电话听筒。耳内式和耳道式助听器机型也可以加装电话线圈，但这使得面板的元器件更加拥挤而且更不容易操作调节钮。另外的选择就是使用遥控器，有些多记忆编程助听器可以把其中的一个程序设置为电话线圈（用助听器记忆按钮调节）。完全耳道式助听器和某些小型耳道式（mini ITC）助听器可以直接将话筒靠近外耳道口听取电话的声信号，这使得使用者免去了电话线圈的麻烦，但有时会引起啸叫。在助听器耳机内放置声阻尼材料或在电话听筒周边放置海绵垫可以减少啸叫的发生。

另外，有听力损失的医生在使用听诊器时可以同时使用完全耳道式助听器，只是需将听诊器的听头用耳模材料制成软的。有的厂商提供助听器听诊器，即在听管中部放置一个放大器。

10. 调节灵活性（adjustment flexibility） 非编程机的调节取决于调节钮的多少和功能，编程机和数字机的调节已经非常灵活。

11. 清洁 对有慢性感染的患者来说，定制机（ITE、ITC、CIC）常常不易于清洁。耳背式和眼镜式助听器配合大通气孔（vent）比较适合此类患者，可以定期清洗耳模和耳模管。若外耳道经常流脓或有耳廓／外耳道口畸形，患者需要坚持学习和工作，可以选用头夹式或眼镜式骨导助听器（部分患者不能接受其外观）。

12. 堵塞感和反馈啸叫 对于那些低频正常而高频陡降的重度听力损失患者来说，需要加大通气孔而避免堵塞感，但高频所需的增益又常常会引起啸叫。这是验配和制造过程中常见到的一对矛盾。若助听器体积较大（如耳背式），增加通气孔出口和麦克风口的距离可以部分解决这一问题。现代数字助听器的各种反啸叫处理功能已经在编程验配过程中大大减少了啸叫的发生概率。

13. 电池 电池型号随助听器体积的减小而减小，电池寿命也随之缩短，这样患者的花费也会增加。电池的费用常常也会影响助听器选择。年老操作不便者使用小号电池也常感困难。

14. 关于定制机的矩阵 厂商在介绍其助听器（尤其是定制机）参数时，常常使用矩阵（matrix）一词表示。矩阵通常为 3 个基本参数（如 117/40/15 等）：第一个数字为最大输出，此为该助听器的最大输出。选择时既要满足患者的听力需要（要留有一定的余地），同时又不超过患者的不舒适阈；第二个数字为满挡增益值，要求使用该助听器能够在最舒适声级最大程度地听清言语。第三个数字为斜率，即助听器频响曲线图中 500Hz 处的增益值和第一个峰值处的满挡增益差值。此处主要是考虑不同患者纯音气导听阈的陡降程度，斜率值越大，则该矩阵更适合于陡降型的听力损失患者。

15. 关于编程 由于通用编程软件——NOAH 和通用硬件—— HI-PRO 编程器的广泛应用，对编程机的调试比非编程机要相对容易。

NOAH 软件是 HIMSA（the Hearing Instrument Manufacturers' Software Association，听力设备制造商软件协会）公司生产的通用助听设备编程软件。截止到 2008 年初，HIMSA 已经有 90 个会员，其中 75% 为助听器制造商，总的产品覆盖率占全球助听器市场的 90%。NOAH 就像我们电脑里的 Windows 系统一样，它把常用资料（如患者的一般资料、纯音听力图、言语测试等）予以标准化，并与各制造商的验配软件兼容。只要验配师输入患者资料，就可以验配所能得到的各个品牌的助听器。进入我国的国外品牌助听器的验配程序也是基于 NOAH 设计的。

由于助听器所输出的电信号不同于我们的电脑，助听器和电脑之间需要一个接口装置。

Madsen 公司生产的 HI-PRO（hearing instrument programmer）编程器就是这样一个各主要厂商通用的接口。若验配师使用手提电脑，可以通过与调制解调器类似的 PCMCIA 卡将助听器和电脑相连。有了 NOAH 软件和 HI-PRO 编程器，我们还需要各合作厂商提供他们的专用编程导线和编程软件来验配他们的产品。

第三节 助听器功能选择

助听器功能选择可从信号处理方案、助听器特征、验配耳等方面进行考虑。

一、信号处理方案选择

通常非工程技术人员将信号处理方案（signal processing scheme）统称为线路（circuits）。

1. **压缩限制与削峰** 在现代技术条件下，只要经济条件允许均应选择压缩线路，除外以下情况：

（1）极重度听力损失且需要将 SSPL90 开到最大（音量开关开到最大）者。

（2）在需要大功率时，同时由于体积原因，愿意在削峰的耳道式助听器与压缩的耳背式助听器之间选择前者。

（3）效果评估证实削峰优于压缩，比如气-骨导差较大的传导性听力损失和混合性听力损失。

患者以往若习惯于削峰助听器，在更改为压缩线路后常需要数周的适应期。

2. **宽动态范围压缩（wide dynamic range compression，WDRC）** 根据国外的经验，有些人偏爱线性线路而不喜欢 WDRC，我们仍主张对初试者首选 WDRC。对重度听力损失患者可选用高压缩阈。自幼使用大功率线性线路的患者应考虑到患者的使用习惯，不必一定使用 WDRC。

3. **多通道压缩** 对于中度听力损失或听力图为陡降型的患者更适合。若 2 000Hz 听阈与 500Hz 听阈相差 25dB HL，建议选用多通道助听器，尤其是低声级时放大高频（treble increase in low level，TILL）线路。只要压缩比小于 3∶1，大多数患者都不会因使用多通道线路的助听器有不舒服的反应。

4. **快或慢压缩（fast- or slow-acting compression）** 主要指多通道编程助听器，目前尚无依据证明哪一种方式适合于哪种患者，这主要依靠试用时患者的自我感受来决定。

5. **自适应噪声抑制（adaptive noise suppression）** 其特点为在最差的信噪比环境中自动降低增益，这对于日常环境中噪声多变的患者比较适合，而且更加适合于对全频需要放大的患者（与仅需要高频放大者相比）。

6. **多记忆（multiple memories）** 适合于多记忆助听器的患者包括需要宽频放大者、日常听觉环境多变者、高频区动态范围很窄者。自调噪声抑制和多记忆装置的目的均为根据听觉环境的不同改变其放大，使用者可以在不同的听觉环境选择不同的记忆程序。另外，多记忆装置还可以用于选择电话拾音和麦克风的方向性。

7. **反馈处理（feedback management or reduction schemes）** 适用于可能产生反馈啸叫的患者，如以前戴助听器啸叫，而低频好高频也需要补偿者反馈抑制处理技术显得非常重要。

二、助听器特征选择

以助听器的电声参数为标准为患者验配助听器，如增益、频响、压缩比等，可能有很多品牌/型号适合于同一患者。而对助听器的其他一些特征的选择无疑会帮助我们验配最合适于患者的产品。同时功能的增加也意味着助听器价格的增加，根据我国国情我们不得不为患者考虑这些问题。

1. **音量开关**（volume control，VC）　压缩线路的多样化发展使得对 VC 的需要逐渐减低。许多患者喜欢使用自动无 VC 的助听器，但也有同样数量的患者仍然希望自己调节音量。

2. **电感拾音线圈**　在我国耳背式助听器的验配数量很大，而耳背式助听器绝大多数配有电感拾音线圈（telecoil，T 挡）。验配耳内式/耳道式助听器时，轻度听力损失患者常常不需要电感拾音线圈。

3. **音频输入**（direct audio input）　音频输入主要用于：①用无线传输系统和 FM 系统，此系统与助听器耦合在一起。②使用手持方向性麦克风通过导线与助听器相连，多适用于重度听力损失患者。可以提高信噪比，其方向性也比助听器本身的麦克风好。③在噪声或混响环境中看电视者，将一个麦克风靠近电视机或通过导线将电视的音频输出直接与助听器耦合，这样可以大大增加信噪比并减少回声。

现在，有些助听器附有无线耳机（wireless receivers），两者直接通过音频输入相连。因此无线系统使得音频输入具有广泛用途。

4. **方向性麦克风**　方向性麦克风可以明显提高信噪比。患者可以选择一个有固定方向性麦克风的助听器，但更多的情况是助听器可以使患者用开关选择方向性和全向性方式。不选择方向性麦克风的原因有：

（1）患者尚不明确方向性麦克风的优点。

（2）患者希望使用小型产品，如完全耳道式和耳道式助听器，而助听器无空间装置方向性麦克风。

（3）患者需要放大的频谱比较窄（如仅限 1 500Hz 以上），方向性麦克风（频谱较宽）的优势受到限制。方向性只有在助听器放大的频响范围和通气孔传递（vent-transmitted sound）的频响范围一致时才得以实现。

（4）需要低频和中频放大的患者，全向性麦克风比方向性麦克风能提供更多的低频。方向性麦克风具有以下缺点：①方向性麦克风比全向性麦克风更易产生风噪声，室外活动较多者不宜。②患者的工作/生活环境不可能使他/她总是面向声源。如公共汽车驾驶员在开车时听乘客说话、上课的学生听后边的人讲话等。此时使用全向性麦克风听言语声和环境声可能更清楚。③室内交谈时，若讲话的人在麦克风的方向性范围以外，此时方向性麦克风（无论固定的还是可调节的）则不能发挥作用。所以可调节的方向性麦克风比固定的方向性麦克风更好。

三、双耳还是单耳验配

从现代听力学的角度，除了有禁忌证的患者外均应为听障者双耳验配助听器（binaural fitting）。在我国由于经济条件的限制，许多可以受益于双耳助听器的患者在凑合着使用单耳放大（monaural amplification）。

（一）双耳听觉生理优势

1. **双耳静噪效应（binaural squelch effect）** 静噪效应提高了信噪比。当双耳听觉相同时，背景噪声就不容易掩蔽言语声；但双耳听觉不平衡时就不起作用。静噪作用可以将信号额外提高 12dB HL 而仍然能够忍受。

2. **双耳融合作用（binaural fusion）** 指双耳对类似（但不是同样的）声信号的综合作用。如一耳先听到一个低频音，另一耳稍迟听到一个高频音，这时我们听到的是一高一低两个声音。若同时接收一高一低两个信号，则听到的是一个综合的声音。这就是融合作用。

3. **双耳累加作用（binaural summation）** 与单耳听声相比，双耳同时听声响度可以明显增加 6～10dB HL。双耳的听阈也比单耳测听时改善 3dB HL 左右。

4. **双耳定向作用（binaural localization）** 人类通过比较双耳间声音到达的时间和响度来确定声源的方位。定向作用依赖双耳对不同方向声音的强度、时间、相位和频率之差的辨别能力。单耳没有定位作用。用单耳听声时，声源好像来自听耳一侧；而来自另一侧的声音则感觉很远，或感觉在健侧（实际是来自患侧）。脑干或中脑损伤时定位作用也会减弱或丧失。

以上 4 种效应在单耳听声时均不会发生。

（二）双耳验配助听器的优点

1. **声源定位** 实验和实践均已证明双耳使用助听器可以增加患者的声源定位能力。

2. **改善噪声中言语辨别力** 无论患者的双耳听力损失是否对称，同时使用两个助听器在安静和噪声环境中均比单耳使用能明显提高言语辨别率。

3. **消除头影效应（head-shadow effect）** 当声音到达两耳时会遇到头颅的阻挡使得两耳处的声音强度不一致（interaural intensity disparities）。言语中的高频成分由于波长短不易绕射过头颅，所以，到达另一侧耳时其强度比低频成分衰减得要多。这样在近耳一侧和远耳一侧的强度差别使得双耳间的信噪比有很大差异（信噪比的大小取决于言语声的强度和噪声源的入射角）。Tillman（1963）用扬扬格词测试阈值（噪声入射角为 45°），双耳间的强度可相差 6.4dB HL。两耳间的信噪比最大可相差 13dB HL，使得对噪声超过言语声的一侧耳产生掩蔽作用。听力正常和使用双耳助听器者正是利用这个特点习惯将一个耳朵朝向自己想听的那一侧。

4. **累加作用** 对于重度或极重度听力损失的儿童，双耳验配大增益助听器可以利用阈上累加作用，达到有效的舒适响度级。

5. **预防听觉剥夺／退化（sensory/auditory deprivation）的作用** Beggs 和 Foreman（1980）研究发现双耳刺激（binaural stimulation）形成的关键期为 4～8 岁，这再次强调了听力损失患儿早期验配助听器的重要性。对成人的研究则发现双耳使用助听器 4～5 年后，其两耳的言语辨别率将保持稳定；而若单耳使用，4～5 年后无助侧的言语辨别率将下降。

6. **音质** 尽管有些患者使用双耳助听器言语辨别率提高不明显，但大多数患者感到音质有所改善。首次使用助听器者，尝试验配双耳助听器远比使用单耳助听器容易使患者满意。

7. **易听（ease of listening）** 双耳使用助听器的听力障碍儿童和成人与人交流时比较放松，听人谈话比使用一只助听器者容易。

8. **听觉系统的能力（capacity）** 人类听觉系统处理信息的能力是有限的。当一侧耳受到噪声干扰时,另一侧可以提供附加信息提高言语感知。双耳使用助听器虽然不能提高这种能力,但可以在噪声干扰情况下最大限度发挥一侧耳提供信息作用。

9. **静噪作用** 双耳使用助听器时,可利用双耳听觉的静噪作用提高患者对听信号的选择性而抑制背景噪声的干扰。

10. **双耳掩蔽级差(binaural masking level differences,BMLD)** 研究表明,当两耳间言语声不同相而噪声同相时(antiphasic,言语和噪声反相位),言语辨别率最好。这在低信噪比的情况下更加明显。双耳助听器使用者在类似情形中也会改善言语听觉,但不如常人明显。

11. **缩短老年聋患者的助听器适应期** 当初次使用或更换助听器时,由于放大的声音与以前听到的声音不一样,患者需要一段适应期。这是由于听觉系统已经存在的声编码与新的编码不匹配。听力损失以后未使用助听器的时间越长,适应期也就越长。双耳助听器使用显然缩短了这个再学习过程并且患者也会觉得更容易。

12. **耳鸣** 多数学者都认为最好的耳鸣掩蔽器是助听器,尤其是双耳使用。双侧耳鸣若仅一侧使用助听器,可能使用一侧耳鸣减轻,而另一侧仍有耳鸣。

13. **减低混响效应** 听力损失者比常人更容易受到周围噪声混响的干扰。双耳使用助听器比单耳使用在减低混响方面有优势。

14. **融合作用** 双耳对失真信号的融合作用远比单耳有效。

15. **频带分离放大(split-band amplification)在双耳验配中的应用** 实验表明,当将低频声和高频声分别输入两耳时,辅音辨别得分增高。这是由低频对高频的掩蔽作用减低所致。年轻患者比老年患者表现明显,验配时应慎重。

16. **患者和验配师的态度** 目前绝大多数专业人士力荐双耳验配,患者也倾向于用两个助听器。这在提高言语辨别和声源定位方面的作用是不容置疑的。

即便是患者只选购一只助听器,但在验配过程中应让患者尝试使用双耳助听器。让每位患者都要体会到两耳总比单耳强的效果,有条件者进行声场对比测试(纯音、啭音和言语),为将来的双耳验配打下基础并起到正确宣传的作用。

(三)双耳验配的禁忌证

1. **退化作用(degradation effect)** 若双耳言语辨别得分差别很大,应防止对差耳一侧的放大使得好耳一侧的听力变差。这是由于对病变严重的耳蜗进行声音放大可能使得来自好耳的信号在听觉通路传输过程中失真。

2. **融合或整合作用** 中枢听觉功能减退的患者双耳听觉可能不如使用一侧单独听声,有些可能由于长期不用双耳听声而导致功能退化。后者可能需要较长的适应期才能确定是否适合双耳验配助听器。

3. **动态范围** 当一侧动态范围很窄时,可能只能验配动态范围较宽的一侧。

4. **复听(diplacusis)** 双耳复听意味着双耳交替听取同一纯音时感觉为不同的音高。此时双耳验配应慎重。

5. **心理因素** 患者心理上可能拒绝接受两耳均塞有助听器。

6. **生理原因** 年老或因疾病操作不灵活者。

在近来的助听器专著中和大家的实践中,随着助听器压缩线路、编程软件等技术的发展和我们临床验配经验的增加,双耳验配的病例越来越普遍,而禁忌证越来越少。

（四）单耳验配时选择哪一侧

若只能为患者验配一只助听器，验配师必须帮助患者选择哪一侧佩戴助听器。

1. 若双侧的听力损失不对称，我们常常验配较差的一侧，条件是：①使用助听器能得到足够的帮助；②好耳一侧在无助听器的情况下足以行使部分功能。

2. 若双耳听力损失在 55～80dB HL 的范围，选择最接近 60dB HL 的一侧。

3. 若双耳的听力 <55dB HL 或 >80dB HL，并且：①如果双耳敏感性（sensitivity）或好耳听阈好于 55dB HL，选择较差耳；②双耳敏感性差于 80dB HL，验配较好耳；③如果一耳好于 55dB HL，而另一侧听阈 >80dB HL，应验配较好耳。一般来讲，若好耳的听阈≥40dB HL，并且双耳听阈的差别≥30dB HL，选择较好耳。

4. 验配言语辨别好的一侧 这样患者容易接受助听器，尤其在试用一段时间以后。

5. 以往由于助听器的性能和调节受限，一般验配听力图比较平坦的一侧。随着技术发展，听力图类型已不如动态范围、言语辨别率等因素重要。但是，对听力图中，低、中频听敏感度正常或高频陡降型损失者，验配成功率仍然不如平坦型者。

6. 验配动态范围宽的一侧 动态范围 <30dB HL（实际生活中言语声强度的大致范围为 30～40dB HL）时，既想听得所有的声音而又不产生耐受问题是困难的。近年来压缩线路的不断改进，对解决这一难题提供了帮助。

7. 最后，要考虑到患者或亲属的喜好（大多数患者偏好右侧使用助听器）。以上各点仅仅是我们验配时考虑的起点，没有患者的同意我们无法作出最佳的选择。我们认为患者的选择（如差耳使用助听器利于会议时的交流等）和较佳的言语辨别率常常是选择哪一侧佩戴助听器的关键。

四、验配多记忆助听器

在安静状态下为患者验配助听器比较容易，而且大多数使用者在安静环境中也对助听器的效果比较满意。但是人们的活动地点是不断改变的，日常生活中我们很难避免嘈杂的环境。这样，对于一些患者来说，在不同的听环境下可能喜欢不同的增益 - 频率反应。目前已有多种具有多记忆（multiple memories or programs）助听器可供验配，不同的程序适用于不同的听环境。如程序 1 适合于安静的办公室中与人交谈，程序 2 适合于在饭馆中谈话。在为每个程序设置不同的频响反应以后，患者在使用中仅仅需要轻轻按动程序按钮和开关即可。

如果以下 3 种情况都存在，我们应考虑向患者推荐多记忆助听器：①患者有可能在至少 2 种以上的听环境中使用助听器。因此，我们常常为社交活动多的使用者推荐多记忆助听器。②患者希望在不同的听环境中转换程序，而且可以自己转换程序。许多记忆助听器还配有遥控器，但患者要愿意携带和使用才行。

如果患者的日常听环境常为一种状态（例如退休老人每日在家看电视），或即便是经常变动但听环境差不多（如在家看电视、公园与人谈天，环境都很安静），常常不需要多记忆助听器。

现在绝大多数厂商提供的验配软件均提供了各种听环境的记忆选择。验配师无须自己选择公式，只要把记忆程序选择到患者经常所处的 2～3 种听环境即可（如多人聚会、看电视、饭馆吃饭等）。在第一次验配时将第一个记忆程序设定为常用程序，而将第二个程序设定为噪声中听声程序（如在嘈杂的饭馆、讨论会等环境中与人交谈）。当患者使用助听器一段时间以后，常常需要对第二程序重新进行编程。这是因为患者可能会感到两个记忆程序之间差别不大，或者感到第二程序在噪声环境中没有明显帮助。

五、最大输出的选择

助听器的饱和声压级（OSPL90 或 SSPL90）是评价助听器的重要物理参数。许多极重度听力损失的患儿家庭不能支付高昂的人工耳蜗费用或一部分选择耳蜗植入而在术前验配大功率助听器，最大输出对他们影响较大。

1. **原则**　不能导致失真和进一步损伤听力。

（1）助听器决不能对使用者的残余听力造成进一步损伤。这是我们验配助听器首先要考虑到的。

（2）无论助听器的功率有多大，使用时绝对不能超过患者的不舒适阈（UCL）。这也是我们强调小儿验配以后使用真耳测试或评估声场有助听听阈的主要目的之一。如果助听器过响导致不适，患者就会不再愿意使用这个助听器；而此时若将音量调低，助听器的效果又可能会打折扣。

（3）助听器不应使声音产生失真而使使用者感觉到声音不真实。如果压缩限制设置的不恰当，会导致大强度的声音被削峰而产生失真。

（4）若助听器的最大输出超过了使用者的需要，患者还会为大功率耳机、电池的消耗多花冤枉钱。

2. **不要选用输出功率小于实际所需的助听器**　若将最大输出设置得太高，也会产生不良效果。

（1）听话困难：即使用者享受不到正常人所享受到的全范围的响度感受。有些极个别的例子，由于最大输出低于一个频率范围的阈值，患者在这个频率范围什么都听不到。

（2）听不清楚：即言语可懂度会降低。

（3）由于听着费力，使用者可能将音量调高，但这会进一步使助听器达到饱和，其结果可能是言语声的响度增加的不多，而周围的低响度噪声却被放大了。如果此时产生削峰，也会导致失真。

3. **输出限制类型**　压缩或削峰验配原则。

（1）对轻度或中度听力损失患者不使用削峰。

（2）对重度听力损失患者选择何种线路无特殊要求，但由于很少有人喜欢削峰线路，所以仍以选择压缩线路为上策。

（3）对于极重度听力损失患者，若患者曾经抱怨助听器的声音不够响或需要将音量开到最大才听得好，应该选择削峰。否则，选择压缩线路（多数患者在这两者之间感觉不到差别）。

（4）对于极重度听力损失的患儿来说，我们很难查明是否对响度满意。这些听力障碍儿童不应一概配以最大功率的助听器并把输出限制调到最大位置（在我国一些患儿家长常常主动要求验配输出最大的助听器）。当输出设置未达到最大时，使用压缩比削峰似乎更明智。尤其是患者有足够的残余听力使用言语中的谱信息（spectral cues），削峰会损害这些信息，而压缩线路则不会。

（5）如果助听器的压缩在特定的输入级之上随输入的增加而逐渐降低增益，则很少可能达到其输出限制。对于任何程度的听力损失，如果压缩比足够高、起始时间足够短、压缩阈足够低，两种限制均可以选择。

4. 最大输出的选择方法　以往有许多处方用于计算最大输出，但尚未标准化。其主要原则是依据输出不超过患者的 UCL 或导致过度饱和。现在得到较多认可的公式是 NAL-SSPL。其设定输出范围的原则是：可接受的最大输出等于或稍低于患者的不舒适阈（根据听阈估计）；或稍微大声的言语不会导致助听器产生限制（当输入级为言语长时有效声压 75dB SPL 时仅仅产生小量压缩）。最适输出恰在最大值和最小值中间，且患者实际应用的即为此处。

对于轻度和中度听力损失患者，可接受的最大输出范围应该较大；而对重度尤其是极重度听力损失患者，可能无法同时避免不舒适和饱和（至少在线性助听器是这样）。图 1-3-24 和表 1-3-3 均为 NAL-SSPL 的应用步骤，基于 500Hz、1 000Hz 和 2 000Hz 三频率的听阈平均值，对验配多品牌助听器的验配师会有所帮助。

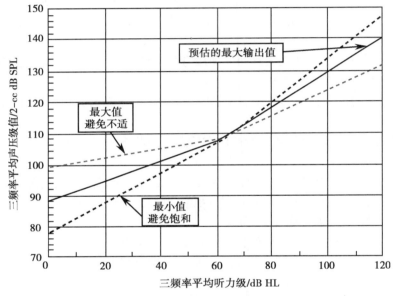

图 1-3-24　NAL-SSPL 处方公式是基于位于避免不适当最大值和避免饱和的最小值之间的中间值

表 1-3-3　NAL-SSPL 处方公式（选择三频率平均 OSPL90，2-cc 耦合腔 SPL）

三频率听阈 /dB HL	三频率 OSPL90/dB SPL	三频听阈 /dB HL	三频率 OSPL90/dB SPL	三频率听阈 /dB HL	三频率 OSPL90/dB SPL	三频率听阈 /dB HL	三频率 OSPL90/dB SPL
0	89	30	98	60	107	90	123
5	90	35	99	65	109	95	126
10	92	40	101	70	112	100	128
15	93	45	102	75	115	105	131
20	95	50	104	80	118	110	134
25	96	55	105	85	120	115	136

注：OSPL90，输入声压级为 90dB 时的输出声压级。

在真耳测试中,可直接将以上 OSPL90 数值加上 6dB(无论任何类型的助听器,成人、儿童均可)。相反,2-cc 耦合腔 SPL 值仅适用于基于成年人外耳道平均值的耳背式、耳内式和耳道式助听器验配。而外耳道较小者常需要较小的 2-cc SPL 值。

目前尚无专门用于非线性放大助听器的最大输出公式,因此也可以使用同样的 OSPL90 验配处方。

另外,为传导性或混合性听力损失计算最大输出或真耳饱和响应(real-ear saturation response,RESR),采用以下方法:

(1)若为耳硬化症,从其骨导阈值中减去矫正值(250Hz:0dB;500Hz:5dB;1 000Hz:10dB;2 000Hz:13dB;3 000Hz:10dB;4 000Hz:6dB)。

(2)把骨导听阈作为听力损失的感音神经性部分,气 - 骨导差作为传导部分。

(3)单独基于听力损失的感音神经性部分即骨导听阈计算 OSPL90 或 RESR。

(4)用 87.5% 或 90% 乘以听力损失的气 - 骨导差,再加上前面所得的 OSPL90 或 RESR。此结果为传导性或混合性听力损失患者真正所需的输出值,这种计算方法可以避免患者出现声音小的现象。现在有的商业软件提供最大声输出的几种初始选择如 80%、90% 和 100% 等。

六、过度放大和继发的听力损失

我们在门诊接待咨询和验配的过程中,几乎天天都有患者或家人询问:戴上助听器是否会使耳聋加重? 在临床实践中也确实有使用助听器以后听力下降的例子。这是患者原有疾病的进一步发展,还是助听器造成的呢? 患者又有了其他致聋原因(如病毒感染致突聋)? 尽管助听器的线路技术、失真程度和我们的验配水平均有所提高,但由于助听器的功能是放大声音,因此使用助听器仍然具有潜在的导致噪声性听力损失的可能。

助听器是否能导致进一步的听力损失取决于两方面的因素(这和一般的职业性 / 噪声性聋有类似之处):

1. **个体的敏感性** 噪声性听力损失部分取决于一个人已经有多大程度的听力损失。导致正常人永久性阈移(permanent threshold shift,PTS)的噪声对于一个重度听力损失患者造成的阈移要小得多。这是因为重度听力损失者最敏感的耳蜗感受器已经受损,噪声暴露需要更大的强度才会导致残余内外毛细胞的损伤。

2. **每日暴露在噪声中的时间** 取决于助听器的输出级和在此输出级下所持续的时间。由于使用者的助听器少有达到 OSPL90 的时候,助听器的输出级也就由输入级和增益之和所决定。

一个中度听力损失的患者在 1 000Hz 处使用的增益比澳大利亚国家声学实验室 - 重度聋验配公式修改版(NAL-RP)所推荐的增益值大 15dB,就足以引致 3dB 的暂时性阈移(temporary threshold shift,TTS),也可能会因此引致同等的 PTS。这是在输入级为 61dB(A)SPL 的情况下计算的。若平均输入级高于此值(如大城市的交通要道处、矿山钻机旁等),即使增益维持在 NAL-RP 的水准,也会导致 TTS 或 PTS。要尽可能避免这 3dB 的 TTS。因为 TTS 之后可能会发生 PTS,而且 3dB 对于患者的言语交流也是至关重要的。因此,在噪声环境中,若无须言语交流可以关掉助听器,或将助听器的音量降低(此时使用助听器仅仅为了生产安全,而不是为了交流)。

助听器导致听力损失(hearing aid-induced loss)的程度和危险性随听力损失的严重而增

加，这是因为听力损失越重越需要大功率放大。若三频率（500Hz，1 000Hz，2 000Hz）平均听阈在 60dB HL 以下，只要增益与 NAL-RP 所推荐的一致，助听器不致引起听力损失。与此不同的是，一旦听阈超 100dB HL，NAL-RP 所推荐的公式可能就不那么安全了（Macrae，1994）。其结果就是听力缓慢的下降（downward spiral of hearing），听力损失的加重就需要更多的增益，噪声暴露也跟着增加，听力就会更进一步下降。这种听力损失的加重是逐渐的、幅度很小的，而且要几年的时间，但对于有听力损失的儿童和青年人我们必须予以关注。如果助听器能给重度听力损失患者带来满意的听感觉，那么患者就必须接受由于使用助听器可能导致的 PTS。一般来讲，这部分患者应考虑人工耳蜗植入。再者，所有的安全计算均以线性助听器为标准计算，使用非线性放大应该效果更好。

TTS 是一个良好的检查工具，可以帮助我们弄清目前用的助听器是否会引起听力损失的加重。如果使用助听器一天后听阈比 24 小时不带助听器变差，就说明存在 TTS，其后可能会导致 PTS。定期进行听力复查也是有效的检测手段。但是 PTS 肯定发生在检测以前，而且很难区分是过度放大导致的进一步听力下降还是其他原因。因此，最好通过检测 TTS 判断过度放大。如果查出 TTS 而且予以及时有效的处置，就不会发生 PTS。

所以，监测患者的听阈变化是必须的。对于初次使用的婴幼儿，必须对家长强调复诊的重要性，而且是定期多次复诊，以便及时观察有无听力的下降并调整助听器使用参数。

（张　华）

思　考　题

1. 简述常见的 3 种听力损失类型。
2. 简述助听器验配的转诊指标。
3. 从外观而言，个体助听器通常分为哪几种类型？各种类型的主要特点是什么？
4. 何谓宽动态范围压缩（wide dynamic range compression，WDRC）？
5. 简述全向性麦克风和方向性麦克风的区别。
6. 什么是永久性阈移？
7. 什么是暂时性阈移？
8. 简述双耳听觉的生理优势。

第四章　耳印模取样

第一节　耳印模材料及注射方法

【相关知识】

一、耳印模材料种类及特点

耳印模（ear impression）是根据助听器使用者的耳甲腔、外耳道形状制作而成的外耳模型，是制作耳模的基础。而耳模作为助听系统的一部分，在助听器佩戴过程中发挥着重要作用，它能将助听器放大的声音传送到外耳道，具有固定助听器、改变声学效果、防止声反馈和佩戴舒适美观的作用。因此，完整合格的耳印模是保证助听器使用效果满意的关键基础之一，其质量的好坏直接影响制成耳模的质量。一般在验配师初诊患者后，如果确定其为助听器佩戴候选者，就应为该患者取耳印模。

耳印模材料应具有对人体无毒、抗过敏、凝固时间适中（5～10 分钟）、易与外耳皮肤分离、黏度适中、稳定性高等特点。耳印模材料的黏度，是指耳印模材料在发生化学聚合反应前的黏稠度；耳印模材料的抗张强度，是指可在凝固耳印模上施加的最大压力；耳印模的稳定性，是指耳印模凝固后收缩、变异的大小，稳定性越好，取样后的耳印模更能符合制成一个高质量耳模的需求。

常用的耳印模材料有三种：

1. **聚丙烯材料**　属于丙烯酸类，由液体和粉剂相混合而制成。该类材料的抗拉性、黏稠性、稳定性与硅酮类相比较差，而且在天气炎热时容易变形。

2. **浓缩凝结有机树脂硅材料**　属于硅胶类，为两种糊状物按 1∶10 的比例相结合而成的混合物，如 Otofor-KTM，Silisoft TM。

3. **附加凝固有机树脂硅材料**　属于硅胶类，目前应用最为广泛，由两种膏体材料组成一套（图 1-4-1）。一种膏体为基质，另一种膏体为凝固剂，二者按照一定比例（通常为 1∶1）混合使用，混合后 5～10 分钟凝固，使用方便，成型后不易

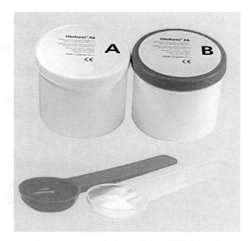

图 1-4-1　附加凝固有机树脂硅材料

收缩。其价格较贵,目前以进口材料为主。

二、制取耳印模器具的种类

1. 耳障放置器具

(1)电耳镜:自带光源和放大镜的手持式耳窥镜,配有不同大小的耳镜头,用来检查外耳道和鼓膜(图1-4-2)。

(2)剪刀:小型圆头的手术用剪刀,用来修剪海绵球或棉球类耳障。

(3)耳探灯:带有电池的细圆柱照明用具,头端配有表面光滑的塑料照明探针。在耳障放置时使用,可以使验配师更好地看清耳道的走向,并在不损伤耳道的情况下,把耳障放置于耳道的深部(图1-4-3)。

(4)台灯、额镜、镊子和耵聍钩:用额镜聚光后可代替电耳镜做外耳道检查,用镊子或耵聍钩取出外耳道中的耵聍和异物,清洁外耳道,并用医用润滑剂润滑外耳道和耳甲腔。

(5)耳障:又称为堵耳器,为穿有丝线的海绵或棉花制成的球状物,根据人外耳道粗细不同制成不同的体积,用于分隔骨性外耳道,防止耳印模材料注射时过度深入,损伤鼓膜(图1-4-4)。

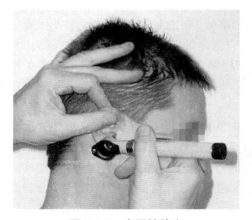

图1-4-2 电耳镜检查

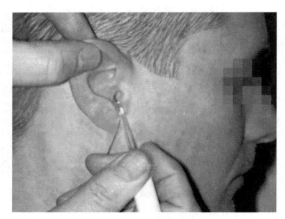

图1-4-3 耳探灯检查

图1-4-4 耳障

2. 材料注入器具

（1）耳印模注射器：一种不带针头的塑料注射器，尖端开口大小适宜往外耳道中注射耳印模材料（图1-4-5）。

（2）棉花棒和医用润滑剂：应选用对皮肤无刺激的安全医用润滑剂，如医用石蜡油，用棉签蘸取少许或用耳障蘸取少许润滑剂涂抹于整个外耳道和耳甲腔，以便耳印模取出，避免损伤外耳道皮肤。

（3）平板和刮铲：用刮铲按照说明书推荐比例取耳印模材料于平板上，快速混合均匀。

图 1-4-5　注射器

【能力要求】

注入耳印模材料的操作

一、工作准备

1. 耳印模材料准备　将耳印模材料放置在操作台上，认真阅读材料使用说明书，严格控制材料的混合比例。

2. 取耳印模器具准备　清点所需要器具，包括注射器、刮铲、耳障、电耳镜、耳探灯、镊子等工具，并对接触耳部皮肤的后4种器具进行消毒。

二、工作程序

1. 询问耳部病史　在开始耳印模的制取工作之前，应询问患者耳部的疾病史、手术史等情况，以便了解耳部可能需要的特殊处理。

2. 检查外耳道　患者取坐位，保持安静。先向患者介绍下面进行的操作程序，以取得患者的良好合作。用电耳镜或额镜检查外耳道，清洁外耳道内的耵聍，查看有无流脓、发炎、皮肤红肿、赘生物、瘢痕、渗出、瘘口、异物、残余术腔及鼓膜是否完整，并注意观察外耳道的大小、弯曲度和方向等。如果外耳道内有残余术腔或存在外小内大的情况，应提前做好处理，否则印模材料会被注入空腔中，材料变硬后，不易取出，造成耳道内异物，严重者需要进行耳部手术取出，请务必多加注意。

3. 放置耳障　清洁润滑外耳道和耳甲腔后，根据外耳道大小选择合适的耳障进行放置操作，放置的过程中应根据助听器的制作要求决定耳障所处的深度，一般情况下，对于耳背式助听器，放置的深度要达到第二弯曲；对于耳内式和耳道式助听器，放置的深度要达到第二弯曲以上1～2mm；对于完全耳道式助听器，放置深度要达到第二弯曲以上2～3mm（图1-4-6）。线要足够长，放置外耳道底部，线头留置于屏间切迹下方。

为了安全起见，应用操作耳灯的那只手的无名指与拇指一同支撑患者的头部，避免在患者的头部发生突然移动时，耳灯头触及耳道皮肤造成损伤。有些患者在放置耳障的过程中会感到轻微的不适，或产生反射性咳嗽。对于乳突根治术后的大耳道腔可以用细线绑住几个耳障一起放入。

4. **混合材料**　按照材料说明的推荐比例,取适量耳印模材料,将两种不同颜色的耳印模材料完全混合、调匀,快速放入注射器中,将材料推至注射器前端,注意不要产生气泡。

5. **注入材料**　将耳廓向上、向后、向外拉,使耳道变直。将注射器前端深入外耳道 0.5～1.0cm,向外耳道内注入混合材料,一边注射一边退出,注意注射器前端一直保持埋在膏体中。从外耳道口开始连续用材料填充耳甲腔、耳甲艇、三角窝等区域。注射完毕后,不需要在外面用力按压,以免模型过大。制作过程中可让患者做张口、闭口、吞咽的动作,然后保持口部半张,也可咬住缠绕纱布的手指或压舌板等物品,直至材料固化(图 1-4-7)。注入材料过程中要用一只手或请助手指压耳障丝线,防止耳障向内损伤鼓膜。

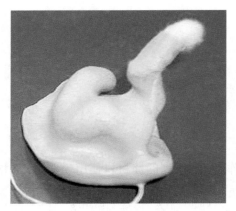

图 1-4-6　耳印模

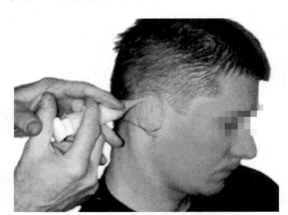

图 1-4-7　注射耳印模材料

三、注意事项

1. **注意观察外耳道和鼓膜**　耳镜检查时,应看清耳道情况,如发现外耳道有耵聍,应先行清除,再注入耳印模材料,否则影响耳印模的完整性;如发现外耳道有红肿、渗出,制取耳印模时会引起患者疼痛,甚至会引起感染,应等该病理变化消失后再取耳印模;如发现外耳道不完整、鼓膜穿孔或缺失并有手术后空腔,则应特别小心,请上一级助听器验配师指导处理,否则会导致变硬的耳印模材料不能取出。

2. **正确放置耳障**　耳障有防止耳印模材料损伤鼓膜的作用,耳障的位置应视具体佩戴的助听器类型而定。耳障的大小要根据患者外耳道的横截面积确定,要确保耳障四周能接触到外耳道周壁的皮肤。耳障太小,耳印模材料容易越过耳障伤及鼓膜或造成取出困难;耳障太大,放置位置会过浅或引起疼痛。

第二节　耳印模取出

【相关知识】

一、耳印模对应外耳道的部位名称

1. **耳甲部分**　耳廓内含弹力软骨支架,外覆皮肤。一般与头颅约成 30° 角,左右对称。

分前、后两面。耳廓前面凹凸不平，主要表面标志有：耳轮、耳轮脚、三角窝、舟状窝、耳舟、耳甲艇、耳甲腔、耳屏、对耳屏和屏间切迹等（图1-4-8）。佩戴助听器时，耳甲艇和耳甲腔是耳模插入的部分，尤其是耳模耳甲艇部分若未嵌入其内，则容易引起声音泄漏而产生啸叫。耳廓前面的皮肤与软骨膜粘连较后面紧，且皮下组织少。由于皮下组织紧密，遇有炎症时，感觉神经易受压迫而产生疼痛。

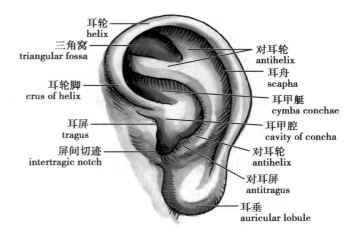

图1-4-8　耳廓

2. 外耳道部分　外耳道起自耳甲腔底，向内止于鼓膜，由骨部和软骨部组成，略呈"S"形弯曲，长2.5～3.5cm。成人外耳道外1/3为软骨部，内2/3为骨部。新生儿外耳道软骨部与骨部尚未完全发育，由纤维组织所组成，故耳道较狭窄而塌陷。外耳道有两处狭窄，在骨与软骨部交界处的外耳道较狭窄，距鼓膜约5mm的骨部外耳道最为狭窄，称外耳道狭部。当完全耳道式助听器（CIC）置入此处接触到骨部时可消除堵耳效应。用耳镜检查成人鼓膜或欲视清外耳道全貌时，须将耳廓向上后提起，使外耳道呈一直线方可。幼儿外耳道方向为向内、向前、向下，故检查其鼓膜时，应将耳廓向下拉，同时将耳屏向前引，检查较成人困难。

二、取耳印模

1. 凝固时间　材料凝固的时间与温度和两种材料的搭配比例等因素有关。一般为5～10分钟。温度越高，凝固时间越短；材料中凝固剂用量越多，凝固时间越短。用手指甲轻按压材料不会出现凹陷时，证明材料已经完全凝固，便可取出。

2. 合格耳印模的判定　检查印模质量，合格耳印模（图1-4-9）应包括耳道部分、耳甲腔、耳甲艇、耳屏切迹、耳轮等内容。根据不同类型的助听器需要，耳印模包括的解剖结构

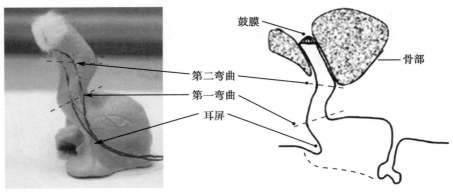

图1-4-9　完整的耳印模

可稍有不同，但印模耳道部分必须足够长，要充分显示第一弯曲和第二弯曲。在某些情况下，耳道部分最长可达到第二弯曲以上 3～5mm。印模表面应光滑，无隆起、凹陷、裂痕或气泡，如果印模上某处有空洞，必须再检查一下耳朵，核实一下是否在耳道上有相应的凸起，如有，应在制作单上注明。

【能力要求】

取出耳印模操作

一、工作程序

1. **判定耳印模是否凝固** 等待耳印模材料凝固（根据耳印模材料和室温，所需时间各有不同），用手指甲轻按压耳印模，如果压痕迅速消失，证明材料已经完全凝固，便可取出。

2. **取出耳甲艇部分** 要领是先从上部的三角窝部位开始，然后再取出耳甲艇部分。应首先将耳印模拉离耳廓皮肤，使空气进入耳内，以缓解耳道的负压状态，便于取出。

3. **取出耳甲腔及耳道部分** 取出耳甲艇部分后，捏住耳甲腔部分向前转动耳印模，同时手拉耳障丝线，向外将耳甲腔、耳道部分及耳障一并旋出，对于放置有多个耳障的乳突根治术患者，更应注意，这样可有效防止耳印模材料断裂在耳道内。这样，一个完整的耳印模就取出了。

二、注意事项

1. **注意取出手法轻柔勿折断** 耳印模取出过程中，一定要按顺序操作，且手法轻柔，缓慢旋转，自然脱出，避免负压增大损伤患者鼓膜或将耳道部分折断。耳印模折断后，存留在耳道内的部分很难取出，需要上一级验配师的帮助或请耳鼻喉科医生解决。

2. **取出耳印模后再次检查外耳道及鼓膜** 取出耳印模后，应重新检查外耳道是否有耳障或耳印模材料存留，是否造成耳道内皮肤受损及鼓膜是否完整等。如发现以上异常情况，需要及时处理。

（王永华）

思 考 题

1. 简述取耳印模的准备工作。
2. 简述制取耳印模步骤。
3. 简述制取耳印模的注意事项。
4. 简述耳印模取出步骤。
5. 如何判定耳印模合格？
6. 简述耳印模取出的注意事项。

第五章　助听器调试

第一节　助听器调试准备

【视频】
助听器调试
（四级）

【相关知识】

NOAH 软件、HI-PRO、AIRLINK 的性能和特点：

NOAH 软件、HI-PRO、AIRLINK 是助听器验配过程中的应用工具。

NOAH 软件是各品牌助听器验配软件可以使用的公共平台，它可以录入客户资料、加载各品牌助听器的助听器验配模块，随着 NOAH 软件的不断更新升级，其功能也在不断地完善。

HI-PRO、AIRLINK 是助听器验配常使用的硬件设备，也可称之为"编程器"。编程器的作用是将助听器的信号转换成计算机可接受的信号，再通过计算机上的助听器验配软件进行助听器各项功能的操作。HI-PRO 是有线编程器，AIRLINK 是蓝牙无线编程器。

【能力要求】

打开 NOAH 软件

（一）建立新客户

1. 填写患者姓名×、性别×、出生年月日×、验配师姓名×、家庭地址、联系方式（×表示必填项）。

2. 输入患者纯音听力图，气导、骨导、不舒适阈三条曲线必须输入。

（二）连接助听器

1. 对症选择助听器。

2. 打开与助听器相对应的助听器验配软件。

3. 将 HI-PRO（有线操作）或 AIRLINK（无线操作）与助听器连接。

（三）进入助听器调试界面

1. 打开助听器验配软件调试界面。

2. 输入相关参数，包括助听器佩戴史、声学参数、验配公式。

3. 开始助听器的调试。

第二节　最大声输出调试

【相关知识】

一、最大声输出调试的目的

1. 在满足助听器舒适度前提下力求言语可懂度最大化　通过对助听器最大声输出的设置，使助听器佩戴者能舒适地感知环境声和言语声，从而避免最大声输出设置过小导致助听器响度不足和言语可懂度降低。

2. 避免声损伤，保证舒适度　针对不同的听力损失进行最大声输出设置，使助听器输出的声音强度介于听障者舒适可听的范围内，避免声输出设置过大使助听器佩戴者产生不适感或进一步的听力损害。

二、相关概念

1. 助听器最大声输出（MPO）（OSPL90）　指助听器最大的声输出能力。它表达的条件是：在规定的频率或几个频率点，增益控制处于满挡位置，其他控制器处于最大增益的位置，当输入声压级为90dB SPL时，在声耦合腔中测得的声压级。

也可以简单表述为，当输入声压级≥90dB SPL时，助听器输出的声压级不再相应增大，此时的输出为最大声输出。图1-5-1是助听器最大声输出示意图，它反映了助听器功率的大小，图中声输出最大值出现在：频率1 000Hz；声输出138dB SPL（图1-5-1中箭头所示）。在验配助听器之前，必须要依照听力损失的程度对症选择功率适合的助听器。

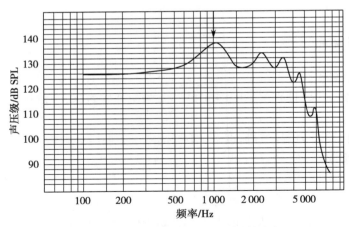

图1-5-1　助听器的最大声输出（箭头）

2. 不舒适阈（UCL）　声音强度达到引起听觉明显不舒适感时的声压级。UCL是调试最大声输出参数最重要的依据之一，图1-5-2是正常听力的动态范围和感音神经性听力损失的动态范围。

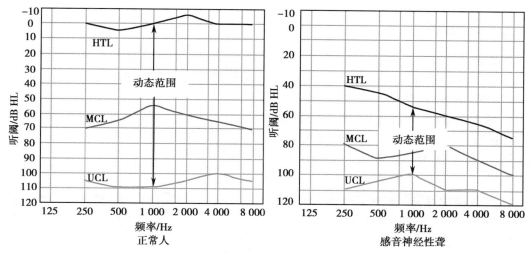

图 1-5-2　正常听力和感音神经性听力损失的动态范围
HTL. 听阈；MCL. 最舒适阈；UCL. 不舒适阈。

【能力要求】

一、工作准备

1. **获取准确的听力学医学检查评估结果** 依据听障者功能检查结果进行听力学分析和评估，以下内容应作为调试助听器各种参数的先决条件：

获得图 1-5-3 所示的纯音听力图中的内容是基本要求。气导（AC）、骨导（BC）和不舒适阈（UCL）三条听力曲线是我们分析患者听力障碍的性质、程度、听力曲线特征，调试助听器各项参数的重要依据。

不舒适阈（UCL）听力曲线是最大声输出的主要调试依据。

2. **最大声输出的调试原则**

（1）依据纯音听力图 UCL 数值和听障者的临床症状，通过助听器验配软件对最大声输出数值进行设置。

（2）各频率点的最大声输出值应≤纯音听力图中的 UCL 值。

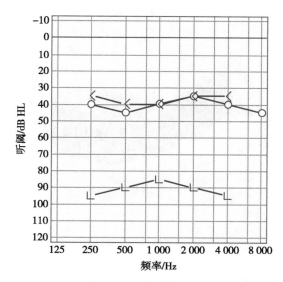

图 1-5-3　纯音听力图

（3）初次助听器佩戴者的最大声输出调试须渐进式地补偿。

（4）传导性听力损失最大声输出的要求相对高于感音神经性听力损失。

（5）最大声输出的调试要保证助听器佩戴者的舒适度。

二、工作程序

各品牌助听器最大声输出调试界面的表示形式完全不同，但调试的原则完全一致。因此，在调试最大声输出之前，必须熟练掌握所用助听器验配软件的操作程序。下面我们选择一款助听器验配软件作为示范予以说明。

1. **听力图分析** 图1-5-4表明该右耳属感音神经性听力损失，动态范围较窄（约50dB），UCL平均值为95dB HL，最大声输出有明显的限制要求。

2. **通过助听器验配软件进行最大声输出调试** 图1-5-5称之为听力学视图，从图中我们可以知道气导（AC）、不舒适阈（UCL）、正常人言语声强度、助听器增益补偿值。但是，从该图中我们无法知道最大声输出的数值。图1-5-6涵盖了更多的信息，从中我们可以知道，正常人听力曲线数值、正常人言语声强度、听障者的气导值、言语补偿的目标曲线、增益补偿的实际数值、最大声输出的目标曲线、最大声输出的实际补偿值，最终它可以显示放大效果是否在动态范围以内。

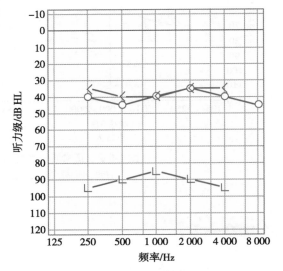

图1-5-4 纯音听力图

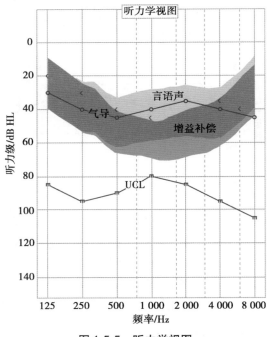

图1-5-5 听力学视图
UCL. 不舒适阈。

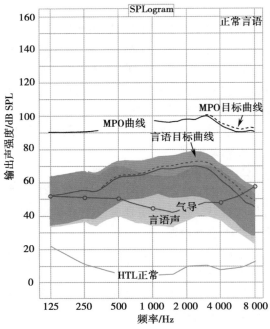

图1-5-6 声压级动态范围（SPLogram）
HTL. 听阈；MPO. 最大声输出。

图 1-5-7 以数字形式清晰地表达了助听器在各频率点下最大声输出和增益补偿的数值。图 1-5-7 显示最大声输出调试的具体方法。箭头所示为最大声输出调试栏,可以选择不同频率进行调试,也可以对所有频率同时进行调试,加减号分别表示增加或降低最大声输出的数值。

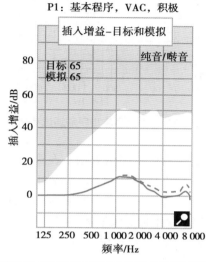

全部	250	500	750	1 000	1 500	2 000	3 000	4 000	6 000	8 000
最大输出	91	89	83	80	81	84	88	94	98	99
大声	0	1	5	7	5	3	−1	−2	−2	−2
中声	0	3	7	8	7	5	−1	−2	−2	−2
小声	1	7	14	20	17	14	9	6	4	2

图 1-5-7 最大声输出、增益数值表

3. 根据助听器可调装置调试最大声输出 部分助听器设有最大声输出的手动可调装置,例如音量控制旋钮(volume control,VC)和微调装置(trimmer)。

图 1-5-8 音量控制旋钮上的数字大小表示相应声输出的大小,患者通过自身的调整就可以达到最大声输出的控制。微调装置是助听器验配师根据助听器使用者的特点进行最大声输出的设置。进行微调装置调试时需使用助听器配套的微型调节工具,根据助听器微调装置的调试说明进行调试。一般情况下,助听器最大声输出的微调装置符号用 P 表示,调节范围可表示为 −15~0,当指示箭头指向 0 时,声输出为最大值;指示箭头指向 −15 时,表示助听器最大声输出控制减至最小值(图 1-5-9)。

图 1-5-8 手动调试最大声输出助听器

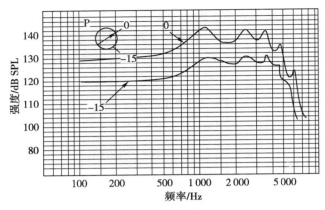

图 1-5-9　最大声输出手动调试结果

4. 最大声输出（MPO）调试后的效果评估方法　在声场中（或相对安静的房间），依据纯音听力曲线特征，使用各种环境声或不同频率不同强度的声音让听障者聆听，声音强度以渐进增加的方式进行。提供评估的最终声音强度应高于纯音听力图中的 UCL 值。

最大声输出调试后效果评估的目的是保证听障者的舒适性。听障者不舒适的感觉包括：对某些环境声音难以接受或忍受、对自身说话或咀嚼声感到响度过大、对某些特定频率的声音无法接受等。

三、注意事项

1. 注意观察患者对声音大小的听觉反应

（1）通常不同性质听力损失的动态范围为：传导性听力损失 > 混合性听力损失 > 感音神经性听力损失。传导性听力损失和混合性听力损失的最大声输出可以设置的高一些。由于感音神经性听力损失动态范围比较窄，所以重振明显的患者在选择助听器和调试时要格外注意。

（2）听障儿童不同于成人听障者，助听器的客观效果难以通过语言确切地表达。由于听障儿童情况的特殊性，助听器验配师需要特殊培训。

（3）助听器的品牌、型号多达几百种，调试软件的界面和最大声输出的调试方法不尽相同，但只要掌握好最大声输出和不舒适阈的相互关系及助听器使用者的客观效果即可。

2. 最大声输出应控制在安全舒适的范围内　助听器的最大声输出应与听力损失相适应。一般轻度听力损失选择最大声输出小于 105dB SPL 的助听器；中度听力损失选择最大声输出为 105~124dB SPL 的助听器；重度听力损失选择最大声输出为 125~135dB SPL 的助听器；极重度听力损失选择最大声输出为 135dB SPL 以上的助听器。当一个助听器最大声输出通过调试无法满足听障者的需求时，必须更换最大声输出功能可以满足需求的助听器。最大声输出的调试原则就是本节知识要求中提到的：①在满足舒适度前提下力求言语可懂度最大化；②避免声损伤，保证舒适度。

最大声输出调试是一个循序渐进的过程，每位听障者的调试周期不尽相同，这和听力损失类型、时间长短及年龄和听力曲线特征有直接关系。

儿童和婴幼儿助听器验配在此不做叙述。

第三节 助听器增益调试

【相关知识】

一、助听器增益调试目的

在保证舒适度前提下,力求在各种聆听环境下助听器综合效果达到最大化。

二、相关知识

1. **气导(AC)** 声音通过空气经外耳道、鼓膜、中耳、内耳、听神经传至听觉中枢(图1-5-10)。

2. **骨导(BC)** 声音通过颅骨传给内耳、听神经传至听觉中枢(图1-5-10)。

3. **传导性听力损失的概念** 外耳或中耳病变,声音在传导过程中发生障碍导致的听力损失(图1-5-11)。

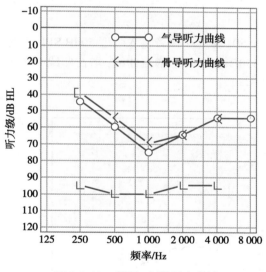

图1-5-10 骨导、气导听力曲线

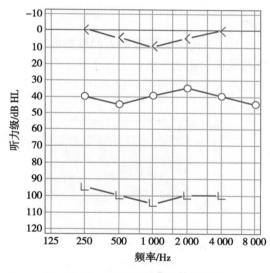

图1-5-11 传导性听力损失听力图

4. **感音神经性听力损失概念** 感音性听力损失和神经性听力损失的总称。由耳蜗、听神经部位病变导致的听力损失(图1-5-12)。

5. **混合性听力损失的概念** 传导性听力损失和感音神经性听力损失并存引起的听力损失(图1-5-13)。

6. **增益曲线的概念** 在规定的数个频率点,助听器获得的声增益形成的曲线(图1-5-14)。

7. **低频增益曲线** 频率在250~750Hz范围内的增益曲线(图1-5-14)。

8. **中频增益曲线** 频率在1 000~2 000Hz范围内的增益曲线(图1-5-14)。

9. **高频增益曲线** 频率在3 000~6 000Hz(或8 000Hz)范围内的增益曲线(图1-5-14)。

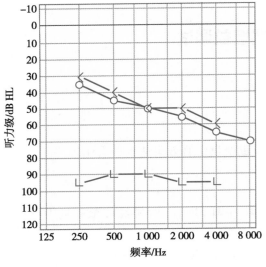

图 1-5-12 感音神经性听力损失听力图

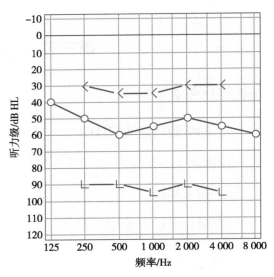

图 1-5-13 混合性听力损失听力图

注：每个助听器低频、中频和高频区间的划分要依据该助听器的频响范围作出相应的调整。

10. **不同声音强度输入的增益曲线** 增益曲线 50（弱声）：声音输入强度 50dB SPL 时的增益曲线；增益曲线 65（中等声）：声音输入强度 65dB SPL 时的增益曲线；增益曲线 80（强声）：声音输入强度 80dB SPL 时的增益曲线（图 1-5-14）。

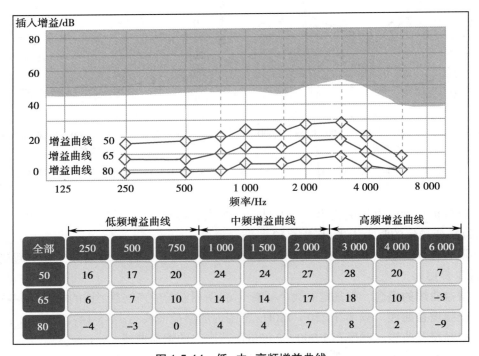

	低频增益曲线			中频增益曲线			高频增益曲线		
全部	250	500	750	1 000	1 500	2 000	3 000	4 000	6 000
50	16	17	20	24	24	27	28	20	7
65	6	7	10	14	14	17	18	10	−3
80	−4	−3	0	4	4	7	8	2	−9

图 1-5-14 低、中、高频增益曲线

三、助听器增益曲线与听力图中的频率关系

在助听器增益曲线调试中，频率的概念至关重要。不同频率对言语的可懂度、舒适度起着重要的作用。由图 1-5-15 可见，元音（如 a、e、o）主要集中在低频区；辅音和清辅音（如 g、k、f、s）集中在中频、高频区。言语中如果只有元音或只有辅音是无法让人听懂的，元音和辅音同时存在并达到平衡才可能提供清晰的言语。

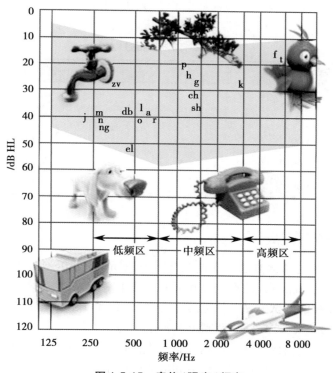

图 1-5-15 音位 / 强度 / 频率

四、言语能量（响度）与言语可懂度的关系

从表 1-5-1 中可以看出，频率 250～500Hz 言语能量达 42%，但只提供了 3% 的可懂度。500～1 000Hz、1 000～2 000Hz 的言语能量合计只有 38%，但可懂度合计达 70%。从中可以得出一个简单的概念：中频、高频区对言语可懂度有着突出的贡献，低频区贡献较小。

表 1-5-1 言语能量与可懂度的关系

频率范围 /Hz	言语能量 /%	可懂度 /%
62～125	5	1
250～500	42	3
500～1 000	35	35
1 000～2 000	3	35
2 000～4 000	1	13
4 000～8 000	1	12

五、频率和清晰度指数(AI)的关系

表 1-5-2 是各频率段在言语清晰度中所占的比例。通过对频率滤波的方法,得到了表 1-5-2 清晰度指数(AI)。显然,中频、高频赋予了较高的言语清晰度,低频元音区的能量提供的是声音的音色和质感。

表 1-5-1 和表 1-5-2 中的频率和言语可懂度及清晰度之间有着明确的相关性,这对正确调试低频增益、中频增益和高频增益曲线有着重要的指导意义。

表 1-5-2　清晰度指数(AI)

频率 /Hz	清晰度 /%
250	8
500	14
1 000	22
2 000	33
4 000	23

六、增益曲线调试方法

1. **低频增益曲线的调试方法**　依据纯音听力图,调整 250～1 000Hz 区间各频率点的数值,观察听障者的客观反应,注意响度和舒适度的平衡。

2. **中频增益曲线的调试方法**　依据纯音听力图,调整 1 000～3 000Hz 区间各频率点的数值,观察听障者的客观反应,注意清晰度和舒适度的平衡。

3. **高频增益曲线的调试方法**　依据纯音听力图,调整 3 000～6 000Hz 区间各频率点的数值,观察听障者的客观反应,注意清晰度和舒适度的平衡。

4. **弱声增益曲线的调试方法**　依据纯音听力图,调整声音输入强度 50dB SPL 时的增益曲线,以保证小声多放大,满足听障者在弱声条件下响度的需求,调试时要兼顾听障者的舒适性。

5. **强声增益曲线的调试方法**　依据纯音听力图,调整声音输入强度 80dB SPL 时的增益曲线,以保证大声少放大,满足听障者在强声条件下的舒适性,调试时要兼顾听障者的清晰度。

6. **语言清晰度的调试方法**　依据纯音听力图,以调整中频、高频增益曲线为主,调整低频增益曲线为辅。调整时要兼顾清晰度和舒适的平衡。

7. **堵耳效应的处理方法**　堵耳效应和重振有紧密的相关性,是一个需要多手段相互配合方能有效解决的棘手问题。

方法:①使用耳背式助听器,采用开放式耳模;②使用受话器外置(RITE)助听器;③定制式助听器采用开放耳技术;④调试助听器,降低低频增益、强声输入增益、或全频的增益。

【能力要求】

一、工作准备

1. 获取准确的听力学医学检查评估结果 依据听障者功能检查结果进行听力学分析和评估,以下内容应作为调试助听器各种参数的先决条件。获得图1-5-16所示的听力图中内容是基本要求。气导(AC)、骨导(BC)和不舒适阈(UCL)三条听力曲线是我们分析患者听力障碍的性质、程度、听力曲线特征,调试助听器各项参数的重要依据。

2. 声增益的调试原则

(1)纯音听力图的气导、骨导是声增益调试的重要依据。

(2)初次佩戴助听器者的声增益调试须渐进式地补偿。

(3)传导性听力损失增益的要求相对高于感音神经性听力损失。

(4)听力曲线的特征决定了声增益调试复杂程度。

(5)声增益的调试要兼顾助听器佩戴者的言语清晰度和舒适度。

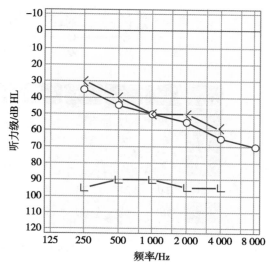

图1-5-16 纯音听力图

二、工作程序

各品牌助听器增益曲线调试界面的表示形式不同,但调试的原则完全一致。因此,在调试增益曲线之前,必须熟练掌握所用助听器验配软件的操作程序。图1-5-16是听障者的纯音听力图,依据此听力图及听障者的综合情况,助听器验配软件会给出相应的验配参数(图1-5-17),此验配参数仅供助听器验配师作为进一步调试的基础数据,听障者的清晰度和舒适度需要验配师对各频段的增益进行调整以达到助听效果的最大化。

1. 低频增益调试 如图1-5-18所示:频率250～750Hz范围内,50dB SPL、65dB SPL、80dB SPL的增益曲线均提高了10～12dB。在实际的调试中,可以单独对各频率和各条增益曲线进行调整,调试过程要分析听障者的客观感觉和进行效果评估。

2. 设置中频增益 如图1-5-19所示:频率1 000～2 000Hz范围内,50dB SPL、65dB SPL、80dB SPL的增益曲线均提高了十几个分贝。在实际的调试中,可以单独对各频率和各条增益曲线进行调整,调试过程要分析听障者的客观感觉和进行效果评估。

3. 设置高频增益 如图图1-5-20所示:频率3 000～6 000Hz范围内,50dB SPL、65dB SPL、80dB SPL的增益曲线均降低了数个分贝。在实际的调试中,可以单独对各频率和各条增益曲线进行调整,调试过程要分析听障者的客观感觉和进行效果评估。

4. 低频、中频、高频增益曲线调整注意事项

(1)首先考虑助听器聆听的舒适度:舒适与否意味着患者是否接受助听器,尤其对有重

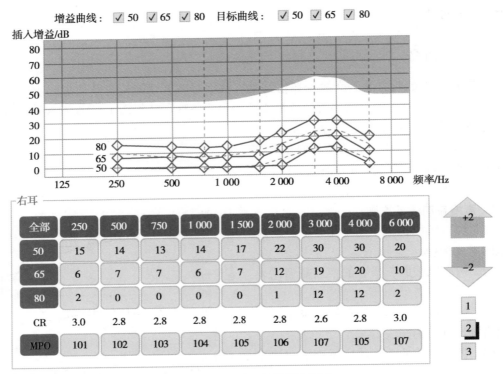

图 1-5-17　增益曲线调试界面

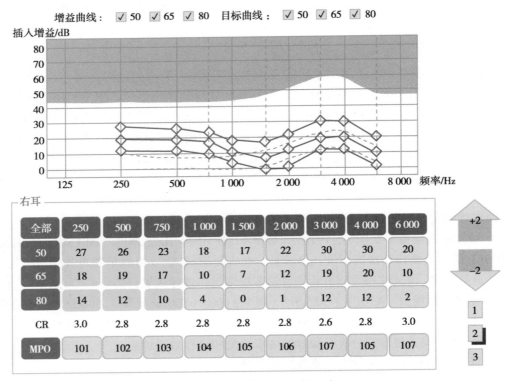

图 1-5-18　低频增益曲线调试

增益曲线： ☑ 50 ☑ 65 ☑ 80　　目标曲线： ☑ 50 ☑ 65 ☑ 80

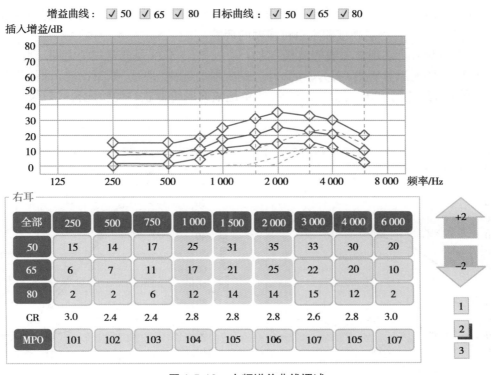

右耳

全部	250	500	750	1 000	1 500	2 000	3 000	4 000	6 000
50	15	14	17	25	31	35	33	30	20
65	6	7	11	17	21	25	22	20	10
80	2	2	6	12	14	14	15	12	2
CR	3.0	2.4	2.4	2.8	2.8	2.8	2.6	2.8	3.0
MPO	101	102	103	104	105	106	107	105	107

图 1-5-19　中频增益曲线调试

增益曲线： ☑ 50 ☑ 65 ☑ 80　　目标曲线： ☑ 50 ☑ 65 ☑ 80

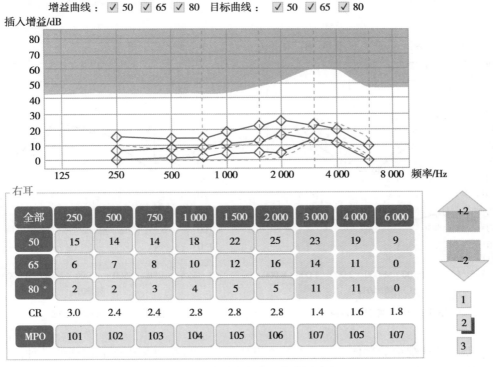

右耳

全部	250	500	750	1 000	1 500	2 000	3 000	4 000	6 000
50	15	14	14	18	22	25	23	19	9
65	6	7	8	10	12	16	14	11	0
80	2	2	3	4	5		11	11	0
CR	3.0	2.4	2.4	2.8	2.8	2.8	1.4	1.6	1.8
MPO	101	102	103	104	105	106	107	105	107

图 1-5-20　高频增益曲线调试

振或者其他原因造成对舒适度有特殊要求的患者要给予充分的重视。在满足舒适度最低要求的前提下再考虑言语清晰度和言语可懂度的调整。

（2）非常规听力图增益曲线的调整：图1-5-21～图1-5-24是非常规听力图，遇到这些类型的患者，需要在患者病史、听力学的分析、助听器的选择、调试、效果比较、评估和患者的沟通等方面做细致的工作。通常情况下，简单地依靠助听器软件的验配公式效果往往不甚理想。

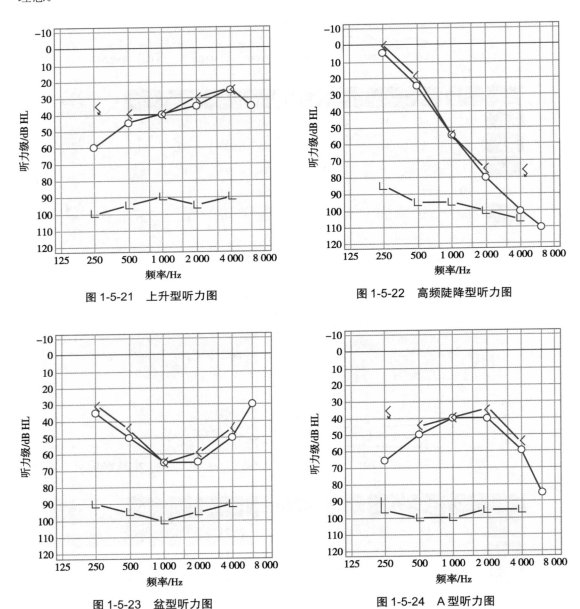

图1-5-21　上升型听力图

图1-5-22　高频陡降型听力图

图1-5-23　盆型听力图

图1-5-24　A型听力图

5. 助听器选配向导功能　为了解决在助听器实际验配过程中患者出现的各种问题，目前各种助听器验配软件都设有助听器选配向导功能，它集合了助听器佩戴者经常遇到的各种问题,同时对各种问题还提出了相应的调试、解决的方案。初级的助听器验配师可以把助听器选配向导功能的调试方案作为参考。但需要指出的是,助听器选配向导不是万能的,它提出的解决方案有时会在某一方面获得改善的同时导致另一方面效果的降低,产生顾此失彼的情况。这时我们要经过分析,抓住主要问题并解决。因此,作为助听器验配师要善于总结经验,不断提高综合解决复杂问题的能力,力争做到助听器验配效果的最大化。

第四节 助听器降噪功能调试

【相关知识】

一、助听器降噪技术的原理和分类

1. 降噪系统的原理 感音神经性的听力障碍患者,由于耳蜗内外毛细胞损伤导致频率和时间的分辨力下降、信噪比降低和动态范围变窄,随之产生的问题是:在复杂的环境中,特别是有噪声存在的环境中言语辨别能力下降和产生不适感。也就是说,在噪声环境中聆听效果明显下降是感音神经性听力损失助听器使用者抱怨最强烈的问题,是影响助听器佩戴者满意度甚至拒绝使用助听器的重要因素。

降噪系统可增加在背景噪声存在时的佩戴舒适性;包含有用信号(言语、音乐)的频率区域增益最大,而包含噪声的区域小增益或无增益。

决定降噪系统功效的因素有:信号检测系统、频段/通道的数量、时间常数。

2. 降噪系统的分类

(1)降低增益:传统的降噪技术是将输入信号作为区别言语和噪声的启始模式,是根据噪声水平或者环境信噪比减少增益,降低增益的原理是为了最小化噪声掩蔽对于言语可懂度的影响,但不幸的是,降低增益对于言语和噪声的影响程度是一致的。所以,传统的降噪技术只可以提供较佳的舒适度。

(2)方向性处理:在模拟技术条件下,助听器麦克风的方向性指向是固定的,无法根据环境噪声的变化调整。采用数字技术后,根据前后麦克风采集的信号进行分析,可以根据噪声变化的情况实时调整麦克风的指向,这能使助听器佩戴者在复杂环境中受益。

二、降噪技术的应用

1. 传统降噪技术 传统降噪技术有两种。

(1)高通滤波:基于噪声与言语信号相比含有更多低频成分的原理,高通滤波的方法是通过滤波器改变助听器的频率响应,保证高频信号通过,衰减低频以达到降低噪声的目的。

人们在听自己声音时,低频信息较多,由于不同频率随距离衰减特性各异,助听器接收到自己声音中的低频过多,会产生向上掩蔽,从而影响了含有重要言语信息的中高频识别。低频的降低主要是为了阻止和减少低频噪声上移的掩蔽作用。多通道助听器一般每个通道分别有一个滤波器,通过调节各自滤波器及相邻两个滤波器的交叉频率,可改变助听器的频率响应。对具有压缩线路的助听器,滤波器处于压缩反馈环路之前、之后和之中会对助听器的频率响应产生不同的影响。通过简单的衰减低频的方法来降低噪声,可以适当地提高舒适度，但不能有效地改善言语分辨率。

（2）压缩：目前压缩技术已经非常成熟，可以利用不同的压缩参数，调整信号动态范围的增益，以适合每一种助听器配方对不同输入处理的要求，达到更好地匹配听力障碍患者的动态听力范围。压缩技术可以用于对某个频率增益进行控制，以达到对环境噪声进行一定的抑制、压缩和削减，从而提高信噪比。此时增益的下降和削弱，可以保证聆听的舒适度，但对改善言语清晰度无明显作用。

研究表明，采用慢压缩技术的全数字助听器可以保证瞬间言语线性还原。快压缩技术有可能导致非线性言语还原失真。因此，慢压缩技术对改善言语理解力有帮助。

2. 方向性麦克风降噪技术 采用指向性麦克风和多麦克风技术实现声音的方向性接收，是迄今为止改善助听器信噪比的最有效的方法。

（1）指向性麦克风的技术原理：在噪声环境中，听力障碍患者与正常人相比需要更多的信噪比才能获得必要的言语可懂度。目前公认提高言语清晰度的方法之一是通过方向性技术提高信噪比。试验表明，信噪比每提高 1dB，言语理解能力将潜在提高 10%。而无方向性的助听器对噪声和言语同时同量的放大，无法达到提高信噪比的目的。

方向性麦克风系统作为提高在噪声环境中语言可懂度的一个重要技术，广泛地应用在助听器的设计中。近年来，这项技术又有了进一步的发展，有些研究报道讨论了方向性麦克风系统的分类和在具体临床应用上的使用效果及一些相关问题，诸如怎样选择不同类型的方向性麦克风，这些不同方向性麦克风系统在实际应用中的具体影响等。

方向性麦克风是采取减少侧面和后方声音灵敏度（增益）的方法来达到信噪比提升的，它的效果是通过方向性指数反映的。更确切地说，在典型噪声环境中，对于来自侧面和后方的声音来说，更高的方向性指数意味着麦克风对这些声音（非来自前方）的灵敏度更低，结果明显提高了信噪比。如果语言信号（或其他想听的声音）从这些方向传来，它们的可听性就会被方向性麦克风降低。在声音强度为 50dB SPL 和 65dB SPL 的安静环境下，比较全向性和方向性麦克风对于来自后方声音的识别率，方向性麦克风的言语识别率低于全向性麦克风。对轻声说话（50dB SPL）的理解度下降超过 20%（全向性 = 37%，方向性 = 13%），这就证明了方向性麦克风在某些场合的表现并不是很好，有潜在的局限性。在这种情况下，使用者可能会错过一些重要的信息，导致理解或交流问题。所以，应该还有一些额外的补偿措施来弥补这种损失。

解决这个问题有一个很简单的方法就是在助听器上加一个开关，让使用者自己来选择方向性还是非方向性。但这个办法必须要求使用者能确实感觉到方向性和非方向性之间的差别，并且懂得在什么情况下需要选择及如何进行选择。反而言之，不具备这个能力的使用者则不能从这个功能中得到方便。此外，那些即便能够自己判断并选择的人也不能恰好在最需要或最适宜的时刻来进行切换。但有些具备新功能的助听器，特别是对具有高指向性指数（DI，是指前方声音的灵敏度与其他方向声音平均灵敏度的比值）的方向性麦克风，可以确保方向性和非方向性麦克风在这种情况下的正确使用。

另一种解决方法是采用宽动态范围压缩（WDRC）线路和方向性麦克风相结合使用的办法，因为这种线路具有比较低的压缩阈值（CT），可以部分补偿灵敏度的降低。低压缩阈值的麦克风比高压缩阈值的麦克风对轻的声音能够得到更高的增益，对于方向性麦克风系统的灵敏度降低有一定的补偿作用。

研究结果表明，助听器的信号处理系统结合方向性麦克风功能可以提高实际环境中的信噪比。

（2）多麦克风实现的指向性接收：指向性接收在20世纪90年代由于双麦克风技术的出现而引起关注，可编程助听器纷纷引入该技术，用户可在全向性和指向性两种方式间进行切换。只要耳甲腔的空间允许，耳内式助听器也可使用双麦克风。

双麦克风要求两个麦克风的频响特性极为一致，生产时要经过严格的挑选匹配。若使用过程中麦克风受潮，则方向性会大打折扣，所以，防潮是困扰多麦克风助听器的一个主要问题。新近推出的一些全数字助听器配备了易于更换的可透声的防潮盖板，进行防潮处理以确保两个麦克风在物理参数上的高度一致（图1-5-25）。麦克风与外界隔离，气流干扰产生的噪声（如风声）被显著降低。

新型耳后式助听器的外形设计在后麦克风位置有一个突起，像一个屋檐，可避免汗水的直接侵入，同时保证前后麦克风在同一个水平面上（图1-5-26）。另外，麦克风的位置高过耳廓上缘，麦克风方向靠得更前，提高了麦克风的方向性。

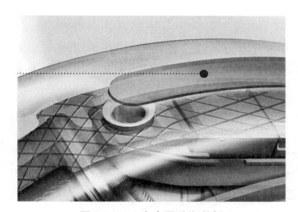

图1-5-25　麦克风防潮盖板

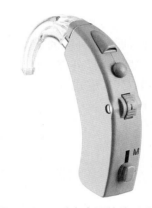

图1-5-26　后麦克风的外形设计

全数字助听器的双麦克风同时配接两个模数转换器，应用数字技术实现方向性。其技术优势为：可利用数字技术匹配双麦克风，使得生产工艺简化；可勾画多种方向性图案（如前后、心形等）；对于传统的方向性麦克风引起的低频削减，可由验配师设定多种不同程度的补偿，但在补偿的同时会引入更多的低频麦克风噪声。早期的一些全数字助听器只选用指向性麦克风，不能改变接收的方向性。随后的产品可在手动切换聆听程序时，切换与之关联的几种方向性极坐标图案。最新的全数字助听器可对有别于清晰言语的嘈杂人声环境及其他声学环境进行分类，自动实现指向性与全向性（广角）的转换。在嘈杂的环境中自动启动方向调节功能，发现最强的噪声源并加以抑制；又能探测声源，根据声音的不同强度跟踪其方位（图1-5-27）。

3. **风噪声管理**　风通过头部会产生低频振荡；通过耳屏、传声器口会产生高频振荡（图1-5-28）。

现代生活方式有许多潜在的风环境：骑车、步行、户外跑步、打球和出航等。在进行户外活动时，中等强度的风都会让助听器产生很响的、令人厌烦的风噪声。调查表明，41%的助听器佩戴者对户外活动由于风而导致的噪声不满意。

图 1-5-27　数字助听器对音源方向性的自适应调整

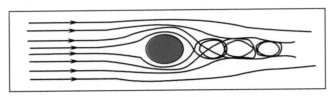

图 1-5-28　风噪声

（1）风噪声影响因素

1）助听器外壳的类型对风噪声的影响：由图 1-5-29 可见，各种类型的助听器由于传声器的位置不同，外壳体积大小不同，产生的风噪声有较大的差异，BTE（耳背式）>ITE（耳内式）>ITC（耳道式）>CIC（完全耳道式）。

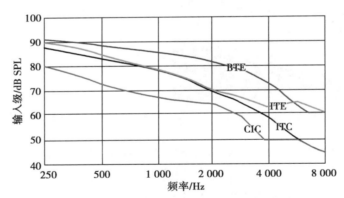

图 1-5-29　助听器外壳的类型对风噪声的影响

BTE. 耳背式；ITE. 耳内式；ITC. 耳道式；CIC. 完全耳道式。

2）风速对风噪声的影响：图 1-5-30 表明风速增加时噪声级增加，频谱向上延伸。

3）风向对风噪声的影响：面向风时风噪声最严重。

4）方向性麦克风对风噪声的影响：在方向性麦克风系统中，由于存在两个进声口而增强了风噪声。

（2）风噪声处理：面向风时通过转头、只戴一个助听器、不戴助听器或调小助听器增益输出来降低风噪声的办法有一定效果，但不实用。在方向性麦克风系统中，部分助听器的处理器可以做到自动识别出风噪声，并快速将麦克风特性调节到风噪声消除模式，将风噪声水平降低 25～30dB。在条件允许的情况下，可以考虑使用机型较小的助听器，如 ITE、ITC 或 CIC。

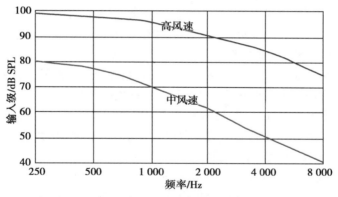

图 1-5-30　风速 - 噪声相关性

4. 线路噪声　一些在某些频率听力正常的助听器佩戴者会听到麦克风的线路噪声。为了避免这种噪声,在通道中采用麦克风噪声抑制技术,目的是在低强度信号获得高增益的同时,避免听到线路噪声。

5. 其他降噪技术

(1)智能降噪:智能降噪技术发展较快,方法不尽相同。其中,采用频谱法降噪技术的数字助听器能够分析环境信号的频谱,并且对频谱的变化进行跟踪,以确定噪声的频段和语音的频段,对噪声进行衰减,对语音放大。不同品牌助听器采用不同的频谱跟踪分析算法。在对声音进行调制基础上的降噪系统,可以分析哪些是言语,哪些是噪声,如果发现某个频段是噪声频段,那个频段的增益便被降低。如果言语与噪声混合在一起,那么系统便降低言语音节之间的噪声。

频谱提升系统并不直接区分言语和噪声。频谱中的波峰全部被提升,波谷全部被降低。它是基于一个设想,即通常频谱的波峰代表言语的共振峰。

因此,频谱法降噪技术和声音调制降噪系统在不同的环境中有不同的效果。声音调制类型的降噪系统在非常嘈杂的环境中更有效,而频谱提升在安静或中等噪声环境中更有效。

(2)净噪系统:净噪系统是在信号调制基础上的一种降噪处理技术,相对于传统的降噪技术而言,它能更准确地鉴别言语信号,更精确地判断噪声的特征。它具有的自适应的时间常量,能保证降低噪声的同时将对整体音质的影响降至最低,能实现每一个处理环节都维持聆听的舒适度和较好的音质,而尽可能不改变任何重要的言语信息。如图 1-5-31 所示。

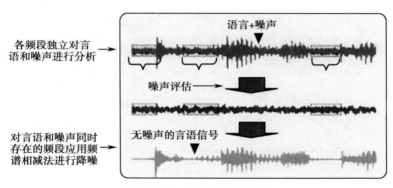

图 1-5-31　频谱相减法降噪

净噪系统采用的是频谱相减法，在频率上是将全频信号分割成数个频段，每一个频段在时间上以 1 毫秒为单位进行独立处理，通过评估信号中噪声能量，按照言语信号和噪声信号能量的不同比值，进行增益的重新调节，将噪声信号剥离出来，保留完整清晰的言语信号。

净噪系统的优势在于可以精确地鉴别言语信号和噪声信号的特征和维持动态的时间常量，即使在噪声的环境中言语可懂度也可得到一定程度的改善。

（3）滤波带宽及通道数目：降噪技术其功效可以通过增加统计分析的精度来提高，在整个言语频率范围内，使用带宽更窄的滤波器组（即接近听觉系统的临界带宽），对输入信号进行分析，检测同步能量和元音的谐波成分的出现。

窄带多通道系统使得降噪系统可以做得非常精确，在信噪比非常差的条件下，仍可以精确高效地检测到语音信号，使得背景噪声的响度相应降低。但是，对应于背景噪声的水平和频谱，同一时间的言语信号的水平也会降低。为了尽量降低对言语信号的影响，通过采用加强型言语增强系统来从所有通道获得关于信噪比的信息，并根据言语重要程度及各频率的响度关系，重新分布增益。最终效果是噪声明显降低，同时言语强度的减少被控制到了最低程度。

另外，带宽越窄，滤波器的延时越长。通常假设小的延时是无关紧要的，但是最近的研究发现，即使是 5～10 毫秒的延时也会带来干扰，对低频较好的听力损失者尤为明显。因而采用最小延时滤波器及高取样频率（32 000Hz）来有效地缩短延时，使其在言语频率范围内接近 2 毫秒。

（4）个性化的噪声管理模式：目前较好的方法之一是言语增强功能系统，该系统在同样信噪比的前提下，不同频段采用不同程度的降噪处理，中高频增益的降低小于低频增益的降低。该方法有其先进性，但也有缺陷，就是没有考虑个体的听力损失特征。

对于这一问题的理解可以参照图 1-5-32 和图 1-5-33。对于 40dB HL 和 70dB HL 的听力损失，当助听器输出都减少 12dB，阴影部分是放大的言语频谱，绿线代表其平均水平。红线代表掩蔽噪声水平（吹风机噪声），黄色阴影区域代表超过患者听阈和噪声掩蔽水平的放大言语频谱，也就是可听言语部分。可以很明显地看出，对于图 1-5-32，40dB HL 的听力

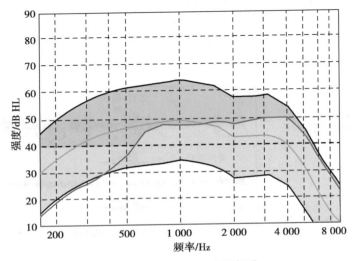

图 1-5-32　40dB HL 言语频谱

损失，12dB 的增益减少仍可听到大部分的言语，对于图 1-5-33，70dB HL 的听力损失，同样的减少则带来对于可听言语的明显损失。因此，必须提高增益。从逻辑的角度讲，任何试图提高噪声环境下言语可懂度的途径都应该包括两方面：降低增益以保证舒适度，提高增益以提高言语可听度。也就是说，必须跨越单一降噪的局限，其中第一也是最重要的是根据患者的听阈进行个性化的增益调整，以确保可听度。

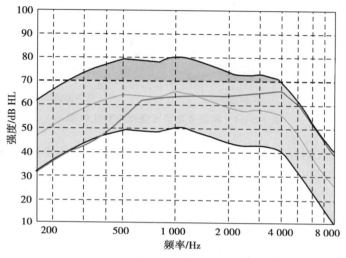

图 1-5-33　70dB HL 言语频谱

言语增强系统结合言语可懂度指数（speech intelligibility index，SII）可以提高噪声环境下的言语可听度以达到最大的言语可懂度，即个性化的噪声管理模式。SII 是一种复杂的计算方式，其基于助听器个体使用者听阈和掩蔽噪声频谱评估言语可懂度。其应用的前提是助听器采用线性信号处理方式。有的助听器之所以可采用该技术，在于慢压缩实现了言语的瞬间线性还原。

计算 SII 的关键因素是获得准确的信息，包括言语频谱水平、噪声频谱水平、个体的听力损失水平。SII 方式曾用于线性助听器，通过在不同频段采用不同增益调整的组合及对比，获得可以达到最大言语可懂度的最佳设置。图 1-5-34 为两通道（低频通道、高频通道）助听器 SII 比较图。可以看到 SII 在两通道增益都处于中等水平时最高（红色区域）。当每一通道的增益设置为最小或最大时，SII 最小。

同时可以看出，当每一通道的增益值有 4 个不同的设置时（5dB、10dB、15dB、20dB），双通道将有 4×4＝16 个不同的比较。为了达到效率最优化的目的，通常有一个针对使用者的最佳设置，然后基于现实条件，根据该值进行最少量的比较、选择。尽管 SII 原理简单，但采用该技术却是非常复杂的。从硬件指标而言，最优化是个庞大的计算过程，随参数量增加，比较也会增加，并呈几何数量级变化，这需要非常高速的计算。

因此，在以前的线性助听器时代，这一比较是在静态状况下完成的。但是，在现实环境的多变性的前提下，要达到时时分析和不断更新，以提供真实有效的参数，就必须采用高速智能的运算法则。

一旦助听器检测到较强的噪声，言语增强功能即启动，对于噪声和言语的评估通过噪声言语追踪器进行，关于噪声和言语的信息及助听器使用者个体听阈的信息均被用于在 15 个

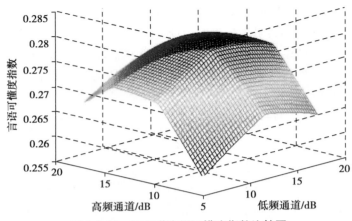

图 1-5-34　两通道言语可懂度指数比较图

通道进行最优化处理，以达到不同频段的最高 SII。当输入主要为噪声时，SII 以降低增益为主，可达 12dB，增益降低的限制在于输出不低于患者的听阈，这一点与传统的方式显著不同（没有考虑患者的听力损失情况），SII 在 20 秒后达到最佳设置，在 20 秒之内，通过一个不同的快反应增益增加机制在需要的频段增加增益以提高言语可懂度，其最大增加幅度在中高频为 6dB。应用普通降噪技术如图 1-5-35 所示，SII 对于助听器输出的不同影响如图 1-5-36 所示。当助听器输出都减少 12dB，阴影部分是放大的言语频谱，绿线代表其平均水平，红线代表掩蔽噪声水平，黄色阴影区域代表超过患者听阈和噪声掩蔽水平的放大言语频谱，也就是可听言语部分。在这种情况下，我们可以发现，应用 SII，助听器在 2 000Hz 处的输出明显高于传统降噪技术在该频率处的输出。

　　因此，SII 的降噪根据是言语频谱水平、噪声频谱水平、个体的听力损失水平。SII 和传统的降噪至少有两个显著的区别。首先，SII 是为了最大化言语可懂度指数，并同时保证舒适度。而经典的降噪则是为保证最佳舒适度。其次，SII 考虑了使用者的个体听力损失情况，从而达到量体裁衣的效果。轻、中度听力损失减少增益最大可达到 12dB，而重度听力

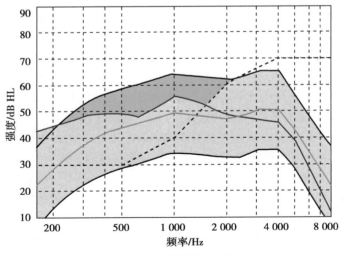

图 1-5-35　普通降噪技术

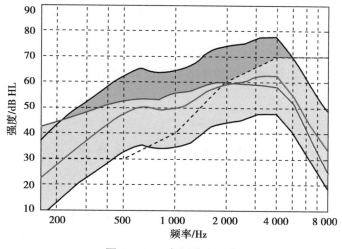

图 1-5-36　言语增强系统

损失则减少增益要少一些,甚至在某些频率增加增益,这些特征将有可能极大地有利于完全耳道式助听器用户在噪声环境中的聆听。

(5)双耳佩戴助听器提高信噪比:从生理学角度出发,双耳佩戴助听器,可以充分发挥大脑听觉中枢神经系统中的双耳听觉功能,由此带来的益处有以下 3 点。

1)双耳噪声抑制:双耳佩戴助听器响度可较单耳提高 6～10dB,并可以分别减低约 5dB 的助听器输出功率,响度需求降低对重振的听力障碍患者显得尤为重要。如果双耳均有听力损失,而只佩戴了一个助听器,那么由于信噪比的降低在嘈杂的环境中就会明显感觉到听不清。双耳佩戴助听器,可以充分发挥大脑听觉中枢神经系统中的双耳听觉功能,有助于在嘈杂的噪声环境中提高言语分辨率,有效地抑制背景噪声,提高言语清晰度。

2)消除头影效应:单耳佩戴助听器,头颅对声音的传播会有阻隔和衰减作用,产生头影效应。尤其对 >1 500Hz 的高频声,衰减可高达 10～16dB,这对于语言的清晰度及对言语的理解力非常关键。图 1-5-37 表明双耳聆听可以提高信噪比,增加言语分辨率。

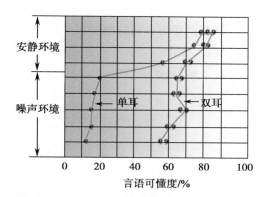

图 1-5-37　在不同环境下单耳和双耳佩戴助听器的言语可懂度

3)双耳定向功能:确定声源位置,方向感加强。

(6)辅助听力装置提高信噪比:使用辅助听觉装置的一个目的是减小空间因素对助听器佩戴者使用时的影响。声强的衰减随传播距离的增加而增加,距离增加 1 倍,声强降低 6dB。对于听力损失较重的助听器佩戴者,其助听器的接受声源范围通常以 1m 左右的距离最为理想,超过 1m 助听效果就会明显下降。其次,是环境噪声的干扰,尤其对于听力损失较重的听力障碍者及在信噪比较低的情况下,目前助听器的降噪技术还不能达到令人满意的效果。空间声回响是另一常见干扰因素,它是指声音信号在物体表面反射(包括窗、墙、未经特殊处理的家具等）从而产生多个"复制"却延迟的声音信号，这些声音信号相互干扰使助听器佩戴者无法获得满意的效果。

　　解决以上问题常用的辅助听觉装置有：无线调频系统（FM）、环路放大器装置（loop system）。其目的都是为了提高信噪比，改善在噪声环境下助听器的使用效果。

【能力要求】

助听器降噪功能调试操作

一、工作准备

　　1. **依据听力障碍者功能检查结果进行听力学分析和评估**　根据每位听力障碍者的听力学测试结果、听力障碍者实际的听觉功能状况、经常使用的环境和对降噪效果的期望值进行综合分析。

　　2. **对症选择助听器**　对症选择助听器是一个比较、实践的过程。大量的临床结果表明，听力障碍者在感受降噪效果时的个体差异非常之大，噪声的强度、频率、方位、复合成分均可以对降噪的效果产生直接或间接的影响。

二、工作程序

　　1. **连接助听器并打开相应调试界面**　现代助听器技术的降噪功能趋于智能化，各种助听器调试软件也更加简便、易于操作，尽管各种软件的操作方法不同，但降噪的基本原理则是相同的。下面介绍其中的一种助听器验配软件。

　　该软件中有一组降噪调试系统，它可针对弱噪声、强噪声及各种噪声源进行独立的调整。通过整合，使助听器具有的各项降噪功能得到最大的发挥。图 1-5-38 显示了降噪的相关内容。

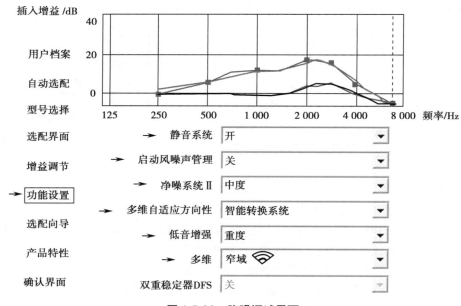

图 1-5-38　降噪调试界面

2. 根据佩戴者聆听环境选择降噪功能种类

（1）静音系统：如图 1-5-39 所示，静音系统主要是为了降低环境中低噪声水平对听者的影响，如计算机、风扇声等。听力损失较轻的患者可以开启该功能。

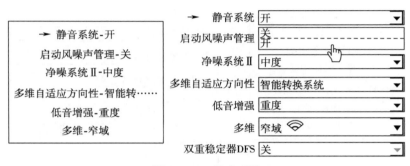

图 1-5-39 静音系统

（2）风噪声管理系统：如图 1-5-40 所示，风噪声管理系统分为关、轻度、中度和重度 4 挡。风噪声管理器可依据患者经常使用的环境进行设置。

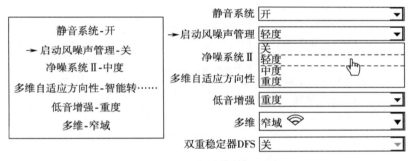

图 1-5-40 风噪声管理系统

（3）静噪系统：如图 1-5-41 所示，净噪系统主要进行语言和噪声的区分，在不影响言语信号的情况下提供更多降噪，尽可能保留语言信息，提高清晰度。净噪系统分为 4 挡：关；轻度（-3dB 弱噪声）；中度（-6dB）；重度（-10dB 强噪声）。依据患者经常使用的环境进行设置。

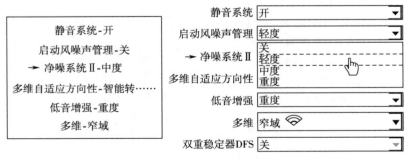

图 1-5-41 净噪系统

（4）多维自适应方向性系统：如图1-5-42所示，多维自适应方向性系统提供全向性、多维自适应方向性、智能转换型（系统）和固定超心型4种选择模式，以满足多样化的需求。可以根据患者的要求提供个性化的选择。

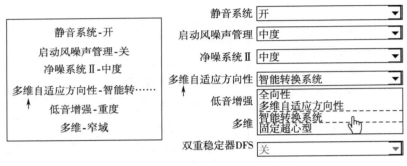

图1-5-42 多维自适应方向性系统

（5）低音增强系统：当方向性系统开启后会使助听器的低频能量衰减，如图1-5-43所示，低音增强系统可以对低频能量进行补偿，达到改善音质、提高声音清晰度和饱满度的目的。

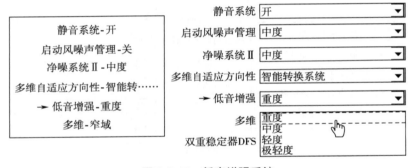

图1-5-43 低音增强系统

（6）多维-宽度域系统：如图1-5-44所示，多维-宽度域系统提供3个不同宽度阈：窄阈80°、中阈120°、宽阈180°。通过设置不同宽度域来突出多维自适应方向性的作用。可以根据患者使用环境的要求提供个性化的选择。图1-5-45是多维-宽度域系统极向示意图。

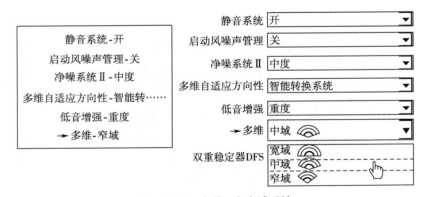

图1-5-44 多维-宽度域系统

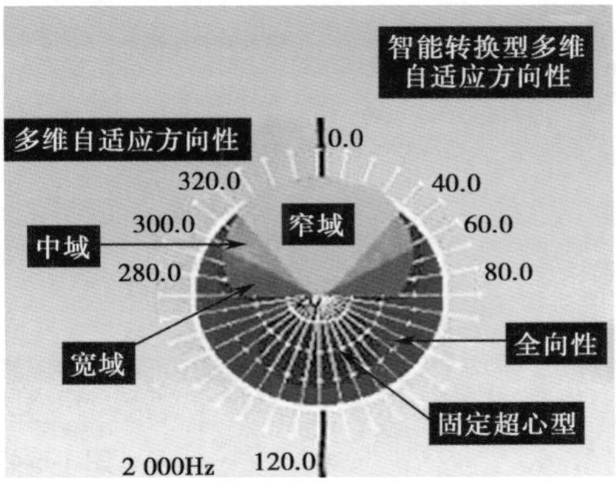

（7）环境优化器系统：环境优化器可以在不同环境中自动、实时地判断周围的环境和进行分类，优化增益补偿，提高言语理解度和佩戴舒适度。助听器可以通过选配软件自动设置 7 种环境下的增益补偿，也可以通过助听器验配师调整各种环境的增益设置。

7 种环境：

1）安静环境（<54dB SPL），例如大自然中散步。

2）轻度言语（<60dB SPL），例如儿童对话。

3）强度言语（>60dB SPL），例如商务会谈。

4）适中噪声环境下的言语（<75dB SPL），例如儿童玩耍时的对话。

5）嘈杂音环境下的言语（>75dB SPL），例如露天咖啡馆。

6）适中噪声（<75dB SPL），例如公共场所。

7）强度噪声（>75dB SPL），例如马路上。

图 1-5-45　多维 - 宽度域系统极向示意图

调试举例：患者抱怨街上太吵、上课听讲困难。如图 1-5-46 将安静环境、言语（轻度）、言语（强度）环境的增益稍微增加，目的是提高上课听讲效果；将噪声环境下的言语等后几种环境的增益稍微降低是为了改善聆听的舒适性。

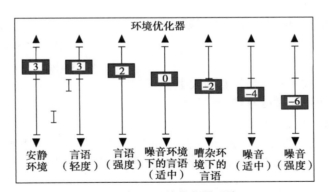

图 1-5-46　环境优化器系统

（8）多聆听程序系统：图 1-5-47 表明，利用助听器使用程序的多样化，可以达到降噪的目的。

每种助听器选配软件中的降噪系统设置和调试步骤均不相同。因此，在调试前必须对每种软件中每一项内容的概念、含义和作用有清楚的认识。

综合助听器各项降噪功能的特点，针对每位个体进行个性化的选择，注重科学评估和实践效果相结合，经过多次反复的调试才有可能达到降噪效果的最大化。

3. 保存降噪设置　各种助听器软件中功能的设置都是在助听器选配结束后按照各种软件的操作指南进行。因此，保存降噪功能的设置可以按操作指南完成。

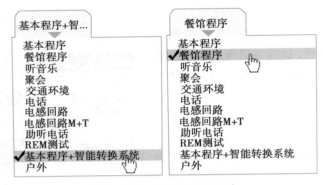

图 1-5-47　多聆听程序系统

第五节　助听器声反馈管理

【相关知识】

一、助听器声反馈的概念及声反馈的危害

1. **声反馈定义**　经过助听器处理放大后的声音信号被助听器麦克风再次接收并被连续放大后产生的啸叫称之为助听器声反馈。助听器频响范围中的中高频信号由于各种原因被过度放大是产生声反馈的诱因。

2. **助听器验配过程中需要注意的问题**

（1）避免耳印模取样过松、过短、或不完整，因其会直接导致耳模或助听器外壳与外耳道之间的吻合性差。

（2）耳模或定制式助听器通气孔的大小。

（3）避免助听器增益过度补偿，尤其是中高频增益的补偿。

（4）助听器佩戴方法要正确、耳模或定制式助听器佩戴要到位。

3. **助听器声反馈的危害**　声反馈发生后，助听器增益输出受到限制，助听器效果降低，干扰影响他人。听力障碍者经常为此而拒绝佩戴助听器。

二、声反馈的处理方法

1. 保证听力障碍者正确佩戴助听器。

2. 检查助听器耳模与外耳道、耳甲腔的吻合性，耳模声管与各连接部牢固性、调整耳模通气孔孔径。

3. 耳背式助听器耳勾是否松动，麦克风、受话器连接胶管是否老化或脱落。

4. 检查定制式助听器外壳与外耳道、耳甲腔的吻合性；通气孔孔径是否过大；受话器胶管是否脱落；助听器通气孔内壁是否破裂；助听器外壳是否龟裂；助听器装配工艺有无问题。

5. 外耳道是否有耵聍。

6. 调整助听器增益。

7. 儿童定期更换助听器耳模或助听器外壳。

8. 使用助听器声反馈抑制功能。

9. 硬耳模换成软耳模。

10. 助听器内部出现自激,需要返厂维修。

三、助听器声反馈抑制的调试方法

助听器声反馈抑制的调试方法有两种。

1. **利用助听器验配软件中的声反馈抑制功能** 常规设置方法如下:首先保证听力障碍者的助听器佩戴方法正确,听力障碍者保持正常坐姿,助听器 10cm 之内不得有任何物体靠近,测试环境噪声应 <40dB(A),按照助听器验配软件规定的操作方法进行声反馈测试。

2. 在排除其他可能导致声反馈的因素后,并进行了声反馈抑制的测试声反馈依旧存在时,可以通过再次调试助听器增益的方法来解决声反馈问题。

【能力要求】

助听器声反馈设置操作

一、助听器各项参数调试后进行声反馈测试

助听器声反馈测试的前期必要条件:

1. 依据纯音听力图进行了最大声输出、声增益的调试。

2. 听力障碍者佩戴助听器在正常使用情况下有声反馈现象出现。

3. 测试环境噪声应 <40dB(A)。

二、工作流程

1. **软件一** 连接助听器进入调试界面,系统会自动弹出校准界面,如图 1-5-48。

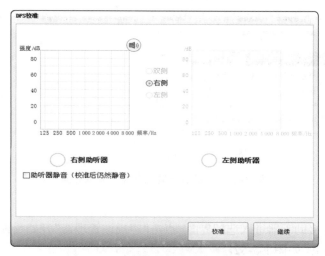

图 1-5-48　助听器调试软件一校准界面

点击"校准"，助听器自动进行校准，任务结束点击"继续"，如图1-5-49。

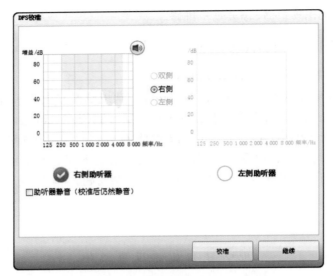

图1-5-49　助听器调试软件—校准界面

校准完成后，进入调试界面，图中"灰色部分"即表示数字啸叫处理压缩（digital feedback suppression，DFS）已开始正常工作，点击保存退出选配，见图1-5-50。

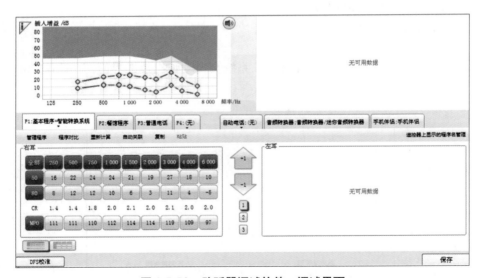

图1-5-50　助听器调试软件—调试界面

2. 软件二　连接助听器进入选配界面，点击"声反馈管理器"开始反馈测试，如图1-5-51。声反馈测试结束，如图1-5-52。

点击"调节"返回选配界面，"阴影部分"表示已经应用反馈，保存并结束验配，如图1-5-53。

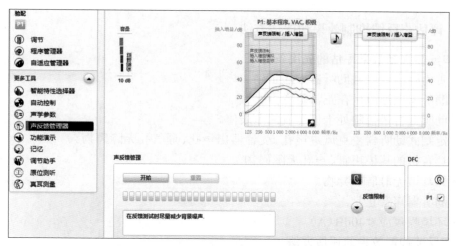

图 1-5-51　助听器调试软件二反馈界面

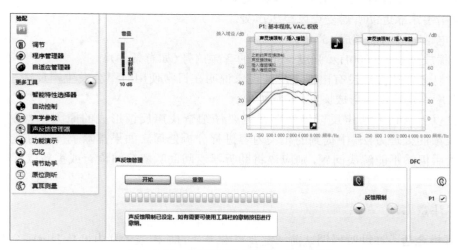

图 1-5-52　助听器调试软件二反馈界面

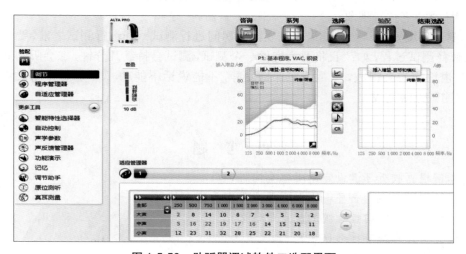

图 1-5-53　助听器调试软件二选配界面

三、评估声反馈抑制效果和评估方法

1. 声反馈抑制效果评估的先决条件

（1）听力障碍者佩戴助听器方法正确。

（2）助听器电池电压在正常范围内。

（3）助听器音量控制处于使用者的上限值。

（4）定制式助听器麦克风进声孔、受话器出声孔、通气孔无障碍物。

（5）耳背机的耳模声管、声孔无障碍物。

（6）外耳道无耵聍或异物。

（7）助听器声音正常。

（8）环境噪声应＜40dB（A）。

2. 声反馈抑制效果的评估方法

（1）助听器佩戴者说话、张嘴、咀嚼、晃动头部。

（2）用手掌靠近助听器麦克风至2cm处。

（3）电话听筒与面部成15°角。

（4）播放频率＞2 000Hz、强度＞80dB的音频信号（如有条件）。

通过以上评估方法没有出现声反馈现象说明在日常使用时不会发生声反馈，如声反馈仍然存在应确定声反馈形成原因，对症处理。

通过以上评估方法声反馈仍然存在就要仔细查找声反馈形成的原因，可以参照上文"二、声反馈的处理方法"中提到的相关内容进行分析处理。如果排除了一切可能形成声反馈的因素后仍然不能解决问题，则应该将助听器返回助听器公司检查或重新取耳印模重新制作。

四、注意事项

1. 耳模合适　在助听器调试前一定要查看患者的耳模或者耳内机是否佩戴合适。

2. 耳模与助听器连接得当　耳模与助听器之间不能有漏声的可能性存在，比如检查导声管有无破裂、老化等现象。

3. 测试环境安静　一定要选择在安静的房间进行测试。在进行测试之前，要向患者或者家长解释测试过程，如："我将要为您做一个测试，测试会持续几分钟，您会听到助听器里有声音，也许声音会很大，但是请您保持安静，不能说话不能动。"一定要让测试者保持安静，否则测试无法完成。

（张建一）

思　考　题

1. 如何根据收听环境设定助听器全向性？

2. 请举例说明在什么环境下助听器应设定为指向性。

3. 多维自适应方向性系统的优点是什么？

4. 低音增强系统有什么作用？

5. 助听器全向性麦克风与方向性麦克风的区别是什么？

6. 助听器有哪几种常用程序？

7. 噪声程序适用于什么声学环境？

8. 音乐程序具有什么特点？

9. 设置多种程序的目的是什么？

10. 程序设置有哪些注意事项？

11. 简述助听器声反馈的概念。

12. 助听器声反馈形成的原因有哪几种？

13. 简述数字技术在声反馈抑制方面的应用。

14. 简述助听器声反馈的处理方法。

15. 解释什么是 UCL？动态范围？什么是 MPO？

16. 调试 MPO 的目的是什么？

17. 简述 MPO 调试的方法。

18. 低频增益曲线、中频增益曲线、高频增益曲线调试的主要目的是什么？

19. 低频增益曲线、中频增益曲线、高频增益曲线调试的主要依据是什么？

20. 助听器的基础电声性能主要包括哪些指标？各自的意义是什么？请列举 3 种主要指标。

21. 为什么在测试助听器时需要进行基础校准？

22. 助听器测试的环境是如何要求的？具体指标有什么？

23. 降噪的主要目的是什么？

24. 降噪调试的原则是什么？

25. 降噪技术的发展方向是什么？

第六章 验证与效果评估

第一节 助听听阈测试

听力障碍者验配助听器后，无论是验配人员还是听力障碍者、家属都会关心助听器是否能达到听力障碍者听力补偿的要求，使他们受益，这样就需要对听力障碍者戴上助听器后的效果进行评估。

助听器临床效果评估首先是助听听阈测试，助听听阈测试就是在标准声场环境中对听力障碍者佩戴助听器以后的听阈值进行测定的一种方法。

助听听阈测试的基本条件：符合国际标准的隔声室；建立标准声场；声级计；听力计；有资质的测试人员。

【相关知识】

一、声级计

听力设备校准需要一系列相关设备，其中声级计是必不可少的测量设备。声级计是一种对声音进行测量和分析的仪器。在听力学方面，一般用来测量和分析隔声室及测听室的隔声隔震程度、各种响器的频率及强度标定，以及用来校准和标定测听声场的声压级。

声级计实际上是读出和记录声学信号的电量计，把声波转化为相应的电信号，经放大到一定的电平，然后，测量其电平，并根据传声器的灵敏度可求出相应的声压，还可以进一步分析其频率特性。

（一）声级计的分类

根据声级计在标准条件下测量 1 000Hz 纯音所表现出的精度，20 世纪 60 年代国际上把声级计分为 2 类，一类叫精密声级计，一类叫普通声级计。我国也采用这种分法。20 世纪 70 年代以来有些国家推行四类分法，即分为 0 型、1 型、2 型和 3 型。它们的精度分别为 ±0.46dB、±0.76dB、±1.00dB 和 ±1.5dB。根据声级计所用电源的不同，还可将声级计分为交流式声级计和用干电池的电池式声级计两类。电池式声级计也称为便携式声级计，这种仪器体积小、重量轻、现场使用方便。

（二）声级计的构造

声级计主要由传声器、放大器、计权网络、滤波器、衰减器、显示屏等组成。

（三）声级计的工作原理

声级计的工作原理是：由传声器将声音转换成电信号，再由前置放大器变换阻抗，使传声器与衰减器匹配。放大器将输出信号加到计权网络，对信号进行频率计权（或外接滤波器），然后再经衰减及放大器将信号放大到一定的幅值，送到有效值检波器（或外接电平记录仪），在指示表头上给出噪声声级的数值。

1. **传声器** 传声器是把声波信号转变为电信号的装置，也称之为话筒，它是声级计的传感器。常见的传声器有晶体式、驻极体式、动圈式和电容式等。

2. **放大器** 目前流行的许多国产与进口的声级计，在放大线路中都采用两级放大器，即输入放大器和输出放大器，其作用是将微弱的电信号放大。输入衰减器和输出衰减器是用来改变输入信号的衰减量和输出信号衰减量的，以便使表头指针指在适当的位置，其每一挡的衰减量为10dB。输入放大器使用的衰减器调节范围为测量低端（如0～70dB），输出放大器使用的衰减器调节范围为测量高端（如70～120dB），输入和输出两个衰减器的刻度盘常做成不同颜色，目前以黑色与透明配对为多。由于许多声级计的高低端以70dB为界限，故在旋转时要防止超过界限，以免损坏装置。为防止输入给放大器的信号超过正常工作的动态范围，造成波形畸形太大，一般在放大器中安装过载指示灯。如果过载，要及时处理，以免测量误差太大。如果输入放大器的过载指示灯单独闪亮，这是提示测试人员要改变衰减器量程，如果输出放大器的过载指示灯单独闪亮，这是提示测量不准确，而且示值小于真实值。这样的测量结果应在读数中加以注明。

3. **计权网络** 为了模拟人耳听觉在不同频率有不同的灵敏性，在声级计内设有1种能够模拟人耳的听觉特性，把电信号修正为与听感近似值的网络，这种网络称为计权网络。通过计权网络测得的声压级，已不再是客观物理量的声压级（叫线性声压级），而是经过听感修正的声压级，称为计权声级或噪声级。声级计中的频率计权网络有A、B、C 3种标准计权网络。3者的主要差别是对噪声低频成分的衰减程度，A衰减最多，B次之，C最少。声级计经过频率计权网络测得的声压级称为声级，根据所使用的计权网不同，分别称为A声级、B声级和C声级，单位记作dB（A）、dB（B）和dB（C）。A计权声级由于其特性曲线接近于人耳的听感特性，因此，是目前世界上噪声测量中应用最广泛的一种。

4. **检波器和指示表头** 为了使经过放大的信号通过表头显示出来，声级计还需要有检波器，以便把迅速变化的电压信号转变成变化较慢的直流电压信号。这个直流电压的大小要正比于输入信号的大小。

根据测量的需要，检波器有峰值检波器、平均值检波器和均方根值检波器之分。峰值检波器能给出一定时间间隔中的最大值，平均值检波器能在一定时间间隔中测量其绝对平均值。除了像枪炮声那样的脉冲声需要测量它的峰值外，在多数的噪声测量中均是采用均方根值检波器。

表头响应按灵敏度可分为4种。①"慢"：表头时间常数为1 000毫秒，一般用于测量稳态噪声，测得的数值为有效值。②"快"：表头平均常数为27毫秒，一般用于测量波动较大的不稳态噪声和交通运输噪声等。快挡很接近于人耳听觉器官的生理平均时间，声场测听时用快挡。③"脉冲或脉冲保持"：表针上升时间为35毫秒，用于测量持续时间较长的脉冲噪声，如冲床、按锤等，测得的数值为最大有效值。④"峰值保持"：表针上升时间<20毫秒。用于测量持续时间很短的脉冲声，如枪、炮和爆炸声，测得的数值是峰值即最大值。

声级计面板上一般还备有一些插孔。这些插孔如果与便携式倍频带滤波器相连，可组成小型现场使用的简易频谱分析系统；如果与录音机组合，则可把现场噪声录制在磁带上贮存下来，便于以后再进行更详细的研究；如果与示波器组合，则可观察到声压变化的波形。声级计见图1-6-1。

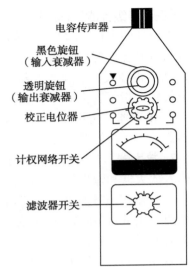

图1-6-1　ND-2型精密声级计

（四）声级计的使用

1. 灵敏度的校准　将声级校准器装在传声器上，开启校准电源，读取数值，调节声级计灵敏度电位器，完成校准。

2. 以ND-2型精密声级计为例学习声级计的使用　ND-2型精密声级计是一种具有倍频程滤波器的便携式声音测量和分析仪器。它具有测量速度快、准确度高的特点，是较为广泛和常用的声级标定仪器。

（1）准备：从携带箱中取出声级计和倍频程滤波器，打开仪器背后的电池盖板，依据电池匣内所标记的极性放入3节一号电池，推回盖板。从小方盒中取出电容传声器，并旋到声级计头部。然后把六边形开关置于"电池检查"位置约30秒后指示灯发红色微光。电表指针指在红线范围内（若低于红线表示电力不足，需更换电池），再旋动开关，将开关放置在"快"或"慢"位置，仪器即能正常工作。

（2）声压级的测量：双手平握声级计两旁，并稍微离开身体，传声器指向被测声源。把开关置于"线性"位置，透明旋钮旋转至电表指示有效的适当偏转位置，读透明旋钮"红线"间的读数加上电表指示读数，即获得被测的声压级。例如某声音测量结果为：声级计透明旋钮"红线"内指示为70dB，电表指示为＋7dB，所测声压级为70dB＋7dB＝77dB。

（3）声级的测量：进行声压级的测量以后，开关若置在A、B或C的计权位置，就可以进行声级的测量。测量方法同声压级的测量；声级的读数与声压级测量的读数方法一致，只是在读数后加注测量时用的A、B或C声级。例如：77dB（A）。

（4）声音的频谱分析和倍频程滤波器的使用：进行声压级的测量后，开关置在"滤波器"的位置，并将滤波器旋钮旋至相应中心频率的位置，就得到在此倍频程内的声音频谱成分的读数。当不清楚主频范围是在哪里时，可试着往两旁搬动频率选择旋钮，当电表指示最大时即为该声音的主频。读数同声压级测量的读数方法。

（5）计权网络频率特性：当计权网络开关处于"线性"时，整个声级计是线性频率响应，测量得声压级。放在"A""B"或"C"位置时，计权网络插入在输入放大器和输出放大器之间，所测得的声压级称为计权声压级。

（五）声级计的日常维护

1. 使用前必须先阅读使用说明书，了解仪器的使用办法和注意事项。

2. 电池与外接电源极性切勿接反，以免损坏仪器。

3. 使用电容传声器必须十分小心，不要打开保护栅，忌用手或其他东西触摸膜片，装卸电容器时应该关闭电源。

4. 仪器应放置干燥通风处，严防受潮。

5. 仪器工作不正常，送修理单位修理，勿擅自拆修，以免进一步损坏仪器。

二、声场的建立

（一）声场的定义

声场是指任何有声波存在的场所。从理论上讲，声场测试须是自由声场。但在实际中，由于声场环境的设计和外部环境噪声的影响，大部分声场测试均在半自由声场状态下进行。现有的相关标准也是根据这种测试状况制定的。测听声场是指在测听室内，依据声场建立相应声学参数（ISO389-7），在扬声器与参考测试点规定的距离、角度、高度及给声强度条件下建立起来的声学空间。

（二）声场建立的方法

根据 ISO389-7 标准，声场建立有两种方式即 45° 声场和 90° 声场。扬声器距被试者 1m 远并与头部等高（图 1-6-2）。45° 声场校准参数与 90° 声场校准参数有所不同（表 1-6-1）。声场的建立是将声级计置于被试者位置（参考测试点），通过与听力计相连的扬声器给声，测试音为啭音。例如建立 45° 声场，首先将听力计调至声场校准状态，并将听力计声输出设置为 60dB HL，如双侧扬声器同时给声音，依据表 1-6-1 的声压级校准值分别调整 250Hz、500Hz、1 000Hz、2 000Hz、3 000Hz、4 000Hz 六个频率的听力计声输出，使扬声器的声输出在声级计上的读数分别为 72dB SPL、67dB SPL、66dB SPL、61.5dB SPL、59dB SPL、57.5dB SPL。如果左右两个扬声器分别给声，声级计上每个频率的校准值则在表 1-6-1 读数的基础上再加 3dB。完成校准后将听力计退出校准状态置于测听工作状态（不同型号听力计进入和退出校准状态操作有所不同，详见说明书）。校准后的扬声器声输出值与听力计的声输

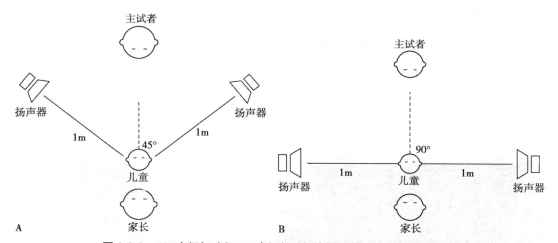

图 1-6-2 45° 声场（A）和 90° 声场（B）扬声器和被试儿童位置示意图

表 1-6-1 听力级声场校准参数

参数	250Hz	500Hz	1 000Hz	2 000Hz	3 000Hz	4 000Hz
听力计读数 /dB HL	60	60	60	60	60	60
45° 声场 /dB SPL	72.0	67.0	66.0	61.5	59.0	57.5
90° 声场 /dB SPL	73.0	68.5	67.5	60.5	56.5	53.0

115

出值相同,声音强度单位为 dB HL。同理 90°声场也按上述方法校准,只是校准参数有所不同。在进行声场测听时,被试者位于参考测试点位置。

三、听觉行为观察法

(一)适用年龄

听觉行为观察法适用于 6 个月以内的婴幼儿。由于早期干预是听力障碍儿童听觉言语康复的关键因素,因此,我国已经开始对 6 个月内确诊为永久性听力损失的婴幼儿实行干预性服务,这其中重要一项就包括助听器验配,但是对于这个年龄段的儿童很难测试出准确的助听听阈,这就要求测试人员要认真负责地按要求测试,既要保证助听器验配有效,又要切记不要使助听器的增益过大加重患儿的听力损失。

(二)测听用具及条件

运用便携式听力评估仪、主频明确的音响器具如鼓(低频)、木鱼(中频)、哨子(高频),在测听室或安静的环境,[本底噪声≤40dB(A)]中进行测试。

(三)测听方法

1. **初步评估助听听阈值** 可用主频明确的低、中、高频率的音响器具,在使用声级计监测的条件下突然给声,观察其有无听觉反应(受试儿的面部表情、肢体动作及眼神的变化)。通过声级计的读数估计其助听听阈值。

2. **采用便携式听觉评估仪进行测试**

(1)便携式听觉评估仪的特性:此种听觉评估设备较音响器具更为精确,有明确的频率及强度范围,可通过扬声器给声(图 1-6-3、图 1-6-4)。

1)测试音:设有啭音信号,可满足声场测听要求。

2)给声途径:扬声器。

3)频响范围:500Hz、1 000Hz、2 000Hz、3 000Hz、4 000Hz。

4)声音强度:①扬声器(用于声场测听):20～100dB HL/SPL;②每 5dB 一挡(表 1-6-2);③声场测听可依据实际需要进行听力级(HL)和声压级(SPL)的转换。

5)参考技术标准:《声学 插入式耳机纯音基准等效阈声压级》(GB/T 16402—1996)。

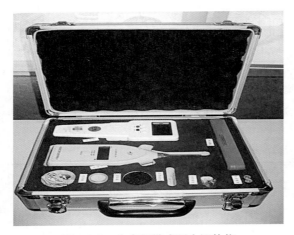

图 1-6-3 全套便携式听力评估仪

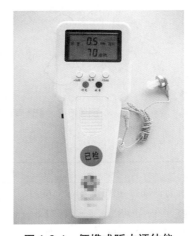

图 1-6-4 便携式听力评估仪

6）校准要求：便携式听力评估仪需要每年在国家计量测试中心进行一次校验；校准参数主要包括频率准确度、听力级控制器准确度、谐波失真、气导等效听阈声压级等。

表 1-6-2　便携式听力评估仪扬声器声输出强度

		频率 /Hz															
		20	25	30	35	40	45	50	55	60	65	70	75	80	85	90	95	100
啭音	500																	
	1 000																	
	2 000																	
	4 000																	

（2）测试方法：对 0～3 个月的婴儿，当其在浅睡眠或相对安静时给予声音刺激容易观察到儿童的听反应，如正在吃奶，听到声音会瞬间停止或减慢吸吮，眼睛微微睁开。对于大声会出现反射性听性行为，反射性行为是小婴儿存在的正常生理反射，如听到大声音后的惊跳反射、眼睑反射、哭叫反射、吮吸反射等。随着大脑发育逐渐完善，儿童逐步从反射性行为过渡到注意性行为，会主动寻找声源。了解这些特性，对如何观察儿童对声音的反应很有帮助（表 1-6-3）。

表 1-6-3　不同年龄段听力正常儿童对声音的反应

年龄组	声音强度 /dB nHL	主要观察指标
0～3 个月	65～85	在听到声音 0.5～1s 后出现听性反射
4～6 个月	50～60	给声音后出现听觉反应

测试时，首先将测试耳助听器音量打开，便携式听力评估仪距测试耳 90° 位置、10cm 处，测试音选择啭音。在回避视觉的情况下分别选择 1 000Hz、2 000Hz、3 000Hz、4 000Hz、500Hz 啭音给声，声音强度依据不同年龄段可参考表 1-6-3，刺激声之间的间隔时间为 5 秒左右，测听时要回避被试儿童视觉，选择恰当给声时机（如相对安静状态或浅睡眠状态）。通过观察其有无听觉反应，判断其测试耳不同频率的助听听阈。关闭此助听器，用同样的方法测出另一侧耳的助听听阈（图 1-6-5）。

（四）结果分析

对 6 个月以内的婴幼儿助听听阈测试，即佩戴助听器后在 500Hz、1 000Hz、2 000Hz、4 000Hz 测试频率中，对 60～70dB SPL 的声音有听觉反应，助听器处于舒适、可听、安全的范围内。

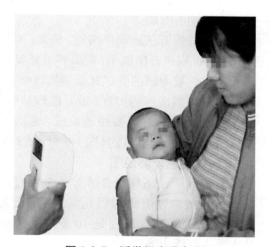

图 1-6-5　听觉行为观察法

（五）注意事项

1. 由于这些反射及反应的一部分是非意识控制的，因此，要求给声要突然且回避受试儿视觉。给声前要有一短暂的安静期，以利于观察孩子对声音的反应。

2. 最好验配人员亲自为这部分儿童测试，且把助听听阈结果与同年龄段的正常儿童比较，比如 4～7 个月的听力正常儿童的发声玩具测试时的行为测听反应通过级为 40～50dB SPL，那么这一年龄段的听力障碍儿童的助听听阈应该在 60～70dB SPL 比较合适，绝对不能也在 40～50dB SPL，以免过度放大而损伤听力。为了避免助听器的增益过大，最后一定要再逐渐增加测试信号的强度，测试患儿的惊跳反应也就是不舒适阈测试，如果 70～80dB SPL 的测试信号患儿就受到惊吓甚至哭，那么需要重新调试助听器，降低助听器的最大声输出或者降低大声音的增益值等。

3. 如果反应不明确，可以使用同样频谱不同类别发声玩具重复测试，看听觉反应结果是否可靠。如果不能得到预期的效果，需要约诊，或者反复多次测试（1 次 /1～3 个月）直到获得清晰可靠的助听听阈结果，对于听力很差的婴幼儿一般 1 个月要进行一次复诊。

4. 在听觉行为观察测试中受试者很容易对规律的刺激声产生习惯，因此，要得到正确结论，需考虑多方面的因素，如：受试儿的测试状态、刺激声的频率和强度、听反应的认定、测试者主观判断的差异等。测试中测试人员必须掌握刺激信号的强度、频率范围等精确资料，掌握准确的给声时机，即最有可能诱发出可观察到的行为变化的时间。否则会导致对受试儿助听听阈或听觉最小反应值的错误判断，影响听觉康复效果。

5. 对于 6 个月以上的受试儿，听觉行为观察测试可以补充视觉强化测听的结果，确定受试儿的定位能力；对视觉强化测听结果的可靠性有疑问时，用听觉行为观察测试进一步证实。在有些病例中，如多发听力障碍儿童不能使用条件化方法测试听力时，可使用听觉行为观察测试法，应用发声玩具和言语声作为刺激声，对受试儿的助听器效果作出初步评估。

四、游戏测听法

该法的特点是设计一些能吸引受试儿童注意力的游戏方法，让受试儿主动参与到其中一个简单、有趣的游戏中，教会其听到刺激声会作出明确可靠的反应，从而在游戏中测试出受试儿的助听听阈。

这些游戏方法应简单易行，例如：听到声音把木块放入罐中；听到声音串珠子；听到声音按动按钮启动会跑的小火车等。被测试的受试儿必须能理解和执行这个游戏，并且会等待刺激声的出现；最好能理解听到声音就反应，哪怕是最小的声音也要快速反应，这样才能使测试结果接近阈值，达到测听目的（图 1-6-6～图 1-6-8）。

（一）适合年龄范围

游戏测听法适用于 2 岁半～5 岁的儿童。对于听力损失较重或多发听力障碍儿童，因其无法进行可靠明确的交流方式，所以，即便是 10 岁以上的受试儿仍适合用此方法进行听力测试。

（二）测试的条件及仪器

此处要求可与视觉强化测听法相同，只是用游戏方法代替了视觉刺激物。

图 1-6-6　游戏测听辅助玩具

图 1-6-7　游戏测听

图 1-6-8　游戏测听（声场环境）

（三）测试方法

测试前先检查助听器是否正常工作，测试人员首先要给受试儿做一示范，例如：听到声音把木球放入罐中，要确保给声大于助听听阈，保证儿童能听见声音以便其对进行游戏意义的理解，教几遍使受试儿明白测试规则，正式开始测试时关闭非测试耳助听器，测试耳助听器处于开启状态，依次按照 1 000Hz、2 000Hz、3 000Hz、4 000Hz、复测 1 000Hz、500Hz、250Hz 的顺序测出助听听阈值。测出一耳后，用同样的方法测出另一耳的助听听阈值。

（四）结果分析

依据听觉康复评估标准，作出康复级别评定。

（五）注意事项

1. 因儿童注意力集中持续性较差，故测试时间应以 10 分钟为宜，在测试过程中要及时给予鼓励，培养兴趣，争取合作。

2. 所选择的初始刺激声音强度应当易被受试儿察觉，充分利用已知裸耳的主观测听结果、客观测听结果及现有助听器各测试频率理论增益数值，选择恰当的初始刺激强度。所给条件化刺激强度可在阈上 20dB 甚至更高。若无法确定恰当条件化刺激强度，可尝试使用较高的刺激声来完成条件化的建立。若受试儿听力损失为重度以上，所使用的条件化刺激强度不能太接近阈值。若不能确定受试儿是否能听到刺激声，在条件反射建立时可配合使用振触觉 - 听觉刺激方法。

3. 对年龄较大的受试儿，首次给声间隔不要太长。条件化过程中，可适当增加刺激的间隔时间，确保受试儿在刺激声间隔时至少可等待 5 秒。在确定阈值前，必须确认受试儿能主动等待下一个刺激声的出现。

4. 有时由于各种原因，在第一次测试不可能教会受试儿参与听力测试。对这种情况应当重新安排测试时间。对于无法接受首次测试的受试儿，首先应教会受试儿的家长在家里怎样给声和怎样诱发受试儿对声音作出反应。每天进行几分钟训练。

5. 对测试年龄稍小的受试儿，使用大声也不能获得反应时，有两种可能：一是受试儿为极重度听力损失，助听器补偿不够，根本听不见测试声；二是受试儿不会反应。对这两种情况要作出正确判定往往是困难的，因此，可以更换刺激方式，如用闪亮的灯或手持骨导振动器教会受试儿作出反应，同时给予较大的低频声。如果可教会受试儿作出恰当的反应，说明受试儿是可以被条件化的。如受试儿仍对声音缺乏反应就意味着受试儿真的听不见刺激声。

6. 注意受试儿的假阳性反应，一旦出现需要重新条件化，此时可以放慢测试速度停顿片刻，然后重新给予已引出明确反应的刺激频率和强度，重复1～2次反应结果，确保条件化仍可建立。

7. 有些受试儿在改变测试频率时，需要重新条件化。注意受试儿是否出现疲劳的反应、注意力减退的信号，如受试儿行动缓慢、其他动作过多、东张西望、故意改变反应方式等。出现此类情况应当改变游戏方式，看这种情况能否有所改善。若无任何改善，应当停止测试，否则不可能得到精确的结果。

五、助听听阈结果分析

（一）助听听阈结果记录

测得的助听听阈应记录在助听器验配报告单上。记录应该包括以下内容：受试者的姓名、性别、出生日期、检查日期、所用仪器型号、测试音种类、测试方法、发声玩具。测试应该写明名称和测试强度，助听器处方及检查者和验配者签名，行为观察测听应标明具体的行为，应该注明测试的可靠程度。记录助听听阈国际通用的符号：左耳◈右耳◈。具体见表1-6-4。

表1-6-4 助听器验配报告单

中国残联听力语言康复中心门诊部
助听器验配报告单

姓名：_____ 性别：男 女 出生日期：_____
联系人：_____ 联系电话：_____

标记符	助听后	助听前
右耳	◈	○
左耳	◈	×
双耳	B	□
dB	SPL	HL

听力计型号_____
声场测试音_____
测听方式_____

左耳 助听效果：_____
右耳 助听效果：_____

助听器设置

	左	右
助听器种类		
品牌/型号		
系列号		
耳模/声孔		
最大声输出（MPO）		
聆听程序设置		

测试人员：_____
日期：____年____月___日

（二）助听听阈结果分析

为了使助听效果评估达到量化，早在 20 世纪 80 年代，日本的听力学家、数理博士恩地丰教授和中国聋儿康复研究中心高成华教授就把正常人长时间平均会话声谱用于听力障碍者的助听器验配，并以长时平均回话语谱为依据作为临床助听效果评价标准。随着听力学的发展和助听器验配技术的进步，临床助听效果评价方法不断得到完善。孙喜斌于 1993 年提出了中国聋儿听觉能力评估标准，同年通过专家鉴定并在聋儿康复系统内试行。在听觉能力评估标准中提出了数量评估法和功能评估法：验配助听器后，对无语言能力的听力障碍儿童采用以啭音、窄带噪声或滤波复合音为测试音的数量评估法进行评估；对有一定语言能力的听障儿童选择用儿童言语测听系列词表，通过在安静环境中及规定信噪比的背景环境噪声中进行言语识别，并通过言语识别得分来判断助听效果，用这种评估方法可了解听障儿童听觉外周至中枢听觉径路全过程情况，所以把这种评估方法称为听觉功能评估法。目前这两种方法均用于助听器验配临床效果量化评估。另外，助听效果的满意度调查问卷也是助听器效果动态听觉评估的重要方法，是临床助听效果评估不可缺少的组成部分。

1. **正常人长时间会话声谱法（SS 线法）** 如果对语声的测量以 dB SPL 为单位，见图 1-6-9，如果声场是以声压级（SPL）建立的，测得的助听听阈结果与正常人长时间会话声谱相比较。一般认为助听听阈在 SS 线上 20dB 为最佳助听效果，即在正常人听觉言语区域内，如果在 3 岁以前能够得到干预能获得好的康复效果。

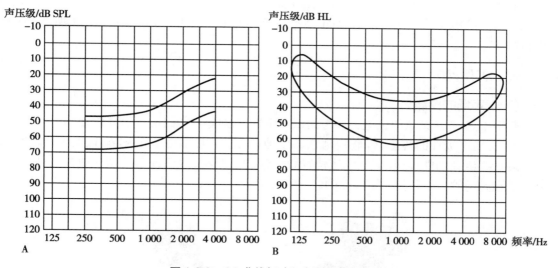

图 1-6-9　SS 曲线（A）和言语香蕉图（B）

2. **言语香蕉图法** 如果声场是以听力级（HL）水平建立的，测得的助听听阈结果与正常人言语香蕉图比较。常规声场都是按听力级校准的，所以，经常以此法评估助听器效果。依据助听听阈值相对言语香蕉图的不同位置，或通过言语最大识别得分把助听效果通常分为最适、适合、较适、看话 4 个等级。具体分析为：250Hz、500Hz、1 000Hz、2 000Hz、3 000Hz、4 000Hz 的助听听阈结果都在香蕉图内则助听器效果为最适合；250Hz、500Hz、1 000Hz、2 000Hz、3 000Hz 助听听阈值在香蕉图内则助听器效果为适合；250Hz、500Hz、1 000Hz、

2 000Hz 助听听阈值在香蕉图内则助听器效果为较适合；仅 250Hz、500Hz、1 000Hz 助听听阈值在香蕉图内则助听器效果为看话（表 1-6-5）。

表 1-6-5　听觉康复评估标准

听力补偿 /Hz	言语最大识别率 /%	助听效果	康复级别
250～4 000	≥90	最适	一级
250～3 000	≥80	适合	二级
250～2 000	≥70	较适	三级
250～1 000	≥44	看话	四级

【能力要求】

评估助听听阈操作

一、工作准备

1. 在校准声场前，要准备好声级计，最好有滤波线性功能的声级计。
2. 准备米尺和声级计电池。
3. 检查听力计、扬声器处于正常工作状态。
4. 准备测听玩具。根据儿童的年龄特点及喜好准备测听玩具，如插入式测听玩具、听声移物等。

二、工作程序

（一）声场的校准

1. 确定参考测试点的位置。参考测试点距扬声器成45°角 1m 远等高位置。
2. 安装声级计的传感器，将电池放入电池仓，打开电源检查电压，确认电压处正常范围。旋转声级计功能旋钮，置于相应位置（声音强度、频率、线性或 C 声级位置）。然后将声级计放在参考测试点位置（图 1-6-10）。

图 1-6-10　45°声场示意图

3. 检查听力计并进入校准状态（以 FA-18 听力计为例）

（1）开关位置：助听器模拟器置于 OFF；左输出置于 left、右输出置于 right、左右输入置于 Tone；听力级置于 60dB 或 70dB；频率钮置于 1 000Hz，左、右扬声器按说明与听力计后部面板相应插孔连接。

（2）操作：以 FA-18 听力计为例（不同的听力计进入校准状态的路径及存储方式不同）。首先进入校准状态，同时按下脉冲和啭音键，开启电源，待前面板所有的灯亮了几秒钟以后，剩电源灯、左助听器模拟器及中间 3 个红色灯闪烁时，释放按键，将输出钮置于"扬声器"，此时红灯熄灭，只剩电源灯常亮和左助听器模拟器灯闪亮，听力计即进入校准状态。

4. 校准。测试音校准：按啭音键呈工作状态，选定频率，按住送声键读声级计指针分贝值，若小于规定数值可按"反向"按钮，每按一次增加 0.5dB；若大于规定熟知可按 -2.5dB 键，每按一次减少 0.5dB，使扬声器的声输出达到规定数值，该频率校准完毕。依次校准左右声道的 1 000Hz、2 000Hz、3 000Hz、4 000Hz、500Hz、250Hz。

5. 储存。模拟器置于 HFE 挡，右输出置于左通道，左输出置于右通道，同时按下"脉冲"和"啭音"键，待助听器模拟器指示灯熄灭，释放按键。此时校准完成并已储存。

6. 恢复听力计处于声场测听状态。将输出钮置于 speaker 挡，测试音为啭音后，即可进行声场测听。

7. 收起声级计。关闭电源，将电池取出，卸下传感器，装入盒内保存。

（二）助听听阈测试

1. 检查助听器一般工作状态。测试前要确保听力障碍者的助听器为正常工作状态，如果不能确定最好先对测试用助听器进行助听器性能检测，检查其各项指标是否正常。助听器电池的电量要充足。

2. 让被试者坐于参考测试点。

3. 向受试者解释测试规则，即听到声音作出反应，依据受试者的年龄可采用听声举手或听声放物；没有声音，不做任何反应，尽可能听小的声音。

4. 简单问诊，确定优先测试耳。

5. 开启测试耳助听器，关闭非测试耳助听器，开始测试。

6. 检查听力计工作状态，扬声器给声，测试音设定为脉冲、啭音。

7. 确定起始给声强度，一般为 50～60dB HL。

8. 测试频率为 1 000Hz、2 000Hz、3 000Hz、4 000Hz，复测 1 000Hz，然后测 500Hz、250Hz。

9. 测试方法用减十加五法测得阈值，下一频率的起始给声强度是上一频率阈值的 ±10dB。

10. 阈值的确定。3 次给声有 2 次重合可确定阈值。

11. 正确填写报告单。

三、注意事项

1. 正确使用声级计

（1）使用前应先阅读说明书，了解仪器的使用方法与注意事项。

（2）安装电池或外接电源注意极性，切勿反接。长期不用应取下电池，以免漏液损坏仪器。

（3）传声器切勿拆卸，防止掷、摔，不用时放置妥当。

（4）仪器应避免放置于高温、潮湿、有污水、有灰尘及含盐酸、碱成分高的空气或化学气体的地方。

（5）勿擅自拆卸仪器。如仪器不正常，可送修理单位或厂方检修。

2. 定期校准听力计。常规要求每次进行声场测试之前都要按要求校准声场，以克服系统误差。

3. 声场要定期进行校准。如果声场内的摆设发生变化或者测试音异常要随时进行校准。

4. 测试前要确保听力障碍者的助听器为正常工作状态，如果不能确定最好先对测试用助听器进行助听器性能检测：检查其各项指标是否正常。助听器电池的电量要充足。

5. 测试时双方的手机应关闭；空调要暂时关闭；受试者应该处于心情愉快状态（不渴、不饿、不疲劳等）。

6. 测试人员要向家属解释清楚测试内容和目的，与受试者建立友好关系消除其紧张情绪。

7. 测听室内温度要适宜，否则会影响受试者的情绪，影响测试结果。

第二节　问 卷 评 估

【相关知识】

一、助听效果问卷评估概述

（一）助听效果问卷评估的定义

助听效果问卷评估指听力学家运用经过临床标准化的调查问卷对听力障碍者受益和最终效果进行严格的主观评估。

（二）问卷的功能

问卷是社会研究中用来搜集资料的工具之一，能正确反映调查目的、具体问题，突出重点，能使被调查者乐意合作，协助达到调查目的；能正确记录和反映被调查者回答的事实，提供正确的情报；统一的问卷还便于资料的统计和整理。

（三）调查问卷的现状

美国听力学会认为助听器佩戴前后的听觉功能评估可以准确地反映助听器是否有效。而实验室里达到的目标参数不等于助听器可以有效地帮助患者在不同的现实环境下改善聆听。问卷可涉及各种日常的情况，同时为听力障碍者提供观察的信息。因此，问卷越来越广泛地被应用在助听器的效果评估中。但问卷有较强的主观性，所以，评估听力障碍者听觉能力的同时要结合其心理、生理和社会环境的影响。

（四）国内外常用的助听效果评估问卷

目前国外对佩戴助听器后效果评估的方法较多。评估佩戴助听器后听力障碍者受益程度的问卷有 Walden 1984 年设计的助听器效果评估问卷（HAPI），Gatehouse 1994 年提出的格拉斯哥助听器效益评估表（GHABP），Cox 1995 年推出的助听器效果综合能力评估表（PHAB），Dillon 1997 年设计的患者自我听觉改善分级问卷（COSI），Purdy 1998 年设计的助听器效果评估简表（APHAB），Cox 等 1999 年设计的助听器效果国际性调查问卷（IOI-HA）等。

还有一些专门针对听力障碍儿童的问卷,比如有意义听觉整合量表(meaningful auditory integration scale,MAIS)和婴幼儿有意义听觉整合量表(infant-toddler meaningful auditory integration,IT-MAIS);低龄儿童听觉发展问卷(LittlEARS auditory questionnaire);家长对儿童听觉/口语表现的评估问卷(the parents evaluation of aural/oral performance of children scale,PEACH)和教师对儿童听觉/口语表现的评估问卷(the teachers evaluation of aural/oral performance of children scale,TEACH)。

此外,还有患者对助听器期望值、患者使用助听器后的满意度等方面的评估。

二、调查问卷的内容及方法

(一)问卷的内容

一份问卷一般包括标题、前言、主体和附录 4 部分。

1. **标题** 是课题和假设要测量的变量。一般整卷只显示一个主题,包含调查对象、调查内容和调查问卷字样。如:

(1)××培训中心助听器效果调查问卷

(2)PEACH Diary 家长对儿童听觉/口语表现的评估

2. **前言** 又称卷首语,是问卷调查的自我介绍,用来说明调查的目的、意义、主要内容,调查者的希望和要求,被调查者的选取方式及其填答问卷的作用,填写问卷的说明,回复问卷的方式和时间,进行该项调查的人或组织的身份等内容。为了能引起被调查者的重视和兴趣,争取他们的合作和支持,卷首语的语气要谦虚、诚恳、平易近人,文字要简明、通俗。前言可置于问卷第一页标题之后,也可单独作为一封信放在问卷的前面。

3. **问卷主体部分** 包括调查问题和回答内容。问卷中问题的内容通常包括 3 方面:行为方面、态度或看法方面和回答者基本情况方面。问卷的题目要简短、表述要简明;无暗示、敏感问题;不超出被试者知识能力范围并且尽量易于列表说明、统计分析。问卷中要询问的问题,大体上可分为以下四类:

(1)背景性的问题:被调查者个人的基本情况,这是对问卷进行分析研究的重要依据。

例如:姓名、出生日期、完成 PEACH 问卷的家长/监护人姓名、完成日期、单位等。

(2)客观性问题:指已经发生和正在发生的各种事实和行为。

例如:您能告诉我孩子在这 1 周内佩戴助听器/人工耳蜗的作息时间吗?包括记录佩戴助听器/人工耳蜗的次数或天数及每次佩戴的时间。

(3)主观性问题:指受调查者的行为、思想、感情、态度、愿望等一切主要状况方面的问题。

例如:您和听障儿童在一个安静的环境中(如当教室很安静的时候,他/她可能和您并排坐着,在您身后或正穿过屋子),当他/她在看不见您的脸时,是否能做到立即对一个熟悉的声音作出反应,或者能对您叫他/她的名字、交谈或唱歌作出反应?如他/她可能表现出微笑、向上看、转头或口头回应您。或在一个安静的环境中,当他/她并排躺/坐在您身边,在回避视觉的情况下能否及时对您的提问或叫声、言语声或歌声这些熟悉的声音作出反应?

(4)检验性问题:为检验回答是否真实、准确而设计的问题。这类问题,一般安排在问卷的不同位置,通过互相检验来判断回答的真实性和准确性。

四类问题中,背景性问题是任何问卷都不可缺少的。因为背景情况是对被调查者分类并进行对比研究的重要依据。

4. **附录**　这一部分可以将被调查者的有关情况加以登记，为进一步的统计分析收集资料。包括：编号、问卷发放和回收日期，调查员、审核员姓名，被调查者住址，问题的预编码等其他资料。有的问卷有结束语，是对被调查者的合作表示真诚的感谢。此部分也可征询被调查者对问卷设计和问卷调查本身有何看法。

（二）问卷的分类

根据问题的形式主要分为开放式、封闭式两种（表1-6-6）。

1. **开放式问题**　事先未对回答做限制性规定，不为回答者提供具体答案，回答者可自由回答。例如：在这1周中，受试者是否对大的声音有过抱怨/或表现出烦躁？（他/她可能震惊和/或哭，堵上他/她的耳朵，摘掉他/她的助听器，抱怨或有其他不舒服的表现？）

2. **封闭式问题**　事先对回答做了限制性规定，在提出问题的同时给出若干答案，要求回答者根据实际情况进行选择填答。例如：

（1）在过去几周，受试者有无对助听器表现出不适？

　　A. 有　　　　B. 无

（2）目前受试者使用助听器的频率？

　　A. 每天　　　B. 周一至周五　　　C. 有时　　　D. 很少　　　E. 从不

表1-6-6　开放式与封闭式问题的比较

开放式问题	封闭式问题
探索性意外结果（优点）	受限定，不够灵活、无新发现
创造性回答深入（优点）	标准化（优点）
适用于小样本（优点）	样本大（优点）
	容易混答、不答
混入无关信息	回答具体、可信度高（优点）
非标准，难以量化比较	易于统计分析对比（优点）
回答麻烦、易被拒绝	易回答，回收率高（优点）

（三）问卷调查的方法

问卷调查的方式多种多样。其中，自填式问卷调查，按照问卷传递方式的不同，可分为报刊问卷调查、邮政问卷调查和送发问卷调查；代填式问卷调查，按照与被调查者交谈方式的不同，可分为访问问卷调查和电话问卷调查等。

1. **报刊问卷调查**　是随报刊传递分发问卷，请报刊读者对问卷作出书面回答，然后按规定的时间将问卷通过邮局寄回报刊编辑部。

2. **邮政问卷调查**　是调查者通过邮局向被选定的调查对象寄发问卷，请被调查者按照规定的要求和时间填答问卷，然后再通过邮局将问卷寄还给调查者。

3. **送发问卷调查**　是调查者派人将问卷送给被规定的调查对象，等被调查者填答完后再派人回收调查问卷。

4. **访问问卷调查**　是调查者按照统一设计的问卷向被调查者当面提出问题，然后再由调查者根据被调查者的口头回答来填写问卷。

5. **电话问卷调查**　是应用电话来获取被调查者信息的方式。

（四）问卷调查的原则

要提高问卷回复率、有效率和回答质量，设计问题应遵循以下原则：

1. **客观性原则**　问题必须符合客观实际情况。

2. **必要性原则**　必须围绕调查课题和研究假设设计必要的问题。问题数量过少、过于简略，无法说明调查所要的问题；数量过多、过于繁杂，不仅会大大增加工作量和调查成本，而且会降低回答质量，降低问卷的回复率和有效率，也不利于正确说明调查所要说明的问题。

3. **可能性原则**　必须符合被调查者自愿真实回答的问题。对被调查者不可能自愿真实回答的问题，被调查者一般都不可能自愿作出真实回答，或者干脆不予理睬，因此，一般都不宜正面提出。最大的弱点是所得资料的质量和问卷的回收率往往难以保证，同时对被调查者的文化水平有一定的要求。在填写问卷过程中出现的各种误差也不易发现和纠正。这也是我们在进行问卷调查时要注意克服的问题。

（五）影响问卷调查效果的因素

获得真正需要的信息。信息真实可靠，易于整理统计分析。

1. **被试的主观倾向**　如问卷组织者的行为和态度对被试的影响，被试者以符合社会（学校）要求的方式答卷，以接受或默认的方式答卷，希望表现的乐于合作、显得深思熟虑、造成某种倾向。

2. **问卷本身**　问题过多使人疲乏，答卷时间一般控制在 20～30 分钟。问卷内容不宜涉及个人情感、隐私，语言不要含糊、生硬、令人费解或容易产生歧义。选项内容避免层次不清，设计不科学、难以利用。尤其应该设有"其他"项。

3. **问卷环境**　问卷现场的条件和特点，要组织和控制好，不允许被调查者交头接耳，这样各自回答才真实。问卷组织者注意自身行为和态度，不能引导。

三、调查评估问卷的结果分析

（一）定性分析

定性分析是一种探索性调研方法。目的是对问题定位或启动提供比较深层的理解和认识，或利用定性分析来定义问题、寻找处理问题的途径。但是，定性分析的样本一般比较少（一般不超过 30），其结果的准确性可能难以捉摸。实际上，定性分析很大程度上依靠参与工作的统计人员的天赋眼光和对资料的解释，没有任何两个定性调研人员能从他们的分析中得到完全相同的结论。因此，定性分析要求投入的分析者具有较高的专业水平，并且优先考虑那些从事数据资科收集与统计工作的人员。

（二）定量分析

在对问卷进行初步的定性分析后，可再对问卷进行更深层次的研究——定量分析。问卷定量分析首先要对问卷进行量化，然后利用量化的数据资料进行分析。问卷的定量分析根据分析方法的难易程度可分为简单定量分析和复杂定量分析。

1. **简单的定量分析**　简单的定量分析是对问卷结果作出一些简单的分析，诸如利用百分比、平均数、频数来进行分析。在此，我们可将问卷中的问题分为以下几类进行分析：

（1）对封闭式问题的定量分析：封闭式问题是设计者已经将问题的答案全部给出，被调查者只能从中选取答案。

例如：在一个很吵的商店里购物时，我能听懂收银员说的话？（限选一项）

A. 总是：代表 99% 的时候遇到题目中所描述的情形。

B. 几乎总是：代表 87% 的时候遇到题目中所描述的情形。

C. 绝大多数时候：代表 75% 的时候遇到题目中所描述的情形。

D. 一半的时候：代表 50% 的时候遇到题目中所描述的情形。

E. 有时候：代表 25% 的时候遇到题目中所描述的情形。

F. 偶尔：代表 12% 的时候遇到题目中所描述的情形。

G. 从来没有：代表 1% 的时候遇到题目中所描述的情形。

对于全部 45 人次访问的回答，可以简单地统计每种回答的数目，把结果整理成表格（表 1-6-7）。

表 1-6-7　问卷调查结果汇总表

选项	人数	百分比 /%
A. 总是	18	40.00
B. 几乎总是	6	13.33
C. 绝大多数时候	5	11.11
D. 一半的时候	6	13.33
E. 有时候	4	8.89
F. 偶尔	3	6.67
G. 从来没有	3	6.67
总计	45	100.00

表 1-6-7 可以一目了然地看出分析结果，1/3 以上的被调查者认为在一个很吵的商店里购物时，总是能听懂收银员说的话，仅有 6.67% 的人认为从来没有听懂收银员说的话。表 1-6-7 是对全部样本总体的分析。然而，几乎所有的问卷分析都要求不同的被访群体之间的比较。这就需要用较为复杂的方法来实现——交叉分析。

交叉分析是分析 3 个变量之间的关系。例如"年龄""裸耳听力"和"助听效果"之间的关系等复杂的分析。由于此项较为复杂，在此暂不作详细介绍。

（2）对开放式问题的定量分析：开放式问题是指问卷设计者不给出确切答案，而由被调查者自由回答。

例如：助听器佩戴后您觉得什么情况下不适？答案见表 1-6-8。

表 1-6-8　听觉不适场合

姓名	答案
王晓明	马路上，汽车鸣笛时
丁　虎	在建筑工地时
李月兰	洗澡、冲马桶时
陈一宁	在市场、商场、超市时
……	……

如果所有回收的问卷只有表 1-6-8 的 4 种答案，那么就很容易作出分析概括。可是，一般回收的问卷都有几百份，所以，对于开放式问题就可能有几十种甚至几百种答案。对于这几百种答案，就很难进行分析。因此，对于这种问题，必须进行分类处理。例如可把助听器佩戴不适的情况大概分为几类，将表 1-6-8 中的 4 种原因分别归类，我们就可以进行分析处理，并且从表 1-6-8 中很容易看出被调查者的观点。

（3）数量回答的定量分析：回答结果为数字。对于这类问题，最好的方法是对量化后的数据进行区间处理。在用区间表示数量分布的同时，可同时使用各种统计量来描述结果，包括位置测度：平均值、中位数和出现频率最高的值或者分散程度的测定；范围、四分位数的间距和标准偏差。

上述三种方法仅是简单的问卷分析，靠简单的统计方法来处理数据是十分可惜的，因为这样会丧失大量的数据信息，使决策的风险增大，并使分析结果流于表面。

2. **复杂定量分析**　简单分析常用于单变量和双变量的分析，但是，社会经济现象是复杂多变的，仅用两个变量难以满足需要。这时就需要用到复杂定量分析，在问卷设计中，常用的复杂定量分析有两种——多元分析和正交设计分析。由于此项较为复杂，在此暂不作详细介绍。

现今在发达国家的调查实践中，就经常使用定性分析的方法以辅助与补充定量分析的不足。例如，有些问题涉及被调查者的隐私或对他们的自我形象有消极作用，这时被调查者就可能作出不切实际的回答。此时利用定性分析可得到较切实际的结果。在实际运用中，经常将定性分析与定量分析相结合，使之互相配合，以便收到更准确、更全面和更细致的调查结果。

【能力要求】

问卷评估操作

一、工作准备

1. 明确目标人群。
2. 明确问卷的研究目的。
3. 详细了解问卷评估的整个工作流程。
4. 熟悉问卷的内容及操作的注意事项。

二、工作程序

1. 选择问卷。
2. 进行问卷调查。
3. 分析调查结果。

三、注意事项

1. 主试者在调查前要熟知问卷内容及操作方法。
2. 测试者不要凭主观印象填写表格。

3．不要诱导或暗示被试者。

4．问卷调查环境应安静、舒适，使被试者注意力集中。

5．依据问卷要求及时记录结果。

四、问卷实例

（一）成人问卷

1．助听器效果评估简表

（1）APHAB 简介：助听器效果评估简表（abbreviated profile of hearing aid benefit，APHAB），是 1995 年由 Cox 等在其发明的助听器效果评估量表（profile for measuring hearing aid benefit，PHAB）的基础上简化而来的。APHAB 由四类问题组成，每类 6 道题目。这四类问题为：

1）交流的难易（easy of communication，EC）：了解患者在理想的听环境下交流的难易程度。

2）背景噪声（background noise，BN）：了解患者在高强度噪声环境下交流的难易程度。

3）混响（reverberation，RV）：了解患者在有混响的环境下交流的难易程度。

4）对声音的厌恶（aversiveness of sound，AV）：了解患者对环境声的厌恶程度。

每一个问题均有 7 个可选答案，从"总是"到"一半的时候"到"从来没有"，用英文大写字母 A 到 G 表示。每个问题的答案都分为"不使用助听器"和"使用助听器"两种情况，由患者分别作答，选出一个最接近平时情况的选项，两者得分之差即为助听器效果。因此，每一类问题会产生 3 个数据：未使用助听器时的得分、使用助听器时的得分和助听器效果。患者至少要回答每类问题中的 4 个问题，计分才有意义。

（2）问卷内容

1）填表须知：请你选出一个最接近你平时情况的选项。选择前请先仔细阅读选项说明。比如，如果你觉得在日常生活中有 75% 的时候都会遇到题目中所提到情形，就请选"C"。如果你从没到过题目中所提到的情形，就请你尽量想象一个类似的情形，然后再答题。如果确实没有遇到过题目中提及的或类似的情形，就请不要回答该题。在选择时请仔细读每一个问题，因为在不同的题目中间一项选择的含义可能会不同。请尽量分别回答每一道题中戴助听器和不戴助听器时的情形。如果不戴助听器，请只回答有关不戴助听器的那一栏。

2）选项说明

A．总是：代表 99% 的时候遇到题目中所描述的情形。

B．几乎总是：代表 87% 的时候遇到题目中所描述的情形。

C．绝大多数时候：代表 75% 的时候遇到题目中所描述的情形。

D．一半的时候：代表 50% 的时候遇到题目中所描述的情形。

E．有时候：代表 25% 的时候遇到题目中所描述的情形。

F．偶尔：代表 12% 的时候遇到题目中所描述的情形。

G．从来没有：代表 1% 的时候遇到题目中所描述的情形。

3）量表正文，见表 1-6-9。

表 1-6-9　助听器效果评估简表

题目	不使用助听器时	使用助听器时
1. 在一个很吵的商店里购物时，我能听懂收银员说的话	A B C D E F G	A B C D E F G
2. 上课时我听不懂老师的话	A B C D E F G	A B C D E F G
3. 突如其来的声音，比如警报器、铃声等让我觉得很不舒服	A B C D E F G	A B C D E F G
4. 当我在家里和家人一起的时候，我很难听懂他们说的话	A B C D E F G	A B C D E F G
5. 在看电影或者演出的时候我很难听懂演员们说的话	A B C D E F G	A B C D E F G
6. 如果别人在我看电视的时候说话，我就很难听懂演员们说的话	A B C D E F G	A B C D E F G
7. 如果我和一群人在一起吃饭的时候有人在说话，我很难听懂那个人说的是什么	A B C D E F G	A B C D E F G
8. 我觉得交通的噪声太吵了	A B C D E F G	A B C D E F G
9. 如果我在一个很大很空的房间里和某人说话，我能听懂那个人说的话	A B C D E F G	A B C D E F G
10. 如果我在一个小房间里问问题或者回答别人问题，我很难听懂别人说话	A B C D E F G	A B C D E F G
11. 有时我去电影院看电影时，即使是有人在旁边说悄悄话或者揉纸，我也能听懂电影里说的话	A B C D E F G	A B C D E F G
12. 即使是我和一个朋友在一个很安静的房间里说话，我也很难听懂他在说什么	A B C D E F G	A B C D E F G
13. 我觉得冲厕所时或洗澡时的流水声太吵了	A B C D E F G	A B C D E F G
14. 当某人在对一群人说话时，就算大家都很安静，我也听不懂那个人说的什么	A B C D E F G	A B C D E F G
15. 当我在医生办公室的时候，我很难听懂医生说的话	A B C D E F G	A B C D E F G
16. 就算旁边有一些人在说话，我也能听懂别人说的话	A B C D E F G	A B C D E F G
17. 我觉得建筑工地上的声音太吵了	A B C D E F G	A B C D E F G
18. 当我在礼堂或者教堂里面的时候，我很难听懂台上的人说话	A B C D E F G	A B C D E F G
19. 在人群中我也能听懂其他人说的话	A B C D E F G	A B C D E F G
20. 火警报警器的声音太吵了，以至于我听到这种声音就想把助听器音量调小甚至完全关掉，或者把耳朵捂住	A B C D E F G	A B C D E F G
21. 在体育馆里我能听懂老师说的话	A B C D E F G	A B C D E F G
22. 我觉到汽车刹车时发出的尖叫声太吵了	A B C D E F G	A B C D E F G
23. 当我和某人在一个安静的房间里说话的时候，我常请他重复他讲的话	A B C D E F G	A B C D E F G
24. 在空调或者风扇开着的时候，我很难听懂别人说话	A B C D E F G	A B C D E F G

（3）APHAB 说明：APHAB 主要用于验证助听器的效果。前 3 项分级（EC、RV 和 BN）代表了放大的正面效益，即助听器使得言语理解容易些。使用助听器患者得分的百分位值可以帮助我们解释获益得分，通常患者在前 3 项的得分应该超过 50%。第 4 项分级代表了放大效应的负面作用，即对厌恶的声音的感觉，由此可以指导我们评价患者对响声和不舒适声音的反应。由于助听器放大所有的声音，几乎所有的患者都表示对于厌恶的声音，他们受益的得分会下降。若患者此项得分等于或高于 50 个百分位值，则说明效果非常好。另

外，使用和不使用助听器时的得分之差，单项（EC 或 RV 或 BN）比较时差值达 22% 或总体（EC、RV 和 BN）比较时差值达 5%，即说明患者使用助听器有效果，他可以从中受益。

APHAB 中"未使用助听器"一栏的得分结果可以预测助听器效果。若患者 EC、RV 和 BN 得分均高于正常对照组得分的第 35 个百分位值而 AV 得分低于正常对照组得分的第 65 个百分位值，则该患者应该是一个成功的线性线路助听器的使用者；反之若患者 EC、RV BN 得分均低于正常对照组得分的第 35 个百分位值而 AV 得分高于正常对照组得分的第 65 个百分位值，则该患者可能更适用于压缩线路助听器。若患者仅 BN 得分特别高，其他项得分低，那么该患者的主要问题是在噪声环境下的交流障碍。验配师要针对患者的不同情况选配合适的助听器。

APHAB 还可用于不同助听器选配效果的比较。在比较两种不同助听器时，若仅考虑 EC、RV、BN 单项得分，分别相差应≥22% 才说明有显著差异；若仅考虑 AV 单项得分，相差应≥31% 才说明有显著差异；若考虑总体效果，则要求 EC、RV、BN 三项得分至少分别相差 5%，上述结果的可靠性高达 90%。在考虑总体效果时，如果两种助听器之间的 EC、RV、BN 三项得分分别相差达到了 10%，则该结果的可靠性可达 98%。这样即可说明得分情况好的助听器会更适合患者。

助听器验配师可以通过 APHAB 的得分，同时结合具体情况，了解患者在使用助听器时存在的问题，对助听器的精确调试起到一定的指导作用。同时为患者进行咨询，指导他们正确使用助听器，并设置合理的期望值，以使助听器发挥最大、最好的作用。

2. **患者自我听觉改善分级问卷**　患者自我听觉改善分级问卷（client oriented scale of improvement，COSI）是在 1997 年由 Harvey Dillon 首次提出。问卷分为两部分，第一部分为患者的基本情况，包括姓名、性别、年龄、学历、职业等。第二部分为表格部分，分为 3 栏：第一栏为患者自己提出的 5 个最想解决的问题，第二栏是针对这些问题的改善程度（degree of change/improvement），第三栏为针对提出的问题在使用助听器后听觉能力的改善（final ability）。

首次就诊选配助听器时，要求患者选定或提出 5 个最想解决的问题，如：在安静环境下同 1～2 人交谈；在噪声环境下同多人交谈；听电视或收音机声音；同陌生人打电话等。并要将这 5 个问题按先后次序排列。在后面的随访中（通常在助听器使用 6 周后）要求患者判断使用助听器所带来改变的程度和听觉能力的改善程度，并针对最初提出的 5 个问题说明使用助听器之后比使用助听器之前改善了多少，以及改善的具体情况。改善的程度分为 5 级：非常不好（worse）、没有什么不同（no difference）、有一点帮助（slightly better）、比较好（better）、非常好（much better）。每个级别对应一个分值，从 1 分（worse）到 5 分（much better）。使用助听器后听觉能力的改善也分为 5 级：几乎没有（hardly ever）：指使用助听器后有 10% 的时候可以改善；偶尔（occasionally）：指使用助听器后有 25% 的时候可以改善；一半时间（half the time）：指使用助听器后有 50% 的时候可以改善；大部分时间（most of time）：指使用助听器后有 75% 的时候可以改善；几乎总是（almost always）：指使用助听器后有 95% 的时候可以改善。每个级别对应一个分值，从 1 分（hardly ever）到 5 分（almost always）。患者根据实际改善效果及程度来选择得分。

例如一位患者在使用助听器 6 周后，进行随访，对于他提出的"同陌生人打电话"这个问题，他感到使用助听器后改善的效果比较好，在 75% 的情况下可以听清对方的谈话。那么他在"改善程度"这一项上可以计 4 分,在"使用助听器后听觉能力的改善"这一项上也可以计 4 分。

COSI 主要对患者使用助听器后的效果和效益进行评估。在患者没有使用助听器之前填写 COSI,验配师可以了解患者需要解决的问题,为他们选择合适的助听器,针对不同的环境设置不同的程序。同时,根据患者的听力损失情况及言语分辨情况,帮助他们设定合理的期望值。使用助听器一段时间后再填写 COSI,可以看到助听器对患者是否有帮助,以及改善的效果。验配师可以针对没有改善或改善效果很小的问题,为患者进行咨询并讨论,同时精细调整助听器,使助听器尽可能多地帮助患者解决问题,达到最佳效果。

3. **助听器效果国际性调查问卷** 助听器效果国际性调查问卷(the international outcome inventory for hearing aids,IOI-HA)是 1999 年在丹麦召开的国际研讨会结束时全体专家提出了一套国际通用的效果评估问卷。它适用于不同国家,不同种族的研究。目前已被翻译成多种语言版本,由于它容易被理解,测试时间短,易操作,目前广泛应用于临床。

IOI-HA 由 7 个最小核心效果问题组成,问题包括:
①每天使用时间(use time)。
②助听器的帮助(benefit)。
③使用助听器后仍存在的困难(residual activity limitations)。
④满意度(satisfaction)。
⑤参与社会活动时仍存在的困难(residual participation restrictions)。
⑥使用助听器后对其他人的干扰(impact on others)。
⑦生活质量的改变(quality of life)。
每个问题有 5 个选项,每个选项对应一个分值,从 1 分到 5 分。

通常在患者使用助听器 6 周后进行问卷调查,例如一位患者在随访时,对其进行问卷调查。其中一个问题是:"在最近的 2 周时间里,使用现有的助听器之后,您的听力障碍对您周围的其他人还有多少干扰?"。回答从下面 5 种情况里选择:非常有干扰(1 分)、有很大干扰(2 分)、有中等程度的干扰(3 分)、仅有一点干扰(4 分)、根本没有干扰(5 分)。如果患者选择了仅有一点干扰,那么此问题的得分计为 4 分。

IOI-HA 主要对患者使用助听器后的效果进行评估。定期对患者进行问卷调查,可以了解他们助听器的使用情况,发现问题,精细调整助听器,同时验配师可以针对得分低的问题同患者进行讨论,指导助听器的使用方法和技巧,必要时可以同听力辅助设备联合使用。为患者设定合理期望值,使助听器的效果达到最佳。

(二)儿童问卷

1. **有意义听觉整合量表(meaningful auditory integration scale,MAIS)**

(1) 问卷简介:印第安纳大学医学院(Indiana University School of Medicine)Robbins 等在 1991 年设计完成了 MAIS,主要用于评估 3 岁以上儿童的听觉能力。1997 年 Zimmerman-Phillips 考虑到婴幼儿认知水平较低,并正处于语言发展关键和快速的阶段。根据婴幼儿的特点对 MAIS 进行修正,提出了婴幼儿有意义听觉整合量表(IT-MAIS)。两份问卷各 10 个问题,由患儿密切接触者尽可能客观对患儿日常表现进行描述。这 10 个问题涉及听觉的 3 个主要层面:对助听设备的接受依赖程度、对声音的感知、对声音的理解。

(2) 问卷内容:MAIS 中有 10 个问题。

① a. 孩子是否愿意整天（醒着的时候）佩戴助听装置？

b. 当没有要求孩子的时候，孩子是否主动要求佩戴助听装置？

②如果助听装置因为某种原因不工作了，孩子是否会表现出沮丧或不高兴？

③孩子能否在安静环境中只依靠听觉（没有视觉和其他线索）对叫他/她的名字自发的作出反应？

④孩子能否在噪声环境中只依靠听觉（没有视觉和其他线索）对叫他/她的名字自发的作出反应？

⑤在家里孩子能否不需要提示（视觉、言语、动作、表情）而对环境的声音自发的作出反应？

⑥在新环境中孩子能否不需要提示（视觉、言语、动作、表情）而对环境的声音自发的作出反应？

⑦孩子是否能自发识别出学校或家庭环境中的声音信号？

⑧孩子能否只依靠听觉（没有视觉和其他线索）自发地区分出两人的说话声？

⑨孩子能否只依靠听觉（没有视觉和其他线索）自发地区分言语声与非言语声？

⑩孩子能否只依靠听觉（没有视觉和其他线索）自发地区分不同的语气（生气、兴奋、焦虑）？

（3）评分标准见表1-6-10。

表 1-6-10　有意义听觉整合量表评分原则

选项	说明	得分
从未	从来没反应	0
很少	出现频率＜50%	1
有时	出现频率至少达50%	2
经常	出现频率至少达75%	3
总有	出现频率100%	4

2. 低龄儿童听觉发展问卷　低龄儿童听觉发展问卷（littlEARS auditory questionnaire）是一套专门用于评估小龄儿童听觉发展情况的工具。该问卷原版为德文，已有英语、法语、俄语等多种语言版本，并在10多个国家应用，其有效性得到广泛认可。问卷涵盖了听力正常儿童2岁以内、听力障碍儿童植入人工耳蜗或佩戴助听器头两年的听觉发展情况。其内容涉及听觉感知、听觉理解和言语形成3个领域，包含足够的、可观察到的细节来显示婴幼儿发展进程中的差异。共35个封闭式问题，每个问题均以"是"（得1分）或"否"（得0分）作答，总得分等于回答"是"的题目的总数。

3. 家长、教师助听效果满意度问卷

（1）家长/监护人助听器问卷

1）问卷内容

家长/监护人助听器问卷（简化版）

病历号：_____　　姓名：_____　　年龄：_____　　填写日期：_____

[1] 目前孩子使用助听器的频率？

1. 每天　　　　　　　　2. 周一至周五

3. 有时　　　　　　　　4. 很少

5. 从不

如果选择1或2请填写孩子每天使用助听器的时间，_____小时

[2] 孩子在何处佩戴助听器？（多选）

　　1. 学校　　　　　　　　2. 家

　　3. 其他地方[请列出]_____

[3] 在过去几周，孩子有无对助听器表现出不适？

　　1. 有　　　　　　　　2. 无

[4] 当孩子佩戴助听器时……

在安静环境中，孩子能否在不看你的脸时，对你叫他/她的名字有所反应？

　　1. 通常　　　　　　　　2. 有时

　　3. 很少　　　　　　　　4. 从不

[5] 当孩子佩戴助听器时……

在安静环境中，孩子能否理解你的话？

　　1. 通常　　　　　　　　2. 有时

　　3. 很少　　　　　　　　4. 从不

[6] 当孩子佩戴助听器时……

在噪声环境中，孩子能否在不看你的脸时，对你叫他/她的名字有所反应？

　　1. 通常　　　　　　　　2. 有时

　　3. 很少　　　　　　　　4. 从不

[7] 当孩子佩戴助听器时……

他/她能否对环境声（如砰的关门声，车鸣，电话铃）作出反应？

　　1. 通常　　　　　　　　2. 有时

　　3. 很少　　　　　　　　4. 从不

总分：_____

2）评分标准见表1-6-11。

表1-6-11　家长/监护人助听器问卷(简化版)评分原则

题号	选项	说明	得分
1	每天	发生率75%以上	3
	周一至周五	发生率50%~75%	2
	有时	发生率25%~50%	1
	很少	发生率0~25%（不含0）	0
	从不	发生率为0	0
	助听器使用时间直接填写		
2	学校	佩戴发生率50%以上	1
	家	佩戴发生率50%以上	1
	其他	佩戴发生率50%以上	1
3	有	—	0
	无	—	3

续表

题号	选项	说明	得分
4～7	通常	发生率50%以上	3
	有时	发生率25%～50%	2
	很少	发生率0～25%	1
	从不	发生率为0	0

注：评价标准依据各题目所列出的观察内容分为四个等级，即非常满意（总分21分）、满意（总分17～20）、一般（总分13～16分）、较差（总分小于13分）。"—"表示无此项。

（2）教师助听器问卷

1）问卷内容

教师助听器问卷表（简化版）

病历号：_____ 姓名：_____ 年龄：_____ 填写日期：_____

[1] 目前孩子在学校使用助听器的频率？

　　1. 每天　　　　　　　　　　2. 有时

　　3. 很少　　　　　　　　　　4. 从不

[2] 在过去几周，孩子有无对助听器表现出不适？

　　1. 有　　　　　　　　　　　2. 无

[3] 当孩子佩戴助听器时……

在教室里，孩子能否在不看你的脸时，对你叫他/她的名字有所反应？

　　1. 通常　　　　　　　　　　2. 有时

　　3. 很少　　　　　　　　　　4. 从不

[4] 当孩子佩戴助听器时……

在教室里，孩子能否理解你的话？

　　1. 通常　　　　　　　　　　2. 有时

　　3. 很少　　　　　　　　　　4. 从不

[5] 当孩子佩戴助听器时……

在操场上，孩子能否在不看你的脸时，对你叫他/她的名字有所反应？

　　1. 通常　　　　　　　　　　2. 有时

　　3. 很少　　　　　　　　　　4. 从不

[6] 当孩子佩戴助听器时……

孩子能否对环境声（如砰的关门声，车鸣，电话铃）作出反应？

　　1. 通常　　　　　　　　　　2. 有时

　　3. 很少　　　　　　　　　　4. 从不

[7] 当孩子佩戴助听器时……

他/她通常采用哪种方式和其他小朋友交流？

　　1. 言语交流　　　　　　　　2. 手语或手势

　　3. 二者都有

总分：_____

2）评分标准见表1-6-12。

表1-6-12　教师助听器问卷表（简化版）评分原则

题号	选项	说明	得分
1	每天	发生率50%以上	3
	有时	发生率25%～50%	2
	很少	发生率0～25%	1
	从不	发生率为0	0
2	有	—	0
	无	—	3
3～6	通常	发生率50%以上	3
	有时	发生率25%～50%	2
	很少	发生率0～25%	1
	从不	发生率为0	0
7	言语交流	—	3
	手势或手语	—	1
	两者都有	—	2

注：评价标准依据各题目所列出的观察内容分为四个等级，即非常满意（总分21分）、满意（总分17～20分）、一般（总分13～16分）、较差（总分<13分）。"—"表示无此项。

（孙喜斌　王丽燕　原　皞）

思　考　题

1. 简述声场建立步骤。
2. 简述助听听阈测试步骤。
3. 简述听觉康复评估标准。
4. 助听听阈测试的注意事项有哪些？
5. 调查问卷的内容主要包括什么？
6. 调查问卷的注意事项有哪些？
7. 调查评估问卷的结果分析方法有哪些？
8. 调查评估问卷的操作流程是什么？
9. 简述家长/监护人助听器问卷内容（简化版）及评分标准。
10. 教师助听器问卷内容（简化版）及评分标准。

第七章 康复指导

第一节　成人助听器使用指导

通过全面了解助听器和耳模的使用及保养方法,达到提高助听器和耳模佩戴舒适性并能充分发挥其听力补偿效果的目的。

【相关知识】

一、助听器的佩戴及摘取

(一)传统耳背式助听器的佩戴与摘取

传统耳背式助听器必须与耳模密切配合,才能充分发挥其听力补偿的效果。市售助听器组件中的耳塞只是起着临时试听的作用,不能长期应用。耳模除了能将助听器放大后的声音导入外耳道外,还具有改善声学效果、密封外耳道、防止声反馈等作用,因此,耳模可以说是非定制式助听器的重要组成部分。下面介绍传统耳背式助听器的佩戴和摘取操作方法。

1. 助听器佩戴前,应先将其与耳模进行连接,此时应注意区分耳模和助听器的左右。

2. 助听器佩戴时,要先将开关关闭,用手捏住耳模,让耳模的外耳道部分朝向耳廓,再慢慢放入外耳道。为减少摩擦,初次佩戴时可在耳模的外表面涂一薄层对皮肤无刺激性的润滑剂,如凡士林、婴儿油等。注意不能将润滑剂涂抹进导声孔和通气孔内。

3. 外耳道部分入位后,将耳模向后旋转按下,让耳甲腔、耳甲艇、三角窝等部分依次就位,最后向后上轻拉耳廓,按紧外耳道部分。注意在此步骤之前,助听器一直位于耳前,处于游离状态。

4. 将助听器旋至耳后,务使机身和耳钩贴紧耳廓,但勿使导声管扭曲。

5. 按动开关,调整助听器的音量旋钮到适当位置,并注意有无反馈啸叫声。

6. 摘取时应先关闭开关,将助听器从耳后游离,再遵从与佩戴时相反的顺序,将耳模从三角窝、耳甲艇、耳甲腔、外耳道等部分依次移出。

(二)开放式助听器的佩戴与摘取

为解决堵耳现象,开放耳选配应运而生,开放式助听器不需要耳模,而是通过不同规格的导声管和开放性耳塞将声音导入外耳道。这类助听器的戴、摘有别于传统耳背式助听器。

1. 将助听器的标准耳钩拧下,根据佩戴者外耳道的情况,选择合适规格的导声管和耳塞。

2. 将选好的耳塞通过声管与助听器连接并旋紧。此时应注意声管的耳别。

3．佩戴时，先将助听器的开关关闭，用手捏持声管，将耳塞轻轻置入外耳道相应部位，并放置耳甲腔固定片。

4．将助听器机身移至耳后。

5．接通电源，调整音量到适当位置。

6．摘取时，先关闭开关，游离耳甲腔内的固定片，手捏导声管连同耳塞一并退出外耳道。

（三）定制式助听器的佩戴与摘取

定制式助听器可根据体积的大小，细分为耳内式、耳道式、完全耳道式和隐性助听器等种类，这些助听器佩戴和摘取的一个共同要求是事先要将开关关闭。其中耳内式助听器的体积相对较大，其戴、摘方法类同于传统耳背式助听器的耳模。其他类型的定制机由于体积较小，所以佩戴和摘取时需要注意：

1．**区分耳别**　因为体积小，仅从外形不容易分清左右，可借助机身上表示品牌和型号的颜色（右红、左蓝）进行区别。

2．**清洁机身**　每次佩戴前，仔细检查机身表面有无污物，声孔和通气孔是否被耵聍堵塞，如有污垢要及时清洁，以免影响效果。

3．**准确佩戴**　由于视觉被遮挡，初次佩戴时可借助于镜子的帮助，或在他人帮助下进行，等熟练后就可以盲戴了。

4．**保护仓盖**　无论是佩戴或摘取，都不要以电池仓盖作为着力点，否则很容易将其损坏。

5．**借力"渔线"**　为了便于戴、摘，微型定制机都在机身上安装一条韧性十足的硅胶线，简称"渔线"，可以用此线区别左右，也可把它作为戴、摘助听器的把握点。

（四）盒式助听器的佩戴与摘取

盒式助听器机身体积大，调节装置更加醒目，便于老年人和手指不灵便的人操作使用。除此之外，这类助听器的传声器和授话器距离较远，不容易产生反馈啸叫，所以功率也可以设计的更大一些，能够满足重度听障者的需要。因此，在助听器体积越来越趋向小型化的今天，仍有一定数量的需求者。盒式助听器的佩戴和摘取要点是：

1．**安装电池**　将电压正常的电池装入电池仓。

2．**连接部件**　将机身、导线、耳机、耳模依次进行连接。注意随机配带的耳塞只能试听用，若要充分发挥助听器的作用，一定要制取耳模（标准式耳模）。

3．**固定机身**　把助听器的机身固定在胸前，位置尽量靠近头部，以减少躯体的板障效应。

4．**减少摩擦**　戴好耳模或耳塞，将导线理顺，尽量减小它的摆动幅度，以减少由此带来的摩擦噪声。

5．**调整装置**　接通电源，调整声音拾取方式（M、T、MT 挡的设置）、音量、音调等装置至合适的位置。

6．**摘取顺序**　摘取时要先切断电源，再摘下耳模（耳塞），最后连同导线、机身整体取下。

二、助听器的功能调节装置

随着助听技术的不断发展，助听器从外形到功能都在不断地改变，不同类型助听器的功能调节装置亦有较大差异，所以在使用前，要对助听器的调节装置有全面的了解。

（一）电源开关装置

主要有两种形式，一种是 on/off 开关，通过此装置接通或切断电源。在盒式助听器上常以拨动开关的形式出现，在定制式助听器常与电池仓做成一体，关闭电池仓的同时电源导通，打开电池仓，电源也随之被切断。另一种是 O-M-T 形式，当开关置入 O 挡时电源被切断，置入 M 挡时为麦克风拾取声音，T 挡则是通过磁电感应方式导入声音，有些助听器还会设置一个 MT 挡，置入该挡时，声音既可以通过麦克风方式拾取，也可以通过磁电感应方式输入。耳背式助听器的电源开关多与音量旋钮融为一体，将旋钮下旋到底即可切断电源，向上轻推即可导通电源。

（二）音量调节装置

无论何种形式的助听器，均可设置该装置（完全耳道式或隐性助听器等体积较小的助听器，常以遥控器的形式进行音量调节），只是调控方式有所不同，使用者可以通过旋动、触摸、按压等方式调节音量大小。最经典的调整方式是旋转滑轮形式，并在滑轮上用阿拉伯数字标识音量的高低。现在一些数字助听器的输出音量是通过调试软件内部设置好的，只给外在的音量旋钮预留 5~10dB 的调整区间，目的是限制误操作时过大的声输出，同时也有保护残余听力的功能。

（三）N-H 转换装置

传统的模拟助听器和一些无法通过计算机进行编程的助听器，对于频响的改变，仅能通过设置在机身上的 N-H 和 / 或 N-L 转换键来实现。将挡位置于 L 挡时，可提高低频段的响应，增加对声音的感知度，置于 H 挡，会相应衰减低频，达到补偿高频、改善言语分辨率的目的。

（四）程序切换装置

为了让佩戴者适应不同的声音环境，一些助听器在机身上设置可以改变适应声音环境程序的装置，验配师通过编程软件预先将程序写入其中，佩戴者可根据自己所处的环境，自行进行切换。

（五）遥控装置

有些定制式助听器的体积过于小巧，不允许在机身上设置功能调节装置，或者一些佩戴者手指灵活度欠佳，无法精细调节诸如音量、音调、程序等装置，则可以遥控器来实现这些功能的调节。

三、助听器的使用操作和维护保养

（一）助听器的使用操作

1. **安装电池**　先确定并选择助听器需要的电池类型，按照电池正、负极标识指示放入并关闭电池仓，接通电源，开大音量，此时应该能听到反馈啸叫声，说明助听器已经处于工作状态。如果此时听不到啸叫声，可用手握住整个机身，用加大反馈进入麦克风的声音强度的方法来获取啸叫声。对于输出功率较小的助听器，可用此法。

2. **佩戴入位**　对于耳背式助听器，应先将耳模与助听器连接，关闭电源，按照前述的方法佩戴好助听器和耳模。

3. **装置调整**　接通电源，调整助听器的音量和音调装置至最佳状态，如果助听器有程序切换按钮，可根据即时所处的环境进行切换。

4. **借用"渔线"**　对于定制式助听器，可借助于安装在机壳上的"渔线"进行佩戴。

5. **过渡适应**　对于初次使用助听器者来说，往往会对听取来自助听器的放大声感到不习惯,需要一段时间的过渡才能适应。

6. **更换适应**　模拟助听器更换为数字机后,由于两类助听器的工作原理不同,会产生声音不够响亮的感觉,但这种感觉不会影响声音的听取和言语的清晰度,大约经过一周的时间就会适应。

7. **坚持晨检**　每天早晨佩戴助听器之前,应常规检查助听器电池电压是否充足、音量是否够大、声音是否失真等,如有异常要及时处理,以保证助听器处于良好工作状态。

(二)助听器的维护保养

1. 耳模的维护保养

(1)每天用干燥、柔软的布料把耳模擦净,并除去声孔和通气孔内的污物。

(2)每天晚上将耳模与助听器分离,放在干燥盒中去除声导管和声孔中的水分和湿气。

(3)每周用肥皂水或稀释的洗手液洗涤一次,去掉耳模表面及声孔中的污垢和耵聍。切记不可用酒精擦洗,因为酒精可溶解耳模材料,影响密封效果。

(4)如果出现了佩戴困难、疼痛或漏声现象,要及时更换耳模。

(5)定期到助听器验配机构接受验配师的检查,以保证耳模的正常使用。

2. 助听器的维护保养　助听器属于精密电子设备,要定期进行维护和保养,以延长它的使用寿命和维持它功能的发挥。

(1)防潮:应将助听器放在阴凉、干燥处;洗头、洗澡和游泳时应将其摘下;下雨天尽量不要佩戴;不用时应将其放在干燥盒内保存。

(2)防震:尽量避免摔碰和从高处落下。

(3)防高温:应避开高温,不要将其放在阳光直射的地方。

(4)定期保洁:按时清洁助听器的外表面,每天用配套的软刷清理声孔和耵聍挡板上的耳垢。

(5)定期更换电池:电池使用时间过长,其中的化学物质会以液体的形式外漏,这种漏出液对电池仓和助听器会有严重的腐蚀作用。

(6)保护调节装置:尽量避免外力冲击各种调节装置。

(7)保护耳钩:耳钩位于助听器的最前端,也是助听器机械强度最薄弱处,不可经常旋下和掰动,以防松裂和漏声。

(8)定期送检:助听器要定期由专业人员对声学性能进行检查,必要时对内部进行清洗,以确保助听器处于良好的工作状态。

另外,助听器及配件应放在儿童够不到的地方,以防在玩耍中丢失或损坏;还要注意避免宠物的误食,造成经济损失;不要企图自行修理,以防将小问题变成大故障。

【能力要求】

一、耳模与助听器的连接与分离

(一)传统耳模的连接与分离

1. 将图 1-7-1 耳模导声管末端与图 1-7-2 助听器耳钩末端相连,注意导声管与耳钩末端要连接紧密,以防漏声。

2. 连接好后，如图 1-7-3 所示，分离与此过程相反。

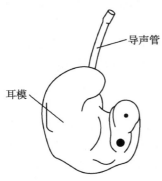

图 1-7-1　耳模导声管图

图 1-7-2　助听器耳钩

图 1-7-3　连接耳模的助听器

（二）开放式耳塞的连接与分离

1. 将助听器的传统标准耳钩取下、收好，如图 1-7-4 所示。

2. 根据佩戴者外耳道大小，选择合适规格的开放式耳塞与相应耳别的导声管一端相连，并使助听器与导声管的另一端相连、旋紧，图 1-7-5 所示，分离与此过程相反。

图 1-7-4　取下传统耳钩

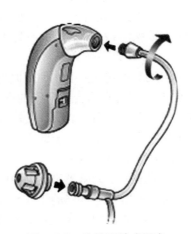

图 1-7-5　连接开放式耳塞

二、助听器的佩戴方法

1. 用电耳镜检查耳道是否清洁、有无异物、皮肤有无损失等。

2. 连接好助听器，助听器与导声管之间要结合紧密，否则，容易造成助听器脱落，使助听器损坏或丢失。

3. 依次将耳模送入外耳道、耳甲腔、耳屏，嵌入紧密，如图 1-7-6、图 1-7-7 所示。

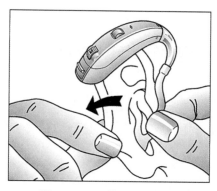

图 1-7-6 耳模放入耳甲腔

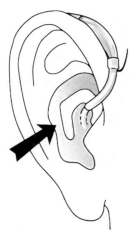

图 1-7-7 压紧耳模

三、助听器电池的选择、测试、安装、取出

（一）电池的选择

电池是助听器正常工作的动力源泉。一般而言，助听器的增益和输出越大，所需要的电池能量也就越大，相应的电池体积也越大。助听器在使用中应选用助听器的专用电池，根据助听器的型号选择相应大小的电池，具体使用步骤为：撕开电池上的小标签，等待 60秒左右，让足够的氧气进入以激活电化学系统，电池一旦激活，就会慢慢地耗竭。不用时，把小标签贴回去可以减少消耗，但它不能完全阻止这一过程。

除了盒式助听器使用普通 5 号或 7 号电池外，其他助听器均使用纽扣电池，常用的型号分别为 A675、A13、A312、A10，如图 1-7-8 所示。

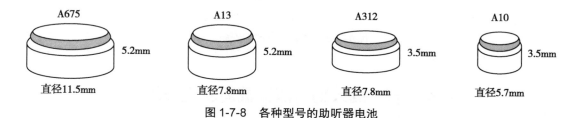

图 1-7-8 各种型号的助听器电池

1. A675 是目前助听器用的纽扣电池中最大的，常用于大功率耳背式助听器，使用时间在 10～15 天。

2. A13 厚度与 A675 相同，但是直径变小，常用于中小功率耳背式助听器或耳内式助听器，使用时间在 10～15 天。

3. A312 与 A13 直径相同，但是厚度变薄，常用于耳道式助听器，使用时间在 5～8 天。

4. A10 厚度与 A312 相同，但是直径变小，常用于完全耳道式助听器，使用时间在 5～8 天。

（二）电池的测试

在使用电池之前，对电池是否有电进行测试，以便更好地使用助听器和准备备用电池。

具体方法主要有两个：①用电池测试器测试电力是否足够；②进行声反馈粗略测试，将助听器安装好电池放于手中，呈握鸡蛋状，握紧、放松，如此反复，根据助听器发出的强、弱啸叫声，判断电池的电力。

（三）电池的安装与取出

1. 根据助听器的类型选择合适的电池型号，撕下电池上的小标签，等待 60 秒左右，如图 1-7-9 所示。

2. 打开电池仓门。

3. 将电池放入电池仓，注意正负极放置要正确。

4. 合上电池仓门。

5. 轻轻地打开电池仓门，将电池取出。

6. 电池不用时，把小标签贴到电池上，可以减少消耗。

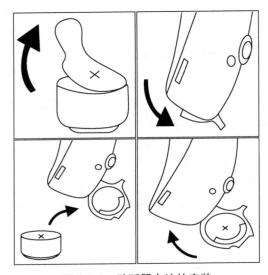

图 1-7-9　助听器电池的安装

第二节　成人助听器佩戴适应性训练

一、成人听障者的心理特点

按照听力障碍发生的时间，成人听力障碍大致可分为以下三种情况：

1. 自幼出现较严重的听力障碍，导致不具备语言学习的条件，成年后也无法用口语与他人进行交流，称之为语前聋，例如一些先天性听觉器官发育异常、出生缺陷导致听觉器官受损者等。这类患者大部分可借助手语、手势语、书面语与人沟通。他们中的许多人生活环境相对封闭，心理上不太认同口语，甚至认为健听人也应该学习手语，以方便与他们的交流。因此对助听器持不认可的态度，即便勉强验配了助听器，也多借各种理由不认真佩戴，更谈不上长期使用。

2. 幼年时听力正常，语言学习途径通畅，到成年时已经有了良好的语言基础，后因疾病、药物、外伤、意外等原因导致听力出现了障碍，称之为语后性听力障碍，如突发性聋、药物性聋等。这类患者在听力障碍发生的初期，大都求助于临床医疗，迁延了很长时间方开始接触助听器，有些甚至丧失了宝贵的康复机会。由于他们有很好的听觉经验，对助听器的期望值很高，助听后的声音有一点异常，他们也能够感觉到，所以初次验配调试时，比较费时费力。也由于他们有良好的语言基础，所以助听器的效果比较容易显现。

3. 由于听觉器官老化导致的听力障碍，称为退行性听力障碍，多见于老年人。这类患者除了听觉器官功能障碍外，听觉中枢、语言中枢等相关高级神经反应也出现一些问题，所以他们中的许多人表现为听力不佳，但实际上认知能力、行为反应能力也有下降，往往有听到听不清、听不懂的现象发生。他们以往有丰富的聆听经验，因此对听力补偿效果有着超乎实际的期望，导致他们对助听器验配和接受产生困难，甚至对助听器的使用失去信心。

二、助听器适应性训练相关知识

助听器对于听障人士来说是一种听觉辅助装置，它只是起到补偿听力的作用，不能替代原来的听觉器官的功能，因此无论从心理上还是生理上都需要一个适应的过程，有时这个过程还显得相当漫长，对此，无论是那个年龄段的听障者都必须有足够的思想准备。

1. **心理适应** 从自由自在地听取外界的声音，到必须使用助听器来获取这些信息，其心理压力可想而知。另外，无论是何种类型的助听器，都会或多或少地留下一些外在痕迹，况且在使用过程中，也都会有意无意地暴露出一些生理缺陷，对于成年人来说，这往往会成为他拒绝助听器的重要原因。但若想从助听器中获益，就必须从心理上接受这个现实。当下，人们已经完全可以接受视力障碍者佩戴眼镜，将来也一定会接受助听器对听力障碍的帮助。当然，要实现这一点，除了全社会要改变对听障人士的认识外，还需要专业人员在助听器的体积、外形，特别是性能上再美化、再提高。

2. **生理适应** 镶装过义齿或种植过牙齿的人都有过这样的体会，就是无论医师的技术再好，镶装工艺再精，从医院出来后，口腔内都会产生一种不适感，但大约一周之后，这种感觉就会逐渐消失，这种现象就是生理性适应。初戴助听器碰到的问题比装义齿和种植牙要多，比如自听过响、堵耳效应、声音失真、杂音过多等，但这些也都是暂时的，只要正确佩戴，一般经过2～3个月，就可完全适应，半年后助听器就可以成为自己身体的一部分，毫无违和感。但前提是一定要坚持佩戴，不能"三天打鱼，两天晒网"。

3. **放大声的适应** 现阶段，无论数字化程度多高，经助听器放大后的声音与自然话语声还不能完全一致，听起来还是有一种机械声的感觉，这种现象一方面与放大声的失真有关，另一方面还与助听器没有完全实现实时放大输出有关，当然也有听觉器官的生理结构发生改变的原因。但这种差异不会影响到佩戴者对放大声所包含的信息的获取。同样，随着佩戴时间的延长，所有这些差别都会消失，就像我们适应不同音响设备发出的声音一样。

4. **佩戴时间的适应** 尽管从生理上来讲，只要助听器调试完成，经评估符合听力补偿的要求就可以整天佩戴，尽量不要间断。但对任何感觉系统辅助装置的适应和接纳，绝不仅仅是生理上的，更多还是心理上的。实践中经常遇到这样一种情况，就是助听器调试达到适合范围，佩戴者也感到满意。但回到家后，家人为了检验助听器的效果，不停地跟他对话，结果佩戴者很快就会产生听觉疲劳，不愿意继续佩戴了。这是因为由于长时间的听觉信息传递阻滞，未戴助听器前，听觉中枢对外界声音信息处理量明显减少，助听后，声音信息的输入量过多,超出了听觉中枢的处理能力,就会感到特别疲惫。正确的做法应该从每天佩戴 2 个小时开始,逐渐延长佩戴时间,一个月后过渡到整天佩戴。其目的是给听觉中枢留出一个逐渐适应的缓冲期,防止因一过性的听觉疲劳,导致拒绝佩戴。

5. 佩戴环境的适应 也是因为上述的原因,刚戴上助听器,切记不要立刻到声音复杂的环境中去,应该先在比较安静的环境中听取一些含义单纯的声音,例如钟表表针的走动声、自己的脚步声、纸张的翻动声、自来水的流动声等,逐渐过渡到听取自己的说话声、同伴的话语声、两人的交谈声、多人的交谈声,等适应了这些声音后,再到室外相对安静的环境中听取风声、雨声、鸟鸣声等自然界的声音,最后才能到集体活动场所去感受那些更加嘈杂的声音。数字助听器具有阻止过大声音输出的功能,但这种机制的产生需要反应时间,因此佩戴助听器后,尽量不要到能产生瞬间强声的环境中去,例如建筑工地、家装现场、钣金车间等。

三、助听效果合理期望值的建立

成年人特别是老年人希望通过助听器帮助他们找回年轻时的听感觉,这种要求完全可以理解。但部分成年人和大多数的老年人,听觉障碍不仅是听觉器官本身的问题,而是听觉、视觉、言语、认知、反应等能力均有所下降的结果。因此,助听器的听力补偿效果取决于以上各种功能的相互作用。正确认识导致自己听力障碍的原因,建立适当的期望值是成年人接纳助听器的关键,而若要建立合理的期望值,要弄清楚下列几组相对关系:

1. 听见和听清的关系 导致成年人听力障碍的原因有很多种,但多数听力损失曲线均表现为高频损失重于中频和低频。在构成语言所有音素中,决定语言清晰度的辅音大都分布在高频部分,且这些辅音能量低,极易在传播过程中损失。而分布在低频区的元音能量高,传播距离也远,是人们感受声音有无的主要成分。除此之外,从物理性能参数可以看出,助听器对低频和中频部分的放大能力强于高频,所以佩戴助听器后,常常表现为他人讲话的声音听得见(低频的功劳),但听得不够清楚(辅音听不见的原因)。解决这个问题的主要手段除了在验配助听器时,尽量补偿高频外,还可以依靠佩戴助听器与他人进行语言交流时,相对距离尽量保持在 1m 之内的方式。

2. 听清和听懂的关系 有些成年人佩戴助听器后,语声听取没有问题,甚至能复述他人的语言,但不明白其中的意思。这也是人们不愿意接受助听器的重要原因。实际上,听得清楚是听力补偿到位的表现,是可以通过调整助听器的相应性能参数实现的,助听器验配师可以在这方面发挥作用,但听得懂则是需要在听得清的基础上,发挥听觉传导通路、听觉处理中枢、听觉性语言中枢的协同作用才能达到的目的。前面已经做过描述,由于年龄的关系,成年人特别是老年人各部位的功能均有退化,所以听不懂不能全部归因于助听器,还应该从如何锻炼和发挥各语言相关中枢的作用入手才行。

3. 听觉与认知的关系 听得懂还和认知能力有着密切的关系。由于受到年龄、遗传、疾病、药物、精神压力等综合因素的影响,一些老年人会出现记忆减退、失语、失用以及行为异常等方面的症状,甚至发展为阿尔茨海默病。近年来的研究发现,听力障碍可以加速阿尔茨海默病的进展。当然也有一些听力障碍的患者同时伴发认知和智力减退方面的疾病。对于这些患者,助听器佩戴后不会马上发挥出作用,但由于增加了声音信息的持续刺激,对伴发疾病的治疗会产生积极的配合作用。

4. 个人努力和家人配合的关系　成年人佩戴助听器的主要目的是增加与他人语言交流的便利，所以若要充分发挥它的作用，除了佩戴者本人坚持不懈，尽快度过适应期外，还要求家人和朋友积极支持。担心他人发现自己的听力缺陷或者害怕听不清别人的讲话，初次佩戴助听器的患者，往往羞于同不熟悉的人交往，这时，家人和朋友、同事就成了他交流的主要对象，除了彼此了解之外，佩戴者对他们的声音最为熟悉，也最容易听懂，家人和朋友的满腔热情、主动配合往往可以大大坚定佩戴者坚持的决心。所以能否处理好相互之间的关系就成了能否佩戴成功的重要影响因素。

5. 被动接受和主动挑战的关系　听力障碍不仅影响对外界声音的听取，如果不加干预，很快就会产生语言的障碍，甚至会导致心理和人格的扭曲。对于听力障碍的态度有两种，一种是顺其自然，任其发展，有条件也不愿采取措施，最终发展到脱离社会、自我封闭的程度，严重降低自身和家庭的生活质量。与此相反的态度是勇敢地面对挑战，把助听器的佩戴当成一个再学习的机会，坚持、坚守、不放弃，最终都能实现通过助听器的帮助，回归健听人行列的目标。

实际上，在科学技术高度发达、助听器性能品质不断提高的当下，多数患者均可以通过助听器获得听力补偿，需要的只是时间和信心而已。

第三节　跟 踪 随 访

听力障碍者选配助听器后，在使用过程中，会遇到一系列的实际应用问题，其中既有助听器、耳模使用方面的，也有听觉生理、病理和心理方面的。如果处理不好，会影响他们对助听器佩戴效果的信心，影响其听力语言康复的过程。与听力障碍者保持密切联系，定期随访并及时解决他们在应用中遇到的问题，对于促使他们尽快接纳和正确使用助听器是非常必要的。

【相关知识】

一、随访时间的安排和随访方式的选择

（一）随访时间的安排

根据助听器佩戴者的年龄、需求、受教育程度和家庭经济状况等情况决定随访的时间。一般原则是小龄佩戴者随访时间间隔要短；对助听器期望值高的人随访要勤；受教育程度高的和居住地离验配地远的随访时间可适当延长。

1. 2 周岁以内的小儿，由于听觉还在发育过程中，对于初次佩戴者最好每月随访一次，连续 3 次以后，随访的时间可延长为 3 个月一次。

2. 大龄儿童和成人的初次佩戴者每 3 个月随访一次，以后时间可适当延长，但至少半年要随访一次。

3. 由于老年人对助听器的期望值高，适应能力差，因此，随访时间间隔尽量缩短，原则上每月一次，感到效果满意后可延长为半年一次。

以上是随访时间安排的基本原则，实际上只要佩戴者有需求，随访应随时进行。

（二）随访方式的选择

1. 预约到验配机构　预约到验配机构是最值得提倡的一种形式，特别是对于低龄儿童和高龄佩戴者。在验配机构可以即时解决他们提出的问题，也便于与以前的资料进行对比。缺点是佩戴者需要花费一些时间；路途远者需要一定经济支持；高龄佩戴者行动不方便，出行有不安全因素。

2. 预约到佩戴者家中　这种形式的好处是节省了助听器佩戴者的时间和经费。另外这种方式还具有以下优点：一是可以观察到佩戴者的生活环境，有针对性地对助听器的使用进行指导；另一方面可以面对面地征求家人的意见和建议。缺点是可能由于条件所限，有些问题不能马上解决。

3. 流动服务车回访　近年来，国家公益项目为各地配发了辅助器具流动服务车，一些企业也有相应的流动车服务活动，这种方式的优点是解决了佩戴者的旅途之困，提高了回访的效率。缺点是受限于服务车的数量，目前还做不到随叫随到。

4. 电话回访　对于反应灵敏、表达准确、能使用助听器"T"挡接听电话的大龄儿童和成年佩戴者是一种值得提倡的方法，对于那些佩戴时间较长、效果稳定、能用电话交流的佩戴者也是首选的方式。缺点是不适合小儿和老年佩戴者。

5. 问卷调查　特别适合居住地离验配机构较远的佩戴者，也有利于资料的汇总分析，只是反馈间隔时间和解决佩戴者提出问题的时间稍长，另外需要佩戴者有一定的文字理解能力和书面表达能力。

6. 网络回访　优点是便捷、随时、效率高，特别适合接受能力强、年轻的佩戴者。缺点是要求有相应的硬件条件，不太适合老年人使用。

二、随访的具体内容

1. 了解裸耳听力的变化　由于受遗传、发育或疾病等方面的影响，随时间的推移，有些佩戴者的听力可能发生一定的变化，例如近年来在儿童中发病率较高的大前庭导水管综合征，可导致明显的波动性听力变化，这些变化肯定会影响助听器的效果，因此一定要成为随访的重要内容。

2. 指导助听器的使用　在验配时，专业人员一定会给他们讲解助听器的使用方法、耳模的佩戴保养、电池的安装更换等方面的知识。但几乎所有的佩戴者或他们的家长（家人）在使用过程中还会提出这些方面的问题，最多的是如何防止助听器啸叫、助听器如何防潮、一天戴多长时间、耳模多长时间更换、软耳模好还是硬耳模好、如何知道电池是否有电等问题。要尽可能地给予详细答复。

3. 指导适应性训练　要想使助听器尽快发挥作用，佩戴者首先要认可接纳并坚持使用。但由于听觉能力的改变，他们听到了原来听不到和听不清的声音，会感到不习惯、不适应，特别是初次佩戴和调试以后。小儿往往会表现出哭闹、拒绝佩戴助听器；家长也会对助听器效果产生怀疑。随访时有一半以上的人会反映这种情况。要按照助听器适应性训练的方法，帮助他们度过适应期。

4. 帮助建立正确的期望值　尽管近年来数字化技术使助听器性能显著提高，但它仍不能完全弥补听力障碍者听觉器官的功能缺陷。另外，由于听力障碍者听力损失程度、学习能力、工作性质、生活环境和心理素质的不同，他们对助听器期望值有着极大的差别，要分析佩戴者的具体情况，帮助他们建立适当的期望值。这往往是初次随访的重要内容。

5. **了解听觉感知和认知变化**　助听器佩戴后，本人和家人最关心的是听到了什么、听清了什么、听懂了什么，这也是专业人员最想了解的内容。由于年龄、智力、使用技巧和语言环境的不同，佩戴者的表现会有很大的差别。小儿由于对声音没有本质的认识，在刚戴上助听器时，对声音会出现一过性的恐惧、紧张，但这种现象很快就会过去。在听觉概念没有完全建立起来之前，他们似乎对声音没有反应，这是家长最迷茫的时段，总感觉儿童的听觉能力没有变化，更不用说语言的学习，其实这是一个听觉和语言的积累过程。随着听感知、听认知经验的增加，听和说的能力就会有明显的提高。这段时间的长短因人而异，不可能完全一致，但只要助听器配的合适，一般每隔 3 个月就会有明显的变化。对于成年人和老年人来说，不存在听觉的学习过程，助听器佩戴后很快就会感到有变化，但他们适应和习惯助听器的时间会更长一些。

6. **调查言语听觉清晰度的改善**　只有听得清才能说得好，所以言语听觉清晰度的变化是一个反映听觉能力改善的硬性指标。一般可以通过语音听觉识别、双音节词及短句听觉识别的方法所获得的言语最大识别得分来判断佩戴者的言语听觉清晰度。对于小儿，一开始也可以通过复述林氏六音的方法，间接了解他们的听觉分辨率和言语听觉清晰度的改善。

7. **解除心理疑虑**　助听器佩戴者，特别是听力障碍儿童的家长，最着急的是听觉能力能否达到适当的水平，最期望的是语言交流的尽快实现，最担心的是助听器能否加重听力损失，也有的人期望助听器对听力障碍者有治疗作用，通过一段时间的佩戴，就可以使听力恢复正常。要根据佩戴者的综合情况向他们或者他们的家长进行说明，语言的学习是一个循序渐进的过程，不是一戴上助听器就可以立刻实现的，对于那些听力损失严重、听力补偿效果不足的也要明确告知，以便取得家长的支持和理解。无论是小儿还是成人，只要经过科学的验配，助听器不会导致新的听力下降，但助听器对听力障碍也不会有治疗作用，这一点也要与佩戴者解释清楚。

8. **帮助制订新的康复计划**　通过随访，掌握了佩戴者的康复现状，可以总结过去的经验，结合当前的实际情况，调整并制订新的康复计划。

三、随访记录的要求

无论采取何种随访方式，一定要有留有详细记录并存档备查。常规的做法是在随访前，根据受访者的具体情况编制问卷调查表，随访时逐项进行填写，既防止漏项又节省了时间，值得推荐。

借鉴国际比较成熟的做法，问卷调查表主要包括：助听器每日生活使用满意度调查表（SADL）、助听器效果评估简表（APHAB）、助听器效果国际性调查问卷（IOI-HA）、患者自我听觉改善分级问卷（COSI）、老年听力障碍调查表（HHIE）等。也可以根据实际情况自行设计问卷，问卷内容主要包括：听力障碍者基本概况（包括姓名、年龄、性别、出生年月、联系方式、家庭地址等）；生活、工作声音环境情况（主要记录生活工作的噪声情况及接触人员多少）；助听器的基本佩戴情况（包括每天佩戴时间、助听器佩戴史等）；助听器使用过程中遇到的问题；通过助听器能够解决的问题等。只有全面了解助听器的使用情况，才能准确地制订和实施干预方案。

随访的目的主要是了解助听器对佩戴者有多大的帮助，是否存在问题，需不需要重新调整助听器的各项性能参数，以保证最好的听力补偿效果，所以，对于随访中发现的问题，一定要及时解决。对于采用面对面随访的，可以给佩戴者实时的解决方案，但是还有一部分是通过电话随访、问卷调查等方式进行的，对于这部分听力障碍者的问题，简单的问题可以通过电话进行口头解释及指导，疑难问题就要预约到验配机构进行详细的检查并解决。

四、随访中常见问题的处理

1. 佩戴者听力情况的变化　当小儿佩戴者的家长反映，最近儿童不愿意戴助听器，或者在与他们交流时总是在反问；当成年佩戴者诉说佩戴助听器后感觉声音太小，听觉不如以前时，首先应该想到的是他们的听力是不是有下降。前已述及，由于各种原因，有一部分听力障碍者的听力不能稳定在一个水平上，因此，一定要反复追踪检查听力，直至连续 3 次检查变化不大时，再对助听器进行彻底调整。在听力波动过程中的助听器调整一定要慎重。

2. 佩戴耳模和助听器的情况　虽然在验配机构，专业人员会教给佩戴者或家人摘、戴耳模和使用助听器的方法，但部分人对此没有深刻的体会，回到家中不能正确操作的仍占相当比例，特别是那些使用软耳模的佩戴者。由于操作不当，在佩戴和摘取耳模时不但感到麻烦，而且产生不适感甚至痛苦，一部分人会因此而对助听器产生厌烦，有些小儿更是会因此拒戴。随访时一旦发现这类问题要立即进行指导，告之一些操作技巧，例如佩戴前在耳模表面涂少量医用凡士林，使其旋转时表面光滑，不伤及皮肤，且增强密闭性等。

3. 是否度过适应期　无论是小儿还是成人，首次使用助听器都有一个适应过程，我们强调的佩戴原则是声输出先小后大；佩戴时间先短后长；佩戴环境先静后噪；听取声音先简单后复杂；小儿与成人的适应期一般都是 1～2 个月。对于小儿来说如果拒绝使用，或者虽然允许佩戴，但一打开电源开关就烦躁或哭闹，说明助听器可能不适合他，需要及时调整。无论年龄大小，度过适应期的标志是自己主动要求佩戴，且不愿意摘下。

4. 助听器高、中、低频补偿是否平衡　助听器验配水平的高低不是看佩戴者能否听到声音，而是各频率补偿是否平衡。感音神经性听力损失的特点是高频重于低频，而受限于助听器的高频放大能力不如低、中频，同时高频的放大又会带来助听器的啸叫，如何解决这些个矛盾取决于验配师的验配技巧和经验。初次验配，为了展现助听效果，低、中频的补偿往往会大于高频，这对语言的听取和学习是不利的，在随访中一旦发现此问题，要及时予以纠正。

5. 是否有了听觉意识　佩戴了助听器，能感受到声音只是"听"的开始，能利用助听器培养自己的听觉意识、养成聆听习惯才是康复听力、学习语言的第一步，由于已经有了"听"的经验，这对于成人来说比较容易，但对于小儿特别是语前聋的小儿来说，这将是一个艰难的过程。要尽快达到目的，除了需要助听器的补偿效果好，还需要科学的康复方法和熟练的训练技巧。如果迟迟达不到聆听的程度，必将影响语言的学习。因此随访时不但要注意听感觉的水平，更要注意听认知的程度。

6. 言语识别率得分　目前检验助听器效果的方法有很多，前已述及，实际上最好的检验方法是评估佩戴助听器后的言语识别率得分，避开视觉，让佩戴者复述或指出他听到的字、词或句子。测试用的材料要与他们的语言年龄相吻合。随访记录中给出的字词可以替换。言语清晰度调查用的林氏六音测试非常方便，无论是患者还是聋儿家长都易掌握，值得推荐。

7. 是否从心理上认同助听器　对于有些大龄儿童和成人，由于害怕暴露生理缺陷，尽管助听器对他们有很大帮助，他们也不愿接受，或者只是有条件的接受。例如在家里或熟悉的人面前戴，到工作单位或参加社会活动时不戴。这虽然是个心理问题，但对于助听器效果的发挥会有严重影响。在随访中一定要对此给予关注。

8. **学会使用助听器辅助装置**　随着数字技术的不断应用，助听器的功能也在不断增加，利用"T"挡接听电话和使用电磁感应装置、无线放大系统、蓝牙技术等在我国也越来越普遍。在随访时，了解他们对这些技术的掌握，一方面是为了更好地发挥助听器的作用，方便他们的生活和学习。另一方面是掌握他们对新技术的兴趣，以便在制订新的康复计划时作出更合理的安排。

9. **制订新的听力康复计划**　通过随访，了解佩戴者当下的听力情况、耳模情况、助听器的效果、康复的成效等，在此基础上，制订出更切合实际的康复训练计划，这才是跟踪随访的最终目的。

【能力要求】

一、工作准备

1. **制定随访计划**　根据受访者的年龄特点、佩戴助听器的种类、初次佩戴时的表现、对助听器的期望值等"量身定制"随访计划。

2. **编写随访调查问卷**　可以使用常规的调查问卷，最好是根据受访者情况，编写个性化的随访调查表。

3. **选择随访设备**　根据受访者的情况，准备听力检测、耳模取样、助听器调试及相应设备设施，如需到患者家中，还要考虑交通工具等。

二、工作程序

1. 接诊受访者，了解助听器佩戴过程中遇到的问题。

2. 访问家人或同学、同事，倾听他们对受访者佩戴助听器后变化状况的信息。

3. 如果访问的地点是受访者家中或工作（学习）单位，要观察所处的生活、学习环境对助听器作用发挥的影响。

4. 解答受访者提出的问题，并给出解决这些问题的办法。

5. 观察耳模的外在变化，决定是否需要重新配制。

6. 复查受访者听力，并根据他的诉求调试助听器的工作状态。

7. 以言语测试为主要手段，评估助听器的听力补偿效果。

8. 制订下一步康复计划。

9. 将上述随访过程详细记录，并存入该患者的康复档案。

以上是面对面随访时的做法，如果是问卷、电话、网络等非面见形式的随访，则主要以解答问题，指导助听器使用为主。如遇到解决不了的问题，需预约面见随访。

三、注意事项

1. 随访计划要因人而异，要具有个性化的特点。

2．随访时态度一定要诚恳，千万不要有嫌麻烦的心态。

3．对于低龄儿童和高龄老人，最好去家中随访，实地了解他们的佩戴环境有助于制订有针对性的指导方案。

4．有些佩戴者特别是老年人遇到的问题不一定全是助听器佩戴的问题，要洞察他们的心理活动，适当处置。

5．家人在帮助他们习惯助听器的佩戴方面具有重要作用，要把他们纳入随访的重要对象。

6．指导佩戴、教会适应、鼓励康复应贯穿于随访的全过程。

（陈振声　张　红）

思　考　题

1．助听器的调节装置主要有哪些？

2．助听器佩戴的主要步骤有哪些？

3．助听器的日常维护需要注意哪些方面？

4．耳模的日常维护需要注意哪些方面？

5．助听器适应性训练的主要内容是哪些？

6．影响老年听障者助听器效果的主要因素有哪些？

7．随访的时间和方法怎样确定？

8．随访的主要内容是什么？

9．随访计划包括哪几方面的内容？

10．怎样正确处理随访过程中出现的问题？

第二篇　国家职业资格三级

第一章　儿童病史采集及听力与助听器验配咨询

第一节　儿童耳及听力病史采集

【相关知识】

对于病史的采集的意义、对象、步骤和注意事项,总体上同成人。参见第一篇第一章。但儿童的病史采集有一定的特殊性,应重点关注以下内容。

一、听力筛查及诊断史

新生儿听力筛查在我国开展已 20 年,实现了大部分地区从城市到乡村的覆盖。在此大背景下,对于儿童听力障碍的病史采集与咨询,建议从是否接受新生儿听力筛查开始:

询问是否接受新生儿听力筛查,如果没有,则需要询问原因。如果已接受新生儿听力筛查,那么听力筛查是否通过,单耳通过还是双耳通过,且需要询问听力筛查使用的是何种方法。我国《新生儿听力筛查技术规范》规定:正常出生新生儿实行两阶段筛查。出生后 48 小时至出院前完成初筛,未通过者及漏筛者于 42 天内均应当进行双耳复筛。初筛和复筛均使用筛查型耳声发射仪和 / 或自动听性脑干反应仪进行筛查。复筛仍未通过者应当在出生后 3 个月内转诊至儿童听力诊断中心接受进一步诊断。新生儿重症监护病房(NICU)的婴儿出院前进行自动听性脑干反应(AABR)筛查,未通过者直接转诊至听力障碍诊治机构。

目前我国部分地区已经开展了新生儿耳聋基因筛查,询问病史时应该询问儿童是否接受过耳聋基因筛查,筛查结果如何。若基因筛查发现致聋突变,是否接受过遗传咨询。

若双耳均通过听力筛查,其后应询问患儿对声音的反应是否符合其月龄、年龄。若未通过新生儿听力筛查,应询问其是否在 3 月龄、6 月龄接受听力诊断,诊断结果如何,是否接受干预。接受了何种措施的干预,效果如何。

如果家长(监护人)能提供患儿听力损失准确时间,则需要进一步了解是否佩戴过助听器,佩戴后的效果,佩戴助听器后是否定期复查听力。

二、听觉及言语发育史

小儿的听觉言语功能是逐步发育成熟的,听觉和语言的发育具有时间锁相性并相互依赖。了解小儿的听觉言语发育规律对于指导听障儿童的诊疗工作非常重要。对于已经到了学语年龄的儿童，需要询问言语能力，即患儿是否能说完整的句子，还是仅能说少数词语。条件允许时，应尽量在家属的帮助下引导儿童展示言语能力，比如唱一首儿歌，讲个小故事，或者介绍一下幼儿园的老师、同学，听听患儿发音是否清晰，从中能分析耳聋发生的时间。如果为近期发生的耳聋，则通常仍然有较好的言语能力，如果言语含糊不清，则可以推断患儿听力障碍时间较长，甚至是出生即存在。

听障儿童进行助听器干预的目标是赶上或接近同年龄段正常儿童言语发育的水平。正常儿童听觉言语发育规律大致如下：

（1）0~3个月，刚出生的婴儿对50~60dB（A）的声音会作出反应，表现为睁眼、握拳、从睡眠中醒来，对大声可有惊跳反应。随着颈部的发育，大约3个月时，可对水平方向的声源进行定位。此阶段尚处于无意识交流阶段，会哭喊或发出咿呀的声音。

（2）4~7个月，对35~40dB（A）的较轻的声音会作出反应，能定位水平方向及后方的声源。开始有意识的语言交流，能大笑和发出单调的音节。

（3）8~12个月，对较轻的有意义的声音可表现出兴趣，能定位水平方向和垂直方向的声源。对名字和简单的短语（如再见）作出反应。开始模仿大人所发的单音节词。结合手势对一些词义可以理解（如再见）。

（4）13~24个月，能定位所有方向的声源。能听懂简单的指令。能说2~3个字的词或句子。

（5）2~5岁，能遵循简单指令完成指定任务。语言能力上可以说歌谣、唱歌，开始识字。

三、儿童听力障碍病史采集的注意事项

1. 首先需要基本掌握儿童听力障碍的常见疾病及儿童听力诊断的技术、儿童听觉言语发育的规律等基础知识，有目的、有条理地进行病史采集。在与儿童及其监护人沟通过程中所展示出来的专业素养，以及对患病儿童的关怀、对患儿家庭的体贴，会赢得患儿及监护人的充分信任，也会鼓励监护人认真描述儿童患病的细节。反之，若病史采集过程中思路混乱，条理不清，则可能损害患儿监护人描述病情及诊治经过的欲望，导致遗漏疾病细节。

2. 患儿的病史多数由监护人提供。其可信程度与其受教育程度、观察能力，以及与儿童接触的程度有关。需要特别提出的是：部分留守儿童平日主要由祖辈照料生活，而发现听力障碍后多数由平常不在身边的父母陪同，因此病史细节需要反复核实。

【能力要求】

认真学习儿童耳及听力病史采集的相关知识，掌握新生儿听力筛查相关的技术规范和小儿听觉及言语发育史。

1. 了解新生儿听力筛查相关的技术规范：正常出生新生儿实行两阶段筛查。出生后48小时至出院前完成初筛，未通过者及漏筛者于42天内均应当进行双耳复筛。复筛仍未通过者应当在出生后3个月内转诊至儿童听力诊断中心接受进一步诊断。新生儿重症监护病房（NICU）的婴儿出院前进行自动听性脑干反应（AABR）筛查，未通过者直接转诊至听力障碍诊治机构。

2. 掌握正常儿童的听觉言语发育过程，能进行儿童言语发育史采集。

3. 掌握儿童病史采集的要点和注意事项。

第二节　儿童相关病史采集

【相关知识】

一、孕产期听力损失高危因素史

孕期和围产期的很多因素可能对听力产生影响,称为听力损失的高危因素。存在高危因素的儿童,发生听力损失的比例远高于普通儿童。询问儿童是否存在听力损失高危因素,有助于听力损失患儿的诊治。我国《新生儿听力筛查技术规范》规定:具有听力损失高危因素的新生儿,即使通过听力筛查仍应当在 3 年内每年至少随访 1 次,在随访过程中怀疑有听力损失时,应当及时到听力障碍诊治机构就诊。

目前比较明确的听力损失高危因素包括以下方面:

(1)新生儿重症监护病房(NICU)住院超过 5 天。

(2)儿童期永久性听力障碍家族史。

(3)巨细胞病毒、风疹病毒、疱疹病毒、梅毒或毒浆体原虫(弓形体)病等引起的宫内感染。

(4)颅面形态畸形,包括耳廓和耳道畸形等。

(5)出生体重低于 1 500g。

(6)高胆红素血症达到换血要求。

(7)病毒性或细菌性脑膜炎。

(8)新生儿窒息(Apgar 评分 1 分钟 0～4 分或 5 分钟 0～6 分)。

(9)早产儿呼吸窘迫综合征。

(10)使用体外膜氧合器。

(11)机械通气超过 48 小时。

(12)母亲孕期曾使用过耳毒性药物、祥利尿剂或滥用药物和酒精。

(13)临床上存在或怀疑有与听力障碍有关的综合征或遗传病。

二、儿童生长发育史

部分听障儿童可能合并其他方面的异常,甚至为多重残疾或综合征型耳聋等。因此除听觉言语相关病史之外,还应询问儿童其他方面的发育史。包括大运动、精细运动、视力、社会交往能力等。

【能力要求】

认真学习儿童相关病史采集的知识,了解孕产期听力损失的高危因素及小儿生长发育史。掌握儿童听力障碍病史采集的注意事项。

1. 了解孕产期听力损失的危险因素,能进行母亲孕产史及听力损失危险因素的采集。

母亲孕期有无感染史,如巨细胞病毒、风疹病毒、疱疹病毒、梅毒及弓形体病等,是否患有甲状腺功能减退、糖尿病等疾病,母亲孕期是否使用不当的药物,尤其是耳毒性药物,是否接触放射线。分娩期间是否有新生儿缺氧、产伤、早产、极低出生体重儿、高胆红素血症、新生儿溶血、新生儿窒息等。

2. 了解小儿生长发育史。儿童的生长发育可以分为胎儿期、新生儿期、婴儿期、幼儿期、学龄前期、学龄期和青春期。了解小儿的体格发育、智力发育特点,并了解部分听障儿童可能合并其他方面的异常,甚至为多重残疾或综合征型耳聋等。

3. 了解儿童病史采集的要点和注意事项。

(曾祥丽　商莹莹)

第二章 听力检测

第一节 声导抗测试

声导抗测试可用于评估受试者中耳传声系统、内耳功能、听神经及脑干听觉通路功能。

临床常用的声导抗测试主要包括三部分：鼓室图、同对侧声镫骨肌反射（简称声反射）和咽鼓管功能测试。鼓室图主要用于评估受试者外耳道、中耳及咽鼓管功能的相关信息，如外耳道是否耵聍栓塞、鼓膜是否穿孔、咽鼓管功能是否正常等。声反射主要用于评估受试者中耳功能是否正常、听力损失的程度和性质及声反射弧是否完整等。咽鼓管功能测试可用于评估咽鼓管功能。

【相关知识】

一、声导抗仪的结构

图 2-2-1 为声导抗测试设备的简单示意图。声导抗测试设备的一端为探头，在探头处会固定一个柔软且有弹性的耳塞，用以保证舒适度和耳道密封性。如图所示，探头内一般有四个管道，分别为同侧声反射信号发声器、探测音发声器、气泵和麦克风。此外，如果测

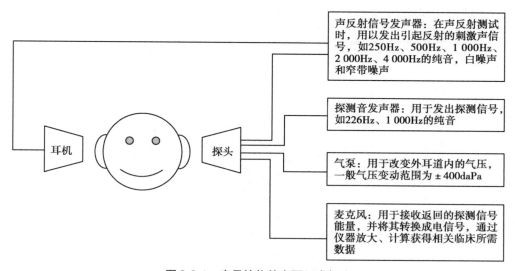

声反射信号发声器：在声反射测试时，用以发出引起反射的刺激声信号，如250Hz、500Hz、1 000Hz、2 000Hz、4 000Hz的纯音，白噪声和窄带噪声

探测音发声器：用于发出探测信号，如226Hz、1 000Hz的纯音

气泵：用于改变外耳道内的气压，一般气压变动范围为±400daPa

麦克风：用于接收返回的探测信号能量，并将其转换成电信号，通过仪器放大、计算获得相关临床所需数据

图 2-2-1 声导抗仪的主要组成部分

试设备能够进行对侧声反射测试，其还应配备有对侧耳机用以在进行对侧声反射测试时提供刺激声信号。

二、声导抗测试原理

在声学中，声波在介质中传播需要克服介质分子位移所遇到的阻力称为声阻抗（acoustic impedance），被介质接纳传递的声能叫声导纳（acoustic admittance），两者合称为声导抗（acoustic immittance）。当声音强度固定时，介质的声阻抗越大，则声导纳越小，即两者呈倒数关系。介质的声导抗取决于它的质量（mass）、劲度（spring）和摩擦（friction）。其中质量主要影响高频声音的传递，劲度主要影响低频声音的传递，而摩擦对所有频率声音的传递均会有影响。对于成人而言，中耳是一个以劲度为主的传声系统，而对于婴幼儿，中耳则是一个以质量为主的传声系统。因此在对成人和婴幼儿进行声导抗测试时，在探测音频率上应有所区别。对于成人，我们应使用低频探测音（如 226Hz 探测音），而对于婴幼儿（尤其是6 个月以内的婴儿）则应使用高频探测音（如 1 000Hz 探测音）并同时使用低频探测音。

三、鼓室图的含义

鼓室图测试（tympanometry）主要是通过在受试者外耳道内动态测试中耳声导抗值与气压变化之间的关系来了解其中耳功能状况。目前临床中使用的测试设备主要是测试中耳声导纳值与气压变化之间的动态关系，其在不同压力下获得的声导纳值可绘成相应的鼓室图（tympanogram）。

目前临床中最常使用 226Hz 探测音进行单成分鼓室图测试。对于婴幼儿（尤其是 6 个月以内的婴儿），由于中耳是一个以质量为主的传声系统，因此目前各相关指南均开始提议使用高频探测音（如 1 000Hz 探测音）进行单成分鼓室图测试。我们在使用 226Hz 探测音时，还可以获得以下几项临床中常用的参数，包括：

峰补偿静态声导纳（peak compensated static acoustic admittance）：用 Y_{tm} 表示，即测试平面测得的声导纳峰值减去外耳道内空气的声导纳值（通常使用外耳道压力在 +200daPa 时测得的声导纳值），如图 2-2-2 所示，$Y_{tm}=a-b$。

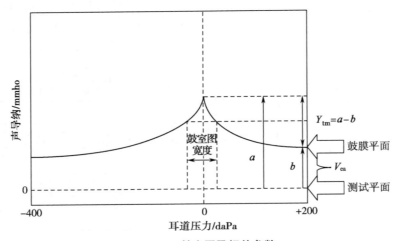

图 2-2-2　鼓室图及相关参数

等效外耳道容积（equivalent ear canal volume）：用 V_{ea} 表示，使用"等效"主要是因为它不是外耳道容积的直接测量值，而是由于在海平面水平，如果使用 226Hz 探测音时，1ml 气体的声导纳值为 1mmho。因此可以通过外耳道内空气的声导纳值来推算出外耳道容积。目前临床中常使用外耳道压力在 +200daPa 时测得的声导纳值进行推算。

峰压值（Tympanogram Peak Pressure，TPP）：在单峰鼓室图中，与鼓室图峰值所对应的压力值。

鼓室图宽度（tympanogram width，TW）：补偿声导纳值等于峰补偿静态声导纳值一半的两点之间的距离。

目前对于各项参数的正常值范围还没有统一的标准，相关研究众多，表 2-2-1 显示了其中一项研究的结果[Shahnaz 和 Bork（2008）；测试对象年龄范围：18~34 岁]，表 2-2-2 显示为正常中国儿童相关参数的研究结果。

表 2-2-1　18 岁及其以上正常中国人的鼓室图相关参数研究结果

对象	统计量	Y_{tm}/mmho	TW/daPa	TPP/daPa	V_{ea}/ml
男 （27 人）	平均值	0.67	107	-5.00	1.32
	标准差	0.29	72	13.80	0.25
	90% 置信区间	0.30~1.20	40~290	-35.00~5.00	1.00~1.70
女 （26 人）	平均值	0.37	128	-4.04	1.06
	标准差	0.20	70	7.50	0.25
	90% 置信区间	0.20~0.70	70~225	-15.00~5.00	0.70~1.60
合计 （53 人）	平均值	0.51	118	-4.50	1.18
	标准差	0.29	61	10.90	0.28
	90% 置信区间	0.20~1.10	50~265	-20.00~5.00	0.70~1.60

注：TW，鼓室图宽度；TPP，峰压值。

表 2-2-2　正常中国儿童鼓室图相关参数的研究结果

研究	年龄范围	测试人数	统计量	Y_{tm}/mmho	TW/daPa	TPP/daPa	V_{ea}/ml
Bosaghzadeh（2011）	5~7 岁	80	平均值	0.36	120.26	-15.32	0.78
			90% 置信区间	0.20~0.61	75.00~170.00	-65.50~20.25	0.60~1.00
Wong 等（2008）	6~15 岁	556	平均值	0.42	118.00	-9.80	0.98
			90% 置信区间	0.20~0.70	70.00~205.00	-95.00~30.00	0.60~1.50

注：TW，鼓室图宽度；TPP，峰压值。

四、鼓室图测试的临床应用

Liden（1969）首先对单成分鼓室图（226Hz）的分类方法进行了报道。之后 Jerger（1970）、Jerger 等（1972）和 Liden 等（1974）对这一方法进行了修正从而形成了目前通行的分类方法。其中每种类型均与不同的中耳病变有较密切的关系。如图 2-2-3 所示：

A 型：单峰，钟形，峰压值在 $-100\sim+100$daPa 范围内，声导纳值在 0.3～1.6mmho。多见于正常中耳系统。

A_d 型：单峰，钟形，峰压值在 $-100\sim+100$daPa 范围内，声导纳值大于 1.6mmho。多见于听骨链中断、鼓膜病变（如鼓膜愈合性穿孔、鼓膜钙斑）等。

A_s 型：单峰，钟形，峰压值在 $-100\sim+100$daPa 范围内，声导纳值小于 0.3mmho。多见于中耳积液或听骨链固定等。

B 型：鼓室图较为平坦，无明显峰值。多见于鼓室积液、鼓膜穿孔、耵聍栓塞、探头被堵塞等。

C 型：单峰，钟形，峰压值小于 -100daPa，声导纳值一般正常。多见于中耳负压的情况。

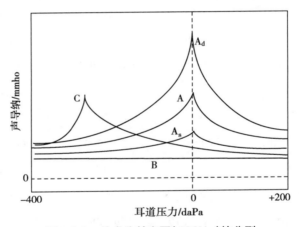

图 2-2-3　单成分鼓室图（226Hz）的分型

五、声反射的解剖路径和生理机制

声反射（acoustic reflex）是指在高强度声音的刺激作用下中耳肌肉的反射性收缩。当任意一侧耳朵接受高强度声音刺激时，会引起双侧中耳肌肉反射性收缩。

由于镫骨肌收缩会牵拉镫骨向后运动，使镫骨底板离开前庭窗、中耳传导系统的劲度增加等，从而减少了到达内耳的声音能量，达到保护耳蜗的作用，因此目前认为其是一种保护性的反射。不过，由于声反射有一定的潜伏期，因此对于爆炸声或间歇期极短的脉冲声波等，其对内耳的保护作用尚有争议；而对于持续性低频强声等，其具有一定的保护作用。

声反射弧如图 2-2-4 所示，当一侧耳朵接受高强度声音刺激时，各有两条反射弧用于引起同侧和对侧声反射。

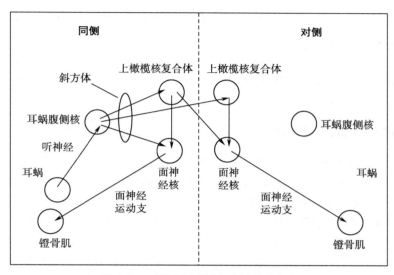

图 2-2-4　同侧和对侧声反射弧示意图

六、声反射测试的内容

在声反射测试时，一般使用 226Hz 探测音。目前临床中较常使用的内容有两种，分别为声反射阈测试和声反射衰减测试。

（一）声反射阈测试

声反射阈（acoustic reflex threshold，ART）是指能够引起声反射的最小声音刺激强度，一般以 dB HL 作为单位。也就是说高于此强度的刺激声都可引出声反射，且随着刺激声强度的增加，声反射的幅度也会随之增大。

目前临床上通常使用 500Hz、1 000Hz、2 000Hz 和 4 000Hz 纯音作为刺激声，反射阈的正常值范围为 85～100dB HL，表 2-2-3 显示了当使用纯音作为刺激声时，同侧和对侧声反射阈的正常平均值和标准差。

表 2-2-3　同侧和对侧声反射阈正常平均值和标准差
［纯音作为刺激声，基于 Wiley 等（1987）的研究结果）］

频率 /kHz	对侧声反射阈 /dB HL		同侧声反射阈 /dB HL	
	平均值	标准差	平均值	标准差
0.5	84.6	6.3	79.9	5.0
1	85.9	5.2	82.0	5.2
2	84.4	5.7	86.2	5.9
4	89.8	8.9	87.5	3.5

（二）声反射衰减测试

声反射衰减（acoustic reflex decay），也叫适应（adaptation），是指在持续的声音刺激情况下，声反射幅值会出现下降的现象。目前常用的测试方法是使用纯音作为刺激声，将强度设置为获得的声反射阈值上 10dB，持续刺激 10 秒。在这 10 秒刺激时间内，如果声反射幅值降低超过 50%，则认为出现声反射衰减现象。一般使用对侧 500Hz 和 1 000Hz 纯音进行声反射衰减测试。

声反射衰减异常多见于蜗后病变。不过对于声反射衰减异常的判断标准上存在一些争议，目前最谨慎的判断方法是将使用 500Hz 和 / 或 1 000Hz 刺激声刺激时，10 秒内出现了声反射衰减现象视为异常情况。

七、声反射测试的临床应用

在介绍临床应用之前，首先要明确探头所在耳被称为探测耳，接受刺激的一侧耳被称为刺激耳。当进行同侧声反射测试时，探头位于刺激耳侧，即刺激耳与探测耳为同一侧耳。而进行对侧声反射测试时，则刺激耳与探测耳不同侧。

1. **传导性听力损失患者**　对于单侧传导性听力损失患者而言，当探测耳为患耳时，由于中耳的病理状况可能阻止测试设备对声导抗变化的记录，一般情况下表现为声反射消失。而对于双侧传导性听力损失患者而言，根据前述，则同侧和对侧声反射均消失。

2. **感音性听力损失患者**　由于感音性听力患者的病变部位为耳蜗，不存在影响测试设备记录声导抗变化的情况，同时感音性听力损失患者多存在重振现象，因此能否引出声反射主要取决于患者的听力损失程度。听力损失在轻度至中度的患者其声反射阈基本不受影响，重度至极重度听力损失患者声反射阈随听力损失而升高直至消失。就目前的声导抗测试设备所能给予的最大刺激声强度而言，一般情况下极重度感音性听力损失患者较难引出声反射。

3. **神经性听力损失患者**　此处的神经性听力损失主要是由于听神经、脑干等组成声反射弧的部位存在病变所引起。对于此类听力损失患者，当病变部位为一侧时，则其患侧的同侧声反射和对侧声反射均消失。

4. **面神经病变患者**　由于声反射弧中包括面神经核及其支配的面神经镫骨肌支，因此当这些部位出现病变时，患侧同 / 对侧声反射消失。

声反射的临床价值主要包括：评估中耳功能是否正常，帮助判断听力损失的程度，帮助判断听力损失的部位。需要特别提及的是，声反射是否引出远比声反射阈值大小重要。在各种临床听力学检测方法中，声反射是对中耳功能异常最为敏感的听力学测试，一旦中耳有轻微病变时，最先出现的就是声反射消失。

八、咽鼓管功能测试的方法

咽鼓管的主要作用是通过维持中耳通气以保证中耳能够正常工作。咽鼓管功能测试（eustachian tube function test）是在鼓膜完整或穿孔的情况下了解咽鼓管是否具有正常的通气功能。其中，在鼓膜完整情况下进行咽鼓管功能测试主要是为了了解分泌性中耳炎与咽鼓管功能障碍之间的联系。而在鼓膜穿孔情况下进行咽鼓管功能测试则主要是为了预测中耳手术的效果。

目前临床上常用的咽鼓管功能测试方法均来源于鼓室图测试。这些方法的机理是基于鼓室峰压值接近于中耳腔静息压力的假设。首先，在指导受试者前进行一次鼓室图测试作为基准；其次，在指导受试者做完帮助咽鼓管开放的动作（如吞咽）后，再进行一次鼓室图测试。两次鼓室图测试获得的鼓室峰压值的差异被作为评判咽鼓管功能的参数。

九、宽频声导抗测试

宽频声导抗（wideband acoustic immittance，WAI）由 Keefe 等在 20 世纪 80 年代最先提出。WAI 测试一般采用 250～8 000Hz 频率范围的探测音，测得各频率探测音的中耳声能吸收率（energy absorbance，EA）或声能反射率（energy reflectance，ER）。其大致原理为，测试仪器发出的探测音通过外耳道传至中耳，一部分声能被吸收进入中耳，即吸收声能（absorbance energy，AE），另一部分声能则被反射回外耳道，即反射声能（reflectance energy，RE）。测试仪器通过收集的 RE，能够直接获得 ER，即 RE 占总声能的比率。另外，理论上 ER＋EA＝1，因此，测试仪器也能够间接获得 EA。

由于中耳内不同结构出现异常时会对不同频率的探测音产生影响，导致测试仪器获得的 RE 会相应产生变化。因此，相比传统声导抗测试，目前研究发现 WAI 测试对中耳病变具有更高的敏感性和特异性。不过，WAI 测试要在临床中广泛使用，还需要更多的临床研究数据加以支持。

【能力要求】

一、测试前准备

1. 检查声导抗测试设备导线的连接、主机运行是否正常、探头是否清洁（切勿堵塞）。预热 5～10 分钟。

2. 测试设备的校准，生物学校准（正常中耳测试）及耦合腔校准（2cc 耦合腔）。

3. 安排受试者坐在固定而舒适的座椅上。

4. 病史询问及电耳镜检查。了解受试者此次就诊的目的以及外耳道是否通畅、鼓膜是否完整、色泽等，从而预估测试结果。

二、正式测试

1. 交代注意事项。告知受试者测试时需要静坐，平稳呼吸，禁止说话、肢体及吞咽动作，婴幼儿可考虑在熟睡状态下进行测试，尽量避免使用镇静药物。

2. 根据电耳镜检查情况，选择合适的耳塞（一般选择比外耳道口直径稍大的耳塞）。

3. 测试顺序为先测试相对较好耳。

4. 耳塞放置。对于成人受试者，将其耳廓向后上方提拉，而对于婴幼儿，则将其耳廓向后下方提拉，这样便于其外耳道处于平直状态，有利于耳塞的放入。同时耳塞应平直放入受试者外耳道内，避免探头碰触外耳道壁。

5. 选择测试项目（鼓室图测试、声反射测试、咽鼓管功能测试）

（1）鼓室图测试：一般选择 226Hz 探测音（6 个月以内的婴儿最好选用 1 000Hz 探测音），加压速度为每秒 200daPa，加压方向为由正压向负压变化。

（2）声反射测试：一般选择 226Hz 探测音（6 个月以内的婴儿最好选用 1 000Hz 探测音），同侧声反射测试一般选择 1 000Hz 和 2 000Hz 纯音，而对侧声反射测试一般选择 500Hz、1 000Hz、2 000Hz 和 4 000Hz 纯音。刺激声强度一般从 80dB HL 开始。

（3）咽鼓管功能测试：在前面咽鼓管功能测试部分已对目前临床中常使用的一些测试方法和步骤进行了介绍。在实际测试过程中，还需要查看自己所使用的测试设备说明书，这样才能更好地完成咽鼓管功能测试。

（4）测试过程中需要时刻注意耳塞是否脱出、受试者是否出现吞咽等动作。

第二节 游戏测听

小儿行为测听（pediatric behavioral audiometry，PBA）是小儿主观听力测试方法，包括小儿行为观察反应测听（behavioral observation audiometry，BOA）、视觉强化定向反应测听（visual reinforcement audiometry，VRA）和游戏测听（play audiometry，PA）几种测听方法，根据小儿年龄、生理发育、配合情况选择适当的测试，力争得到准确的听力测试结果。

【相关知识】

一、儿童年龄分期及各年龄期特点

要想了解一名儿童对声音的反应是否正常，需要了解儿童年龄分期及各个年龄阶段儿童的听觉语言发育特点。儿童的听觉语言发育特点常常通过不同年龄阶段儿童的关键事件来表示，被称之为儿童交流里程碑简表（communication milestones），详见表 2-2-4。该表可以用于监控高危儿童的交流能力发展，也可用于观察弱听儿童听力康复情况。

表 2-2-4　儿童交流里程碑简表

年龄	听觉表现	语言发展
0～3 月龄	听到大声有吃惊的表现；听到声音可以安静下来、笑、减少或加快吮吸等	能够发出有趣的声音，如"咕咕""喔喔"；能用不同的哭声来表达不同需求；有时能看着人笑
4～6 月龄	眼睛会朝向声源，特别是变化的声音；注意并喜欢发声的玩具；注意音乐声	开始牙牙学语，如"叭叭""吧吧""吗吗"；开始"咯咯""呵呵"地笑；发出不同声音表示高兴或不愉快；单独或玩耍时会发出"咕噜"声
7～12 月龄	喜欢"躲猫猫""拍手"游戏；可以转头定位声源，包括侧面及下方的，但对上方的声音定位大约要到 13 个月以后；对他人讲话时有注意的表情；能够分辨一般词语，如杯子、鞋子、书、水等；开始对他有需求的命令作出反应，如"过来""还要吗？"	使用长短组合发音，如"哒哒啊噗，啊哔哔哔"等，看小孩是否会跟着你模仿这些声音；用哭声或其他声音来引人注意；用肢体语言沟通，如"摆手""伸手要"；1 周岁左右会说 1～2 个字，如"狗""大大"，但可能不清楚
12～24 月龄	可以回答并指出几个身体部位名称；能听从简单指令并理解简单问题，如"把球滚过来""亲亲""你的鞋呢？"；注意听简单的儿歌、故事；听到名称可以指出图片；重复父母发出的一些声音；可以自如地转头寻找声音	每个月都会增加一些词汇；能用 2～3 个字提问，如"小猫呢？""哪里？""什么？""怎么了？"等；组合不同的词，如"妈妈书""牛奶还要"等；用不同的辅音来发一个词

续表

年龄	听觉表现	语言发展
2～3岁	理解抽象字的含义，如大小、上下等；理解两个步骤的命令，如"拿出书，放在桌子上"；喜欢听较长的故事	经常反复使用一个新学到的词语；能够用3～4个字来谈论事情或提问；能发好k、g、f、t、d、n等辅音；多数情况下，家人能够听懂孩子的"话"；通过称呼物体名称来要东西或引起注意
3～4岁	家长在另一个房间叫孩子，孩子能够听到；看电视的音量和家里人一样；能够回答"谁是……""……在哪里""为什么……"等复杂疑问句	能够谈论幼儿园的事情；家庭以外的人也能够听懂孩子说的话；会说许多4个字以上的句子；不用重复音节或叠词就可以完成意思表达
4～5岁	能够被一个短故事吸引，并且能够提出简单的问题；能听懂家人或老师、同学的大部分讲话	在讲句子时能够给出更多的细节，如"最大的那个苹果是我的"；讲故事时能够围绕主题；能够自如地与其他孩子、大人交流；多数发音正确，少数（如l、s、r、v、z、ch、sh等）稍有偏差；能够背诗歌、数数、背口诀表，语法表达与家人一致

二、儿童听力障碍分类及常见病因

（一）按照病变损害的部位分类（临床诊断中最常用）

1. 传导性听力损失（conductive hearing loss，CHL） 外耳、中耳病变引起，常见原因包括外耳道耵聍、外耳道异物、先天性外耳道闭锁、中耳炎等。

2. 感音神经性听力损失（sensorineural hearing loss，SNHL） 内耳、听觉神经传导通路及听觉中枢病变引起，见于各种急慢性传染病导致的听力障碍、药物或化学物质中毒、听神经瘤等。根据病变部位的不同可进一步细分为：

（1）感音性听力损失 病变发生于内耳耳蜗，主要是毛细胞损伤或死亡引起。

（2）神经性听力损失 病变发生于听觉神经传导通路、听觉中枢。

3. 混合性听力损失（mixed hearing loss，MHL） 兼有传导性和感音神经性听力损失，常见原因有慢性中耳炎、耳硬化症等。

（二）按照病变发生的时间分类

根据听觉器官的损伤时间，可按照产前原因、产期原因和产后原因进行分类。产前原因包括内耳发育畸形、孕母患感染性疾病、用药等；产期原因包括新生儿缺氧、产伤、早产等；产后原因包括感染性因素（如流脑、流行性腮腺炎）、药物性因素（如氨基糖苷类抗生素、水杨酸盐等的使用）、自身免疫缺陷性因素等。

（三）按照病变发生的原因分类

导致听力障碍的原因有很多，如感染性、外伤性、免疫性等。

三、游戏测听的原理

游戏测听的原理和理论基础来源于纯音测听。游戏测听具体是指让小儿参与一个简单、有趣的游戏，教会小儿对刺激声作出明确可靠的反应。被测试的小儿必须能理解和执行这个游戏,并且在反应之前可以等待刺激声的出现。临床常用于 2.5～5 岁年龄范围的小儿听力测试。但对于听力损失较重或多发残疾的小儿,无法进行可靠明确的交流,不能理解纯音测听的过程,即使是 10 岁的小儿仍适用此方法进行听力测试。

2～5 岁小儿的智力、运动、认知发展到一定水平,具备遵从一定指令的能力,因此通过训练,可以让小儿通过听声放物这种游戏的形式完成听力测试。这种反应形式的优点在于利于调动小儿的主观能动性,测试不枯燥,得到的测试结果更接近被试者真实的听阈。

四、测试环境和设备

首先要有符合标准的听力测试要求的声场。房间内布置朴素明快,墙壁上无吸引小儿注意力的图画,四周无多余的玩具和仪器设备。灯光强度要低,光线稍暗,使小儿更容易看清灯箱中闪亮的奖励玩具。小儿使用的桌椅上衬垫一层绒布,防止小儿活动时碰击出噪声。房间的温度适宜,让家长和小儿感觉舒适。

测试设备包括纯音听力计(具备压耳式耳机或插入式耳机和骨导耳机)、扬声器,如需校准声场还需具备声级计。具备适合 2～5 岁小儿听声放物的玩具数套。

【能力要求】

一、工作准备

(一)病史询问

在进行游戏测听的问诊时,测试人员可根据小儿的年龄重点询问小儿对声音的反应,以帮助确定初始给声强度。如可询问当孩子哭闹时,用言语安慰能否使他安静下来;当叫孩子名字时,是否能转向发声者;对其他声音如汽车通过的声音、电话铃声、动物的叫声是否感兴趣;是否能听到雷声、鞭炮声等特大声音等。通过询问和观察小儿生长发育情况确定选择合适的游戏。

(二)仪器设备准备

进行小儿行为测听之前,测试人员需要对听力计、扬声器等仪器进行主观检查,确保仪器设备工作正常;对测听室的声场要定期用声级计检查,如发现强度改变应予重新校准。

(三)测试人员和小儿位置

测试时让小儿坐在声场校准点的椅子内。扬声器位置应与小儿的视线呈 90° 夹角(助听听阈时测试多使用 45° 夹角)。父母的座位安排应在远离扬声器的地方,一般坐在小儿的背后或侧后方(图 2-2-5)。

(四)游戏项目选择

考虑选择何种游戏时,要根据小儿的能力、发育情况、注意力而定,所选择的游戏项目,应当符合受试小儿年龄,对受试小儿来说比较简单、有趣且容易完成。以下几个方面有助于选择恰当的游戏项目。

1. **考虑受试小儿的能力**

(1)对事物的认识能力:小儿能明白这个游戏吗?

(2)身体活动能力:小儿能控制和完成这个游戏吗?作出反应是否可能有迟疑?

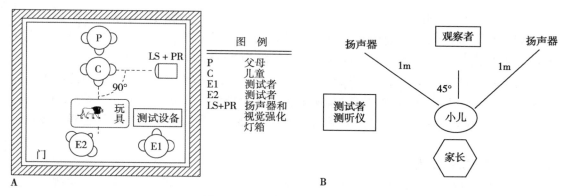

图 2-2-5 测试人员和小儿位置
A. 声场参考测试点（90°入射角）；B. 声场参考测试点（45°入射角）。

（3）注意事物的能力：小儿的注意力是否能集中足够长的时间？反应结果是否有效？是否需要在测试中改变游戏方式，提高小儿的注意力？

2. **考虑游戏测听的项目**

（1）有趣性：要使小儿感到设定的游戏有趣。在测试过程中他愿意与你合作去完成这次测试。

（2）复杂性：既要使小儿容易去执行设定的游戏，也要使他感到轻快愉快，从而你能很容易地解释他做的反应是否对。

（3）简单性：让小儿作出的反应方式必须简单，以便整个测试过程容易持续下去。避免浪费时间，在刺激间隔期不要期待小儿作出复杂的反应动作。因此，你演示游戏时必须清晰，不能出现模糊的反应方式，要确保小儿按照拟定的游戏规则进行，一般让小儿学会听到声音放一个有趣的玩具。

二、工作程序

（一）向家长说明测听内容和注意事项

向小儿父母或者监护人认真解释测听内容和测试过程中的注意事项，避免家长听到声音后给小儿提示或者暗示，如眼神、动作等。

（二）初始刺激强度的选择

充分利用已知的听觉结果或行为观察的结果，选择恰当的初始刺激强度。所给条件化刺激强度必须在阈上15dB或更高些。如通过询问病史，小儿的听力基本接近正常，初始强度可用40dB；如小儿对大声音才有反应，初始刺激可从60～80dB或更高开始。若被测试的小儿有听力损失，所用的条件化刺激强度不能太接近阈值。一般训练的初始刺激频率为正式测试的初始频率，一般多从相对好耳的1 000Hz开始，听力损失太重的小儿，可从相对好耳的500Hz开始。若不能确定小儿是否能听到刺激声，在条件化建立时可配合使用振触觉与听觉刺激相结合的方法。

（三）训练小儿建立条件化反应

训练的目的是让小儿听到声音后，能够作出可靠准确的反应。小儿尽可能戴上耳机如插入式耳机，确立他能否独立完成所设定的游戏。首次所给的刺激强度必须足够大，让

167

小儿能清晰听到。训练时要十分耐心仔细地观察小儿的行为反应，检查所给刺激声小儿是否能听到。训练前首先要给小儿演示训练的方法即演示这种游戏，谁作为演示方完全取决于被测试小儿的年龄大小。若受试小儿年龄为 2～3 岁，测试人员需要耐心地使用手把手的演示方法。例如，扶着小儿已拿好木块的手，当刺激声出现后，观察小儿的表情和动作，确定他听到了，移动小儿的手，使木块放入小桶内。如果小儿胆小、腼腆、不配合，可先让家长演示给小儿看。如受试小儿年龄在 3～5 岁，只需要让小儿看你怎样完成这种游戏。

（四）正式测试过程

当小儿条件化建立可靠后，即小儿学会听声放物的反应方式后，通常采用的测听方式为纯音测听法，采用"升 5 降 10"法确定某频率的反应阈值（详见本篇第二章第二节"纯音测听"）。

受试小儿不能像成人那样有较长时间集中注意力，测试时必须提高效率，让有效的听觉信息优先得到，这在小儿行为测听中是非常重要的。

小儿行为测听目的是，首先要得到受试小儿听力能力的一般印象。若小儿状况良好并时间允许，可以采用"填图游戏"的方法完成所有频率的测试。因此，在小儿游戏测听常采用的顺序为：最佳初始频率先从 1 000Hz 和 4 000Hz 两个频率开始。得到这两个频率阈值后，即使小儿对测试失去兴趣，此时你对小儿的听力是否为感音神经性听力损失也有了基本印象。因为大多数感音神经性听力损失的听力损失曲线图是从 1 000Hz 斜降至 4 000Hz。当然，为了获得更多的信息，可继续测试其他的频率。或许测试者也会考虑是否得到一侧耳的全部信息后，再去评估另外一侧耳的听力状况。但是当受试小儿的注意力时间过短，或小儿比较难测试时，用这样测试过程，你仅能获得一侧耳的信息，就可能不得不结束测试过程。采用同一个频率去测试每一侧耳，然后再转换到另外一个倍频程的频率，这种测试方法可能更为实用。一般游戏测听常采用的测试频率顺序为：1 000Hz，相对好耳；1 000Hz，对侧耳；4 000Hz，相对好耳；4 000Hz，对侧耳，然后再测试其他频率。

三、注意事项

1. 注意受试小儿的假阳性反应，一旦出现，需要重新条件化，此时可以放慢测试速度停顿片刻，然后重新给予已引出明确反应的刺激频率和强度，重复 1～2 次反应结果，确保条件化仍可建立。

2. 注意小儿出现疲劳的信号、注意力减退的信号。如小儿行动缓慢、其他动作过多、东张西望、故意改变反应方式。出现此类情况应当改变游戏方式，看是否能改变此类情况。若无任何改善，应当停止测试，否则不可能得到精确的结果。

3. 使用耳机测试时要分别测气导和骨导。有需要或可能，应做掩蔽。小儿掩蔽通常使用一个掩蔽级法，如测试耳需要掩蔽时，在对侧耳气导阈值上加 30dB 的掩蔽声，在给小儿戴加有掩蔽声的耳机时，一定选择小儿玩耍状态，不要让小儿处于聆听测试状态下，使小儿不在意掩蔽声，然后再把小木块或小球交给小儿，让他继续游戏测听来获得阈值。如果一个掩蔽级法不能获得阈值，仍需使用平台掩蔽法。

4. 声场中的测试结果，仅代表某一频率好耳侧的听力状况。

第三节 言 语 测 听

一、言语测听的定义

是一种用标准化的言语信号作为声刺激来测试受试者的言语识别能力的测听方法。

二、常用言语测听方法

1. **言语接受/识别阈** 言语接受/识别阈(speech reception/recognition threshold，SRT)是当正确重复(听懂)50%扬扬格词(spondee)时所需的最低言语声级。扬扬格词是指每个音节重音相同的双音节词，英文如 baseball、hotdog、greyhound 等。汉语中有蔡宣猷、程锦元、张华、郗昕等编写的双音节词表。建议使用北京市耳鼻咽喉科研究所编辑的普通话言语测听材料(mandarin speech test materials，MSTMs)或解放军总医院"心爱飞扬"系列词表中的双音节词表。

2. **言语识别率测试** 在阈上给声强度下，受试者能够正确识别词语的百分率，或称为词语识别得分。词表的用词基本代表了日常生活中言语的样本。这些单词没有冗余度，而且声音要足够响亮才能听得懂。英文的词表最常用是 CID W-22 和 NU-6。汉语的单音节词表有 20 世纪 50—60 年代张家騄主编的 KXY 系列，程锦元、蔡宣猷各自主编的词表及 2000 年之后张华主编的汉语最低听觉功能测试(MACC)中的单音节词表。建议使用北京市耳鼻咽喉科研究所编辑的普通话言语测听材料(mandarin speech test materials，MSTMs)或解放军总医院"心爱飞扬"系列词表中的单音节词表。

3. **言语觉察阈** 言语觉察阈(speech detection/awareness threshold，SDT/SAT)是指受试者能察觉(但听不懂词义)50%的言语信号所需要的最低言语声级。SDT 比 SRT 低 8～10dB，正常人为 20dB SPL。

4. **最适响度级** 最适响度级(most comfortable level，MCL)，正常人约为 65dB SPL。在此范围内听声我们会感到最舒适并不费力。应该注意的是，MCL 和听阈之间的差值在不同的频率是不一样的。对于听力正常人而言，在 250Hz，MCL 为阈上 39.5dB SPL，在 1 000Hz 为阈上 58dB SPL，在 4 000Hz 为阈上 55.5dB SPL。低频达到舒适阈所需要的声音强度比 1 000Hz 以上的频率需要的要少。

5. **不舒适阈** 听力范围的上限是不舒适阈(uncomfortable level，UCL)，常人为 130dB SPL 或 110dB HL 左右。声音的强度超过此值就会引起不适，再高就会引起疼痛。可用听力的范围，即 SRT 到 UCL，被称之为动态范围(dynamic range，DR)，或舒适响度范围(range of comfortable loudness)。不舒适阈减去接受阈即为动态范围：DR＝UCL－SRT。任何声音的频率和强度在此范围内，我们都会容易听到。在此范围之外，我们就听不到或不能忍受。

6. **噪声中言语辨别测试** 感音神经性听力损失临床表现的重要特征之一就是在噪声中言语辨别能力差，使用助听器以后问题可能更加突出，这也是多年来助听器研发的重要课题。在对助听器的体积、失真等要求接近完美的今日，各种新产品问世常常把改善噪声中辨别言语的能力作为第一目标。对一些

【视频】
言语测听

辨别较差、以往在这方面抱怨较多的患者进行噪声中言语测试(speech perception in noise, SPIN)或快速噪声中言语测试(quick speech in noise, Quick SIN),无论在选配前预估助听器效果方面,还是比较各助听器的差异方面,都会有很大帮助。

三、言语测听结果临床分型

言语识别 - 强度函数曲线(performance-intensity function,P-I 曲线)的走势也有一定的鉴别诊断价值。如图 2-2-6 所示,听力正常人的言语识别率随声强增加而表现出较为强烈的增长,P-I 曲线较陡直;单纯传导性听力损失患者,由于只是语音能量受到外耳中耳病变的影响有所衰减,内耳的频率与时间分析机制并未受损,一旦言语声强提高到听阈之上,其P-I 曲线的斜度也会如正常听力者一样,呈现出"平移型"的 P-I 曲线;轻度、中度感音性听力损失患者,其言语识别率也会随着声强增加而逐渐提升并有可能接近 100%,但其增长趋势则要平缓许多,P-I 曲线为"平缓型";而重度、极重度感音性听力损失患者,即使言语声强提高到患者的不舒适级,其言语识别率仍不会达到日常实用水平,多徘徊在 50% 以下,表现为"低矮型"P-I 曲线;一部分存在蜗后病变、听处理障碍等听觉信息加工缺陷的患者,言语声强渐次增加的过程中,其言语识别率可能会在达到某一高点后出现回跌,呈现"回跌型"P-I 曲线。

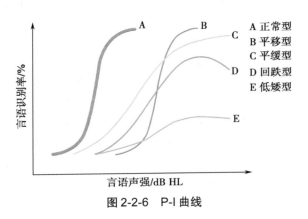

图 2-2-6　P-I 曲线

四、儿童言语测听方法及结果分析

相较于成人,儿童不能很好地配合上述常用的言语测听方法。因此,国内学者翻译或研发了一系列用于儿童言语测听的方法,包括普通话版婴幼儿有意义听觉整合量表(infant-toddler meaningful auditory integration scale,IT-MAIS)、普通话版有意义听觉整合量表(meaningful auditory integration scale,MAIS)、普通话版早期言语感知能力测试(early speech perception test,MESP)、普通话版儿童言语理解能力测试(pediatric speech intelligibility test,MPSI)、普通话版单音节词汇相邻性测试(monosyllabic lexical neighborhood test,LNT)以及普通话版多音节词汇相邻性测试(multisyllabic lexical neighborhood test,MLNT)等。

IT-MAIS 和 MAIS 为结构式问卷,用于评估儿童早期语前听能发育表现;MESP 为闭合式评估方法,包括标准版(standard version)和简易版(low-verbal version),用于评估儿童言语感知能力,包括言语声察觉(speech detection)、言语节律感知(speech pattern perception)、扬扬格词感知(spondee perception)、韵母感知(vowel perception)、声母感知(consonant perception)和声调感知(tone perception);MPSI 同样为闭合式评估方法,用于评估儿童在安静和噪声环境中的句子识别能力;LNT 和 MLNT 为开放式评估方法,用于评估儿童言语识别能力,其中 LNT 包含三组单音节易词表和三组单音节难词表,MLNT 则由三组双音节易词表和三组双音节难词表组成。

国内学者在研发上述儿童言语测听方法的同时也通过评估健听儿童建立了各自的正常值，因此，在分析受试儿童测试结果时可以与正常值进行对比，了解受试儿童目前的言语感知能力水平是落后于、相当于还是超过健听儿童的平均水平。此外，有国内学者也在对接受助听装置干预的儿童的言语感知能力发育规律进行研究，这也有助于在分析助听器或人工耳蜗佩戴儿童的测试结果时，不仅可以与正常值进行比较，还可以与同龄接受助听器或人工耳蜗干预的儿童的言语感知能力发育轨迹进行对比。

五、测试信号

言语测试可以采用监测嗓音（monitored live voice）发音，或使用录音磁带/小型光盘（CD），通过耳机/扬声器传递给受试者。

1. 口声信号　监测嗓音是指测试者自己直接通过听力计的麦克风将测试词汇念给患者听，通过听力计的强度（UV）表监测自己的嗓音声级，使指针在"0"附近摆动。受试者通过耳机听到测试者的发音，并按要求回答。通过听力计衰减器控制输出声级，以 dB HL 为单位。口声测试需要两个声学隔开的房间（即测试者和受试者不在同一个房间），否则受试者会听到测试者的"原音原味（live）"，使得结果不可靠。口声测试的缺点是大多数测试者未接受过正规的播音训练，不能保证每个词的发音方式和强度一致，而且地方方言和口音均影响结果。但口声测试简便易行，对注意力不易集中的儿童尤为方便。

2. 录音信号　录音材料测试（recorded voice testing）是使用录音磁带或 CD 将录制好的语音传递给受试者。听力计的听力级衰减器控制词汇的音量，而 UV 表显示放音的声级限度（strength）。在磁带和 CD 开始播放的时候，都有一个 1 000Hz 的校准纯音信号。在每次测试前应把这个测试纯音设置到 UV 表的零点。测试者带上监听耳机，可以听到测试音的发音和受试者的回答。用录音材料测试仅需要一个房间就够了。词汇的输出声级、音质和清晰度（enunciation）都比较稳定，不同的测试者均可以重复使用。

尽管口声测试可针对老年受试者反应慢的特点，保证患者都能集中精力去听每一测试词句，但采用录音材料时使用"暂停键（pause）"也可达到此目的。测试者也可以自己录音测试（recorded voice presentation）。

可以先给患者和家人一段简明的测听文字说明，帮助其在测试前了解测试内容和方法，以便配合测试。

【能力要求】

言语测听操作

在助听器选配中，常规使用的言语测听项目有：言语接受/识别阈（SRT）、最适响度级（MCL）、不舒适阈（UCL）、动态范围（DR）、言语辨别得分。SRT 和言语辨别测试是让受试者聆听一系列的词汇并让其重复，记录下阈值或正确重复词汇的数量。MCL 和 UCL 测试则使用连续言语为材料，也可以使用不同信号测试每个频率的 UCL。测试 MCL 和 UCL 以后，计算出动态范围。

1. 言语接受/识别阈(SRT)测试

【目的】 测试受试者听到并理解言语的最低声级。

【测试要求的讲解】 "您将听到一个人给您念一些词,如:睡觉、足球。请您每听到一个词就重复一遍。我会把音量逐渐调低,直到您听不懂为止。我们希望了解您能听懂多轻的讲话声。听不懂就大胆猜。明白了吗?"

大多数受试者都不重复测试内容前的负载句(carrier phrase)"请跟着说(say the word)"。若受试者连续两次重复提示句,可以暂停测试,告诉受试者仅需重复提示句后面的词就可以了。但大多数中文测试材料中无提示句。

SRT 等于纯音平均听阈(PTA),上下浮动 5dB 左右。正常值为 0~20dB HL。记录受试者的阈值,以 dB HL 为单位。

【方法】 先测试好耳,让受试者熟悉测试方法。以受试者听到并听懂的声级开始(一般从 PTA 阈上 15~20dB 开始较便捷),然后每次下降 10dB,直到找出受试者仅能正确重复 50% 的扬扬格词的声级为止。

【掩蔽】 只要 PTA 需要掩蔽,测试差耳 SRT 时也要予以掩蔽(若 SRT 和 PTA 一致性不好,就予以掩蔽)。不能使用窄带噪声作为言语测听的掩蔽,而应选用言语噪声或白噪声。有效掩蔽是好耳的 SRT(或 PTA)加上听力计所需的阻塞效应(cushion),一般为 6~9dB,个别患者需要 20dB。

告诉受试者您正在使用掩蔽噪声:"让您的好耳朵听一种噪声,同时测试您另一耳的听力,目的是让好耳朵听不到差耳朵的声音。不要管噪声,只听这边的词并跟着重复"。若患者一侧全聋(dead ear),对测试词毫无反应,可用"不能测试(could not test,CNT)"或"无反应(did not respond,DNR)"等方式记录。

2. 言语辨别率测试

将输出声级调整到 MCL 水平,或阈上 30~40dB。对助听器选配最有帮助的是测试 MCL 时患者的辨别得分,因为我们希望患者在 MCL 情况下使用助听器。可以使用 CD 或磁带放音,也可以由测试者自己发音测试。在日常助听器选配中,我们建议测试 25~50 个单词。选配前的无助听测试可以用耳机或声场测试,选配后的有助听测试一般均在声场内进行。

【测试要求的讲解】 "您将听到一些单词,请您重复说出每一个单词。如果感到困难,可以猜着说。如果您觉着音量不舒服,请告诉我是大声点或是小声点。明白了吗?"

当患者要求调整音量时,应在新的音量条件下重新开始测试记分。

【记分】 使用 50 字词表时,每词 2% 的得分,使用 25 字词表时,每词 4% 的得分。只要回答的与播放的词不一样,就算错误。但口音不能算错。

【掩蔽】 只要气导听阈需要掩蔽,辨别测试就应掩蔽,掩蔽级为 MCL。

【双耳测试】 患者有时两耳的听力图或其他测试结果类似,但辨别率可能差别很大。在测试了每一侧的得分以后,应该将音量调整到双耳各自的 MCL 声级,进行双耳耳机同时听音测试。若双耳得分反而较单耳下降,则患者往往很难适应佩戴双耳助听器,可能需要选择辨别率好的一侧使用助听器。根据笔者经验,若双耳得分提高,往往效果良好,同时在选配前可以向患者或家属展示为什么要选配两个助听器。即便是两耳的得分一样,双耳同时听音得分也可能改善。因此,言语辨别测试是选配哪一侧、是否选配双耳的重要标准。同时再次提醒大家,好的听力图或 SRT 值并不代表言语识别的得分就一定高。

3. **言语觉察阈（SDT/SAT）测试** 为受试者感知到言语声存在 50% 概率时所需的强度。

【目的】 测试受试者能正确感知到言语声存在的最低声级。

【测试要求的讲解】 "您将听到一个人给您念一些词，如睡觉、足球。请您每听到一个词就举手（或按反应键）。我会把音量逐渐调低，直到您听不到为止。我们希望了解您能听到多轻的讲话声。"

【方法】 同纯音测听法。先测试好耳，让受试者熟悉测试方法。以受试者能听到的声级开始，若有反应，即降低 10dB，若无反应，即增加 5dB。直至患者在同一强度下，3 次有两次反应即可。

【掩蔽】 同纯音测听掩蔽法。

4. **最适响度级（MCL）测试** 测试 MCL 的材料一般称之为冷言语（cold running speech），即含有语言信息而无感情色彩的句子，用恒定的声级录制。冷言语具有较多的冗余（redundancy）信息。受试者听到并听懂了测试句的主题，但未必听清了每一个词汇。句中的一些字可以去掉而不影响句子的意义。由于这种言语材料在 SRT 以上的任何感觉级的播放都可能是舒适的，所以采用较严格的方法以使测得的 MCL 值比较精确。

【目的】 找出受试者听到和听懂言语声的最佳声级。MCL 为受试者选配助听器提供了重要的信息。首先，无论何种听力损失，MCL 约在动态范围的一半之处。其次，可以计算出达到 MCL 所需的感觉级（sensation level，SL），SL＝MCL－SRT；感觉级的两倍大致等于动态范围；此感觉级对预测辨别得分很重要；不同的听力损失有不同的感觉级，如传导性听力损失的 SL 比感音神经性听力损失的 SL 大。

【测试要求的讲解】 "现在您将要听到一段话。您不需要重复任何词句。我想知道您多大声听得最舒服。我把音量慢慢开大，请您告诉我您何时听得最舒服。当您需要声音大一些时，您可以用手指向上指；当您需要声音小一些时，您可以用手指向下指。明白了吗？"

【限制选择方法】 先将衰减器的指针指向略高于患者所说的言语舒适级。而当真正安静下来听时，患者会意识到言语声更响或许更舒适。然后每 5dB 一挡上升，直到患者决定音量应该小一些，再回到上一个声级。

在实际工作中采用监测噪音测试法，既实用又便捷。方法是：用耳机测试受试者。以 SRT 加 40dB HL 为开始测试音量，除非此值超过 UCL。然后上下转动输出衰减器，幅度为 5dB HL。通过麦克风告诉受试者"我将说一些地名，每次说两个，请您告诉我哪一个听起来更舒服"。如患者的 SRT 或 PTA 为 35dB HL，加上 40dB 等于 75dB HL。通过耳机发音：

"北京（70dB HL），上海（75dB HL）""上海听起来更舒服"

"上海（75dB HL），广东（80dB HL）""广东听起来更舒服"

"广东（80dB HL），西安（85dB HL）""广东听起来更舒服"

"海南（80dB HL），大连（75dB HL）""海南听起来更舒服"

那么这个患者的 MCL 应为 80dB HL（或 100dB SPL）。若测试者不能很好地控制自己的发音（使听力计的 UV 表指针在零附近摆动），可以用"电台一""电台二"等比较类似的词汇。

【掩蔽】 只要纯音气导测试需要掩蔽，MCL 测试也要掩蔽。有效的掩蔽是好耳的 MCL 加上阻塞效应，或者应用 70dB SPL，选其中较小值。鉴于正常谈话的声级为 65dB SPL，此掩蔽声级涵盖了正常交谈言语。

5. **不舒适阈（UCL）测试** 不舒适阈不是痛阈，而是言语声变得太响而不舒服时的声压级。对于正常人来说,痛阈(threshold of pain)为 130～140dB SPL 或 110～120dB HL。

【目的】 找出动态范围的上限,不允许助听器输出超过此限,患者也不能接受超过此值。

【测试要求】 由于我们不是让患者在 MCL 以上 5dB 就说"声音太响了",所以测前解释工作至关重要。

"我现在想知道听多大的声音,您就开始感到不舒服,而不是太响一点点。您将听到电话铃声或汽笛声,请不要等到耳朵疼了才告诉我。只要感到不舒服时,请举手告诉我停下来。"

牢记:测试完毕 UCL 以后,立即将音量钮调回最低强度!

【掩蔽】 只要气导听阈需要掩蔽,就用测试 MCL 时的掩蔽级掩蔽 UCL 测试。在助听器选配的最后阶段和校正时一定要测 UCL。

【将言语声级转换成 SPL】 SRT、MCL 和 UCL 值加上 20dB 就成为 SPL 值(ANSI 标准)。双耳 MCL 通常比单耳 MCL 低 5dB。由于双耳整合作用(loudness summation),双耳的 SRT 值、双耳 UCL 值也会变低,或变得更舒适。

MCL 和 UCL 对于选配助听器(尤其是定制机)尤为重要。MCL 决定了增益(gain)的大小,许多工程师采用算法:增益 = MCL－40dB HL＋10dB。而 UCL 是设计最大输出的主要参考值。动态范围 UCL 和 SRT 的差值 < 30dB 必须使用压缩线路。

6. 噪声中言语辨别测试

【目的】 检测受试者在噪声背景下辨别言语的能力,观察其应用言语中语言学信息内容(如根据上下文判别词汇)的能力,以及记忆功能和认识(知)(cognitive)能力;对助听装置抗干扰能力作初步评价、对比,评估在噪声环境下患者是否能从助听装置中受益。

【测试方法】

(1)共选用 4 组 40 个短句,句长为 7 个或 8 个,单音节词。

(2)采用声道录音法,其噪声选用国际通用的语频噪声(babble)。言语句子录在左声道,噪声录在右声道。

(3)测试时一般采用单一扬声器或耳机放音,把双声道的音响用同一侧(受试耳)的扬声器输出。调节听力计输出强度,选择不同的左/右声道信噪比进行测试。正常人及听障患者一般采用以下四种信噪比(signal/noise, S/N)(即左/右声道输出强度之差)进行测试:0dB(S/N＝MCL/MCL)、－5dB(S/N＝MCL/MCL＋5)、－10dB(S/N＝MCL/MCL＋10)、－5dB(S/N＝MCL－5/MCL)。每种信噪比测试一组 10 个短句。若在第二种信噪比情况下得分趋于零,则不进行－10dB 信噪比的测试,而改为＋dB,即 S/N＝(MCL＋5)/MCL,或＋10dB,即 S/N＝(MCL＋10)/MCL 或 MCL/(MCL－10)测试。无助听及有助听测试时,每组选用相同的信噪比,以便对比。

(4)让受试者听全句,按回答正确的关键词数评分。因汉语句子中有不少语气词出现在句末,故不采用英语 SPIN(噪声中言语测试,speech perception in noise)中只回答最末一个词的方法。这样可以把这项测试看作噪声环境下理解连续语言(言语)的测试,而不是仅仅增加了噪声的单音节词测试。

(刘 莎)

思 考 题

1. 声导抗测试在判断患者是否适合验配助听器中的价值是什么?常规的声导抗测试

应包括哪些部分？

2. Jerger 分型主要用于什么频率探测音的鼓室图分型？各种类型按照临床价值由大到小的顺序是什么？是否仅通过鼓室图类型就能够很好地判断中耳情况？

3. B 型鼓室图中为什么要关注等效外耳道容积的大小？

4. 声反射（包括同侧和对侧）引出和未引出的临床意义是什么？

5. 什么是小儿行为测听和游戏测听？

6. 小儿行为测听分为哪几类？

7. 简述小儿游戏测听的操作方法。

8. 简述小儿游戏测听的注意事项。

9. 言语识别阈的定义及常用测试方法？

10. 言语识别率的定义及常用测试方法？

11. MCL、UCL 及 DR 的定义及意义是什么？

12. P-I 曲线的分型及意义是什么？

第三章　耳印模取样

第一节　耳廓异常耳印模取样

一、异常耳廓的形态结构

1. **耳廓畸形**　耳廓畸形有先天性也有后天性的,其中先天性原因引起的往往不单纯是耳廓的畸形,还伴有外耳道、中耳及其他结构的异常。后天因素如耳廓外伤、感染等也可造成严重耳廓畸形,有的可以并发外耳道狭窄或闭锁,但一般不伴有中耳畸形。耳廓畸形的种类繁多,主要包括以下几种:

（1）无耳:这种畸形相对少见,表现为一侧或双侧没有耳廓,常伴有外耳道和中耳的畸形。

（2）小耳:耳廓发育异常,一般可分为三级。一级,耳廓较正常耳小,形状无明显畸形,可伴有外耳道狭窄和中耳畸形;二级,耳廓无正常形态,可见条索状皮赘,其下有软骨,常伴外耳道完全闭锁和中耳畸形,这种情形比较多见;三级,耳廓残缺不全,呈不规则突起,除伴有外耳道和中耳畸形外,可有面神经和内耳的异常及颌面部的其他畸形,表现出面瘫、神经性听力损失、下颌发育不良等。

（3）副耳:副耳或多耳,除存在正常耳廓外,在耳屏前、颊部或上颈部有耳廓样结构或皮赘存在,可伴有颌面部发育的异常。

（4）巨耳:耳廓过度发育,表现整个耳廓增大,或耳廓某一部分肥大。

（5）招风耳:招风耳是一种较常见的先天性耳畸形,多见于双侧。特点为耳廓略大,上半部扁平,对耳轮发育不全,形态消失;而耳甲过度发育,耳舟与耳甲之间夹角大于150°（正常90°）。

（6）杯状耳:称为卷曲耳或垂耳,为较常见的先天性耳畸形,多发生于双侧。特点为耳轮缘紧缩,耳轮及耳廓软骨卷曲和粘连、耳舟、三角窝狭小,严重者整个耳廓上部缩小、下垂,耳舟及对耳轮形态消失,整个耳廓呈管状称为舟状耳（图2-3-1）。

（7）隐耳:又称袋状耳,是较少见的先天性耳畸形,特点为除耳垂正常外,耳前皮肤与颅侧皮肤连成一片,耳廓软骨结构基本正常但被埋在皮肤内不能正常突出,颅耳沟消失,提起或压迫时可出现正常耳廓外形,放松后又缩回,有时有对耳轮上脚成角畸形和耳轮软骨折叠。

（8）菜花耳:耳廓烧伤或外伤后、软骨感染破坏,使软骨挛缩增厚变形,卷曲一团,耳廓外形极不规则称为菜花耳（图2-3-2）。

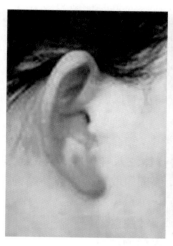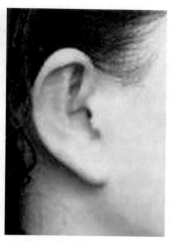

图 2-3-1 杯状耳

2. **耳廓疾病** 以下耳廓疾病均应首先选择医学治疗,在病情稳定并经主治医师同意后方能考虑助听器验配事项。

(1)耳廓表面急性炎症:耳廓局部疼痛,表面红肿、糜烂、有渗出或脓液。

(2)耳廓外伤:耳廓遭受各种挫伤、切伤、撕裂伤、断离伤及火器伤。处理不当、可发生软骨膜炎、软骨坏死,遗留耳廓畸形。

(3)耳廓化脓性软骨膜炎(图 2-3-3):主要由耳外伤如撕裂伤、切割伤、冻伤或手术伤及邻近组织感染扩散所致,其致病菌多为绿脓杆菌。本病系耳廓软骨膜和软骨急性化脓性炎症。

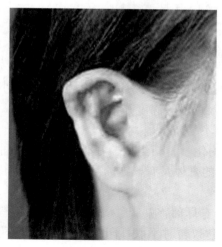

图 2-3-2 菜花耳

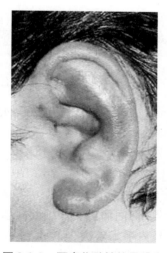

图 2-3-3 耳廓化脓性软骨膜炎

(4)耳廓假性囊肿:又称耳廓浆液性软骨膜炎,是原因未明的耳廓腹侧面局限性囊肿,因其囊壁无上皮层,故称假性囊肿。患者以男性居多,发病年龄一般在 30~40 岁,多发生于一侧耳廓。

（5）耳廓肿瘤：耳廓表面高低不平，有菜花状或乳头状新生物。色苍白或暗红，恶性者表面有破溃。

二、耳廓异常耳印模取样

1. 适应证 外耳道正常或轻度狭窄，耳廓畸形但形态大致存在，如招风耳、杯状耳、隐耳、巨耳等可佩带助听器的听障人士。

2. 取样范围 根据选配助听器的型号和类型，结合畸形的异常结构，来确定耳印模的取样范围。在将印模膏注入外耳道后，依次将膏体注入耳甲腔、耳甲艇、舟状窝等区域，并填满至耳轮外缘，从而填满整个耳廓的前外面，保证印取耳朵的前外结构。

3. 耳印模器具和材料

（1）耳印模器具：主要有电耳镜、耳探灯、耳障、注射器等。

电耳镜：带有放大镜，可以仔细观察外耳道内部的情况。

耳探灯：在放置耳障时使用，可以使验配师更好地看清耳道的走向，并在不损伤耳道的情况下，把耳障放置于耳道的深处（图2-3-4）。

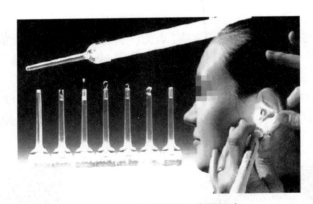

图2-3-4 使用耳探灯放置耳障

耳障：又称堵耳器，为穿有丝线的海绵或脱脂棉球。它的大小根据患者的耳道大小选择，合适的耳障可以恰到好处地控制耳印模材料注入耳道的深度和范围，以保护鼓膜。放入耳障前要把丝线的耳障部分打成死结，并检查丝线不易断裂。

（2）耳印模材料：耳印模材料由两种独立包装的化学材料组成。在使用时，将两种化学材料按一定比例混合，产生一种软性膏体，混合后的膏体具有一定的凝固时间和黏稠度。其按化学成分分类：硅胶类和丙烯酸类。

4. 询问病史 仔细询问患者最近3个月内是否有耳部感染、手术等，若发现耳道有感染、耳内手术未满3个月，以及突发性聋等现象者，建议暂时不取耳印模，应及时到医院治疗，待病情稳定后再取。

5. 坐姿 让患者坐在一个不可旋转的椅子上，并向其解释取耳印模过程，以取得患者的配合。对于年幼、不配合的患者，在取耳印模的过程中需要家长的配合，使其头部在操作者工作时保持不动。

6. 检查外耳道 使用电耳镜或额镜聚焦好光线照在耳廓上，仔细观察耳廓的畸形结构特点。待光线照进耳道,对于成人,将耳廓向后上方拉动,对于儿童,应将耳廓向后下方拉动,以便拉直耳道,看清楚鼓膜的情况。

7. 取出耵聍,清洁外耳道　耵聍或异物会影响到耳印模的外形,故应结合耵聍和患者的实际情况。易于取出的耵聍,在确认不会引起患者疼痛及外耳道损伤的前提下,用经消毒的镊子或耵聍钩取出,取出耵聍后再用消毒的棉签蘸取少许医用润滑剂清洁与润滑外耳道及耳廓;若不能保证安全取出,建议转诊至专科医生处理。

8. 润滑外耳道　润滑外耳道是安全制取耳印模的重要环节之一,它可以有效地减少耳印模制取过程中出现的外耳道损伤及不必要的疼痛。正确的操作方法是用消毒棉签蘸取少许医用润滑剂均匀地涂抹在外耳道壁、耳甲腔等耳印模材料覆盖的部位,或将耳障蘸上少许润滑剂。

9. 放置耳障　将耳障放在耳道口,将耳廓向上、向外和向后拉直,用耳探灯轻轻地将棉球推入耳道,一直推到耳道第二弯曲。不要用耳探灯直接将棉球笔直地推入耳道,必须以上、下、左、右滚动的方式推到第二弯曲。切记防止耳障偏小或耳障放置过深,否则注入耳印模材料时压力稍偏于一侧或压力过大耳印模材料就容易从耳障一侧边缘向后溢而危及鼓膜,或沿耳道一侧冲过耳障,通过穿孔的鼓膜注入鼓室腔。耳障的丝线放置于外耳道底部,从屏间切迹处悬挂在耳下方。

10. 混合耳印模材料并注入　根据患者外耳道大小,取适量的耳印模材料,严格按照耳印模材料说明中所注明的比例混合材料。混合时间越短,混合好的膏体就越软,注射时所需压力越小,所以混合操作要迅速,最好控制在一分钟之内,在混合过程中,同时要注意耳印模材料中的气泡,在混合前应准备好注射器,并让患者做好准备。将注射器的尖端0.5cm放进耳道,注意将其嘴端与耳道留小一点空隙,小心地将耳印模材料挤向耳障,迅速将耳道完全填满。耳道完全填满后注射器退出到外耳道口,但尖端仍埋在耳印模材料里并继续以一定的角度注射到耳甲腔、耳甲艇、舟状窝、三角窝等区域,并填满至耳轮外缘。在注射过程中,要注意畸形结构,膏体要填充到畸形结构的各个部位,最后填满整个耳廓的前外面,保证印取耳朵的前外结构。注射完毕后,不要在外面用力按压,以免出现偏差。

11. 取出材料　通常耳印模材料会紧贴患者耳朵的皮肤,因此在取出耳印模之前,需要先将耳印模轻轻地拉离耳廓使空气进入耳内,让密封的环境松弛一下。用手指抓住耳印模边缘,将三角窝顶部的区域轻轻地分离开来,然后拉紧耳廓,将耳印模轻轻提高,前后活动一下耳印模,轻柔地向上、向后、向外转动,一手向外取耳样,一手同方向向外拉住丝线,使耳印模的耳道部分顺利出来。

12. 再次检查耳道和耳廓　再次用耳探灯检查耳道,牵拉耳廓(成人向上、向外拉,幼儿向后、向下拉),使耳道直,仔细观察耳道、鼓膜的情况,观察是否有损伤,确保耳道内无残留物。

13. 检查耳印模　原则上主要注意以下几点:
(1)表面是否光滑,无隆起、凹陷、裂痕或气泡等。
(2)耳道部分是否超过第二弯曲3~5mm。
(3)畸形部位是否填充完整。
(4)对于耳廓畸形的患者,待耳印模取出后,对照助听器选配的型号与类型,判断耳印模是否满足实际制作的要求。如需要半耳式或耳内式助听器的听力损失较重的患者,其畸形的耳甲腔取出的耳印模,狭小的容积有可能无法满足实际制作的要求,从而需要更换其他类型的助听器。

三、注意事项

1. 无耳或耳廓严重畸形,如小耳二、三级,菜花耳等无法取耳印模。

2. 隐耳患者耳印模取样与常人无异,但因无耳后沟,无法佩戴耳背式助听器,所以在耳印模取样单中必须注明。

3. 耳廓表面急性炎症、耳廓撕裂伤及化脓性软骨膜炎时禁止耳印模取样。

4. 耳廓假性囊肿若在耳甲腔、耳甲艇、三角窝等部位,或耳廓良性肿瘤,尽量避免佩戴耳模,若必须佩戴耳模,耳印模取样单中要注明清楚,在制作耳模时应与病变部位之间有空间,以免摩擦加重病情。

5. 耳廓恶性肿瘤原则上不取耳印模。

第二节 外耳道异常耳印模取样

一、异常外耳道的形态结构

1. 外耳道畸形 先天性外耳道畸形多伴有耳廓、中耳及其他结构的异常,而后天因素造成的畸形主要是由外耳道、中耳及颞骨手术或外伤所致,不同原因所致畸形也各不相同,耳镜下常见的畸形有外耳道狭窄或闭锁、塌陷、扩大、与鼓室连成一体等。

2. 外耳道疾病

(1)外耳道湿疹:多发生在耳后皱襞处,表现为红斑、渗出,有皲裂及结痂,有时带脂溢性,常两侧对称。中耳炎或耳挖伤引起的湿疹,可有或多或少的脓性分泌物和脓痂。

(2)外耳道炎:细菌感染所引起的外耳道弥漫性炎症称为外耳道炎。可分为两类:一类为局限性外耳道炎,又称外耳道疖;另一类为外耳道皮肤的弥漫性炎症,又称弥漫性外耳道炎。要预防外耳道炎必须注意纠正挖耳习惯,游泳、洗头时污水入耳后应及时拭净,及时清除或取出外耳道耵聍或异物。总之,保持外耳道干燥、避免损伤、最为重要。

(3)外耳道骨疣:外耳道骨壁的骨质局限性过度增生形成外耳道结节状隆起性骨疣,成年及青壮年多发,男性发病多见,且呈双侧及多发性。外耳道外生骨疣(图 2-3-5)是外耳道骨部骨质局限性过度增生形成的结节状隆起,病因可能与局部外伤、炎症及冷水刺激有关。病理检查可见骨疣骨质中含丰富的骨细胞和基质,但无纤维血管窦。

(4)耵聍栓塞:是指外耳道内耵聍分泌过多或排出受阻,使耵聍在外耳道内聚集成团,阻塞外耳道。耵聍栓塞形成后,可影响听力或诱发炎症。

(5)外耳道异物:外耳道异物多见于儿童,因小儿喜将小物体塞入耳内,成人亦可发生,多为挖耳或外伤时遗留小物体或小虫侵入等。异物种类可分为动物性(如昆虫等)、植物性(如谷粒、豆类、小果核等),及非生物性(石子、铁屑、玻璃珠等)3 类。

(6)外耳道肿瘤:主要分为良性和恶性两类。良性肿瘤可发生于外耳道,阻塞外耳道,妨碍耵聍排出,使听力下降。恶性肿瘤早期表现为皮肤硬结,有痒感,搔抓易引起出血,之后表面糜烂、溃烂或形成菜花样肿物。

（7）鼓膜损伤：中耳的外伤、炎症、肿瘤等疾病都可导致鼓膜的穿孔（图 2-3-6），外伤性鼓膜穿孔多为不规则穿孔，鼓膜表面有血痂，鼓膜色泽多正常，若合并感染时则有充血并有脓液。炎症引起的鼓膜穿孔多为紧张部或松弛部穿孔，鼓室黏膜粉红色或苍白，或鼓室内有肉芽或息肉，严重者有灰白色鳞屑状或豆渣样物质，耳道内有脓液。中耳肿瘤引起的鼓膜穿孔多为中耳腔或骨性外耳道后壁有肉芽或息肉样组织生长，堵塞耳道，易出血。不同的耳科疾病造成的鼓膜穿孔会带来传导性或混合性听力损失，在制作耳印模时更应正确地放置耳障，防止耳印模材料注入鼓室内。

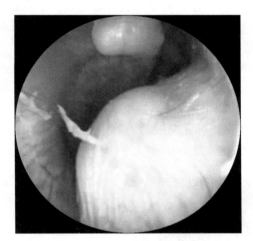

图 2-3-5　外耳道外生骨疣

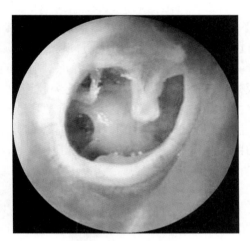

图 2-3-6　鼓膜穿孔

乳突根治术是一种彻底清除中耳乳突内病变组织，并通过切除外耳道后上骨壁，使鼓室、鼓窦、乳突腔和外耳道形成一永久开放空腔的手术。乳突根治术后带来的问题是：形成一个与耳道相通的较大的术后残腔；外耳道的自净作用消失，常常积攒大量的痂皮，而且还经常伴有真菌感染，难以获得干耳；术后听力下降加重。

二、外耳道异常耳印模取样

1. **适应证**　耳道形状正常或轻度狭窄，耳道及鼓膜无急性炎症感染的可佩戴助听器的听障人士。

2. **取样范围**　达到耳道第二弯曲至耳道底，延续到整个耳廓前外面。

3. **耳印模器具和材料**　一般材料和工具与上节一样，耳道狭窄或扩大所需的耳障要根据情况自制。若外耳道扩大与鼓室连成一体或外耳道扩大与鼓室、鼓窦及乳突腔连成一体等特殊情况，还需备有无菌棉球，用以填充。

4. **询问病史**　仔细询问患者最近 3 个月内是否有耳部感染、手术等，对于耳道有感染，耳内手术未满 3 个月，以及突发性聋等患者，不要取耳印模，而应建议患者先去医院及时治疗，待病情稳定后再考虑是否取耳印模。

5. **坐姿**　让患者坐在一个不可旋转的椅子上，并向其解释取耳印模过程，以取得患者的配合。对于年幼、不配合的患者，在取耳印模的过程中需要家长的配合，使其头部能在操作者工作时保持不动。

6. 检查外耳道 对于成人,将耳廓向后上方拉动,对于儿童,应将耳廓向后下方拉动,仔细检查外耳道,彻底清除外耳道内耵聍和异物,用电耳镜观察外耳道结构。若为耳道骨疣或外耳道良性肿瘤导致耳道狭窄者,应建议患者先行手术治疗,然后再取耳印模;若为耳道感染,应建议患者先行抗感染治疗,痊愈后再取耳印模;若为外耳道畸形,应仔细观察其形状和范围。

7. 取出耵聍、清洁外耳道 基本与上节一致。

8. 润滑外耳道 针对有畸形的外耳道患者,特别是内大外小形的耳道,或乳突根治术后等骨性外耳道明显扩大变形的,应仔细清洁外耳道、去除外耳道痂皮等分泌物,用棉签或镊子钳消毒棉球蘸取少许医用润滑剂涂抹于外耳道及可能与耳印模接触的部位,更有利于耳印模的取出,防止耳道损伤引起患者疼痛及不适。

9. 放置耳障 耳道狭窄者,先制作与耳道匹配的耳障,如外耳道扩大与鼓室连成一体或外耳道扩大与鼓室、鼓窦及乳突腔连成一体等常表现为耳道口小腔大者,先用棉球填塞好扩大的鼓室、鼓窦及乳突腔,重塑耳道形态,防止耳印模成形后嵌顿、断裂而使耳印模取出困难,调试确保取出的耳印模耳道部分正对准鼓膜。对乳突根治术等中外耳手术后造成的巨大腔体者,用多个耳障放置于术腔,并同时将绑线放置于耳道口外(图2-3-7)。

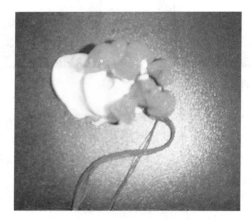

图2-3-7 巨大腔体的耳障放置

10. 混合耳印模材料并注入 耳印模注入一定要轻柔、缓慢,动作要连贯。切忌推注速度过快,压力过大过猛,否则大量膏体突然注入耳道深部容易造成外耳道内压力骤然增大,损伤外耳道皮肤,致耳印模不易取出,甚至断裂在耳道内。

11. 取出材料 基本同上节相关内容,待耳印模确认凝固后,取出耳印模材料。

12. 检查耳印模和耳道 对于耳印模,隆起、凹陷的部分在耳模制作单上应注明是由于耳道狭窄或扩大造成的。对于耳道,检查其是否有残留物、外耳道及鼓膜是否有损伤等。若有发生,必须采取相应的处理。

三、注意事项

1. 取样前详细询问病史,以避免漏诊外耳道疾患。

2. 注意口小腔大的耳道,放置耳障应填充饱满。

3. 注意特殊疾病，及时转诊。

（王永华）

思 考 题

1. 耳廓异常取样的注意事项有哪些？
2. 耳廓畸形有哪些种类？
3. 耳廓有哪些疾病（列举三种以上）？
4. 异常耳廓耳印模取样的适应证有哪些？
5. 外耳道异常耳印模取样的注意事项有哪些？
6. 常见外耳道疾病有哪些？
7. 耳印模材料主要有哪几种？

第四章　助听器调试

第一节　助听器方向性调试

【视频】
助听器调试
（三级）

【相关知识】

感音神经性听力损失的频率和时间分辨功能下降导致在噪声环境下助听器聆听效果不佳。为了提高助听器在噪声环境下的信噪比，改善言语清晰度，采用方向性技术是行之有效的方法之一。

助听器方向性降噪技术依赖于传声器（麦克风）的设计，通过多传声器可达到降噪的目的。

一、助听器方向性传声器的原理

采用方向性传声器技术可以减少相关信号的输入，这就是方向性传声器系统的基本原理。当前助听器方向性传声器主要是双传声器系统。

双传声器系统的工作示意图见图 2-4-1，它是由两个独立的全向性传声器组成，一个为前置传声器，一个为后置传声器，两个传声器独立工作。通常在后置传声器电路中附加一个延迟电路，以得到不同的极性。其工作原理是：声音信号通过前置和后置的传声器进入助听器时产生信号的叠加，由于相位差的不同，使来自各方向的噪声信号被衰减或抵消而达到降噪的目的。

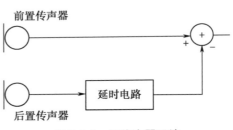

图 2-4-1　双传声器系统

双传声器系统能够方便地在方向性和全向性之间切换，如果将延迟电路关闭，助听器即为全向性。

方向性传声器的方向性效果，可以通过极性图来表示（图 2-4-2）。

较典型的四种极性图是：心形、超心形、超级心形、双极形。通过传声器的极性变化，调节来自不同方向声压的灵敏度，从而达到提高信噪比，改善聆听效果的目的。

1）心形：前方及两侧灵敏度高，后方低，抑制后方噪声（图 2-4-2A）

2）超心形：前方灵敏度最高，后方次之，斜后方最低。抑制斜后方噪声（图 2-4-2B）

3）超级心形：前方灵敏度高，后方次之，两侧低（图 2-4-2C）

4）双极形：前方、后方灵敏度高，两侧低，抑制两侧噪声（图 2-4-2D）

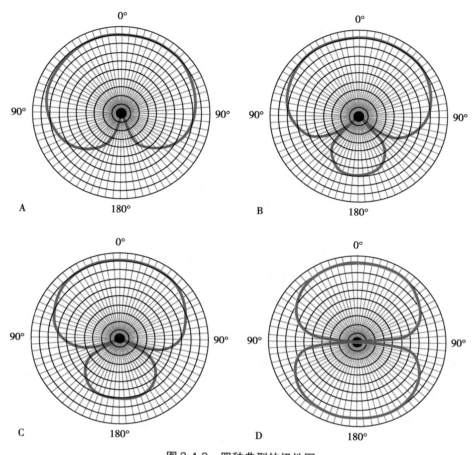

图 2-4-2　四种典型的极性图
A. 心形；B. 超心形；C. 超级心形；D. 双极形。

二、传声器匹配的概念

双传声器系统相对比较复杂，为了获得所需的方向性，它们的灵敏度、相位特性上应具有很好的一致性，否则方向特性就会产生偏离。传声器的灵敏度会因老化、高温和湿气产生不良影响。传声器的初始阶段是严格匹配的，经过一段时间的使用，也有可能产生漂移，导致方向性特性的下降。

图 2-4-3 为方向性传声器系统，两个传声器入口相距 10mm，频率为 250Hz。

1. 振幅匹配　在双传声器系统中，每个传声器的特性变化率是不同的，这会导致整个系统有不同的振幅响应。任何程度的振幅失配都会对方向性产生不良影响，尤其是在低频段。图 2-4-3 说明了振幅失配所产生的影响，图 A 为理想的方向性，图 B 为两个传声器在250Hz，振幅有 0.25dB 失配时的实际效果。因为振幅不匹配所导致的结果应该是对称的，所以不管哪个传声器的灵敏度降低，都会产生对称的方向性。加速老化实验显示（温度为60°C，湿度为100%，老化时间为一个月）传声器在大多数的频段中都大概有 0.8dB 的偏移，这充分说明了在低频段是没有什么方向性的。

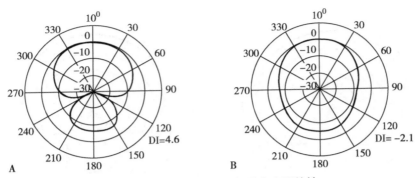

图 2-4-3　传声器振幅匹配及失匹配特性

A. 双传声器完全匹配时的特性图；B. 当两个传声器振幅相差 0.25dB 时所产生的特性图。DI，方向性指数。

2. **相位失配**　传声器还有相位失配问题，相位失配会导致两个传声器相位不对称，前方的灵敏度比其他方向的灵敏度差，这时的方向性效果会明显降低（方向性指数降低）。

最新的双传声器技术可以持续估算和修正双传声器之间的失配，即使经过了多年的使用，也始终在所有频率保持所需的方向性。另外，新技术允许更小的传声器进声口间距，而不会牺牲方向性特性，这使得耳内机的进一步小型化成为可能。

3. **全向型传声器的概念**　图 2-4-4 是全向性传声器极向图，它的方向性指数为 0，这表明助听器对来自各方向的声音信号均给予放大，即 360° 等量放大。譬如在安静的家中或听音乐时，为了获取更多的声音信号而不需要方向性功能，这时就可以使用助听器的全向性功能。传统的模拟助听器只能提供全向性（非方向性）的功能，数字处理技术的出现使得方向性功能的多种选择成为现实，并在实际应用中提供了极大的方便。

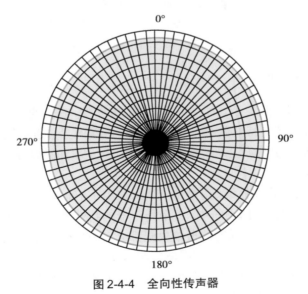

图 2-4-4　全向性传声器

4. **方向性传声器的方向性模式**　可分为固定方向性模式、自适应方向性模式、实境自适应方向性模式和自然方向性。

（1）固定方向性模式：图 2-4-5 表明固定方向性助听器使用的是全向性或方向性传声器，它是根据典型的使用环境定义的，主要有 3 种：心形、超心形和双极形。这几种传统的固定模式是根据常见的生活场景设计的，用户可以根据当时的情况选用其中一种来使用，如果正好处于某种模式的作用范围内，则可以达到比较好的效果。

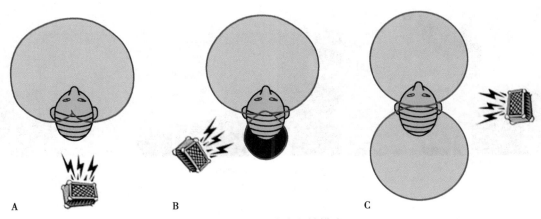

A　　　　　　　　　　　B　　　　　　　　　　　C

图 2-4-5　固定方向性模式
A. 心形；B. 超心形；C. 双极形。

固定方向性助听器的局限性：为了获得固定方向性系统带来的好处，佩戴者不仅要学会程序切换的操作，而且必须要会分析何种聆听环境适合何种方向性，如房间大小、说话者的距离、回声和声强级等，以及如何利用这些因素提高助听器方向性的效果。很显然，每个佩戴者不可能完全掌握这些技巧并从中获得方向性的受益。

（2）自适应方向性模式：现实生活环境中噪声源往往不是固定不变的，噪声通常会从许多方向到达助听器。噪声不断变化或发生移动（如旁边驶过的汽车），在这些情况下，不可能建立对某一个噪声源的方向敏感度，致使固定方向性模式的效果受到影响。

自适应双传声器系统可以实时改变其方向性特性，从非方向性到心形、超心形、超级心形和双极形。自适应方向性系统自动捕捉和分析噪声源，根据噪声源的方向自动调整方向性模式，使噪声源方向的灵敏度最小化，以达到最有效地消除来自不同方向不同次数的噪声。如果无噪声存在，系统判断非方向性是当前的最佳选择，自适应方向性双传声器系统能自动切换成非方向性模式，这时来自两个传声器的信号会同相相加，从而减少传声器噪声达 3dB，因此，可以解决固定方向性系统使用过程中的局限性。

自适应方向性系统的局限性：①在抑制目标信号时无法识别信号的水平和类型；②最大声输入级被抑制；③患者有丢失周围声音的感觉，例如有人在另一房间谈话或者身后电话铃响。

（3）实境自适应方向性模式：采用了多达几十个的时间延迟，多个时间延迟按频率进行分割，从而不断随实境声源进行变化，以达到不同场景的最佳助听效果。

（4）自然方向性：如图 2-4-6 所示自然方向性是一种独特的双耳非对称验配方案，它依靠人类听觉中枢认知信号处理，通过左右耳传递不同的声学信息，一方面给用户提供方向性益处，另一方面对声学情景进行更高级水平的分析。

在言语清晰度方面,已证明像自然方向性这样的不对称验配方法能够提供与双耳方向性一样的清晰度。现已证实,在真实环境中使用的聆听舒适度方面,在有挑战性的聆听环境中,自然方向性优于其他方向性技术。

图 2-4-6　自然方向性
A. 自适应方向性;B. 自然方向性。

(5)最新的方向性技术简介

1)双耳智能方向性技术:该技术建立在自然方向性基础上,使用 2.4GHz 无线技术让双侧助听器交换数据协同工作,在复杂多变的聆听环境中动态地选择最佳的方向性模式。助听器对来自双侧的言语和噪声进行分析,方向性模式可以由双侧方向性变更为一侧方向性另一侧全向性,或是双侧都为全向性。该技术能帮助提高言语可懂度,同时又使用户对周围环境有更多的自然意识。

2)双耳多通道自适应方向性:与其他方向性模式不同的是双耳多通道自适应方向性在多个方面改进并升级了自适应方向性技术。助听器对噪声可进行多通道处理,自动消除来自不同频段的多个最大噪声源,当用户处于背景噪声大且存在多个噪声源的聆听环境下,能帮助其获得最佳的言语清晰度。

3)助听器芯片运算速度的提高使得助听器方向性功能上有质的提高,它表现在对来自各方向语言信号的自动识别和处理能力。助听器会自动并均衡地处理来自远、近、侧向的言语信号,声音的还原性得到提高,听力损失者对声音的畸变感觉会有所改善。

随着助听器综合技术的不断发展,智能化程度的提高,传声器方向性技术将面临挑战,其是否能作为主流技术长期延续下去将拭目以待。

【能力要求】

助听器方向性调试操作

一、工作准备

1. 熟悉患者资料　并不是所有的听力损失者都能享受到助听器方向性功能带来的益处。以下类型的听力损失者助听器方向性功能的有效性不会明显:重度和极重度的听力损失者、陈旧性的感音神经性听力损失患者、综合反应较为迟钝的老年听力损失者。

简而言之,要了解患者的综合听障情况,包括经常使用的环境、对助听器效果的期望值等。

2. **打开相应软件界面** 各种品牌助听器验配软件的界面设计和助听器方向性的调试内容及调试方法差异较大,下文显示了三种助听器验配软件的界面图。

(1)助听器软件一的界面(图2-4-7):通过该界面可以选择适合听力损失者的助听器。其中,D表示具有方向性功能。

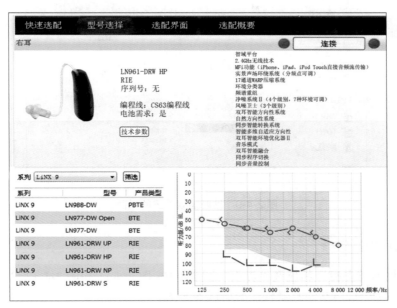

图2-4-7 助听器软件一的界面

(2)助听器软件二的界面(图2-4-8):该界面中的C-ISP平台、经典降噪、数字耳廓效应和IE言语增强功能II均涉及方向性技术的应用。

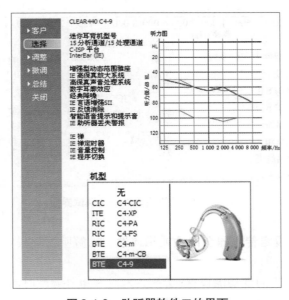

图2-4-8 助听器软件二的界面

（3）助听器软件三的界面（图2-4-9）：通过界面特性可以按需求选择适用的助听器。

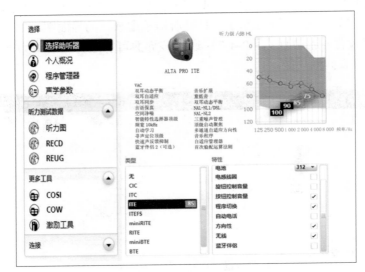

图2-4-9　助听器软件三的界面

二、工作程序

1. **连接助听器并打开相应调试界面**　图2-4-10、图2-4-11和图2-4-12分别对应的是图2-4-7、图2-4-8和图2-4-9助听器软件的调试界面图。

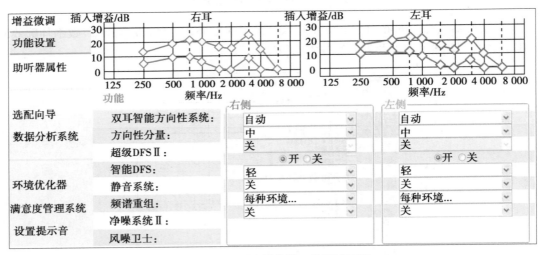

图2-4-10　助听器软件一的调试界面

2. **根据收听环境设定传声器全向性或指向性**　了解听力损失者经常性的聆听环境来设定方向性传声器的功能。

（1）助听器软件一方向性功能设置：分别为双耳和单耳验配时的方向性模式，可根据听力损失者的实际需求选择相应的功能（图2-4-13、图2-4-14）。

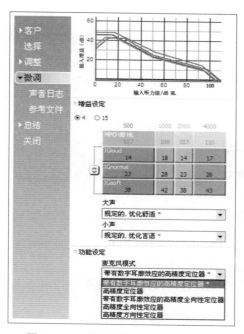

图 2-4-11 助听器软件二的调试界面

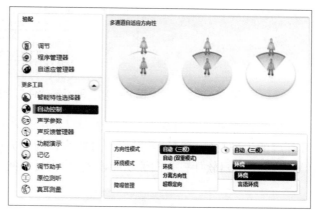

图 2-4-12 助听器软件三的调试界面

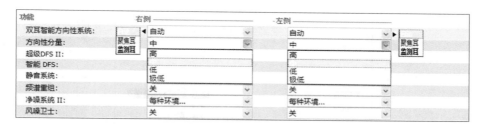

图 2-4-13 助听器软件一方向性功能设置（双耳验配）

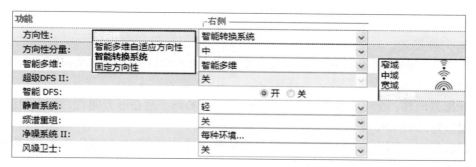

图 2-4-14 助听器软件一方向性功能设置（单耳验配）

（2）助听器软件二方向性功能设置：方向性系统管理器可以有多种选择（图 2-4-15）。

1）"带有数字耳廓效应的高精度定位器"为系统默认的基本程序。

2）"高精度定位器"保证安静环境下的可听度和嘈杂环境中的最优信噪比。

3）"带有数字耳廓效应的高精度全向性定位器"保证安静环境中的可听度，并且希望听到周边所有声音可选此项。

4）"高精度全向性定位器"即全向性，用于特定环境，如音乐程序中或者需要360°全方位放大的患者。

5）"高精度方向性定位器"固定方向性，希望听到以前方为主的声音可选此项，用于特定需要时。

图 2-4-15　助听器软件二方向性功能设置

注明："带有数字耳廓效应"的选项只是用于耳背式样，不适用于定制机，该功能利用人耳耳廓的生理功能更好地帮助用户分辨来自前后方的声音。

（3）助听器软件三方向性功能设置：方向性系统管理可分为两部分进行设置（图2-4-16）。

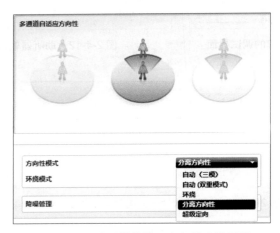

图 2-4-16　助听器软件三方向性功能设置

1）方向性模式

①环绕：多通道全向性，用于背景噪声低、信噪比非常好的聆听环境，确保用户能听到所有自然存在的声音。

②分离方向性：低频是多通道全向性；中高频是心形/超心形方向性，适用于中等噪声且信噪比较好的聆听环境。

③超级定向：即固定方向性，能消除最大的移动噪声源，用于背景噪声大、信噪比非常差的聆听环境。

④自动（三模）：多通道自适应三模，即环绕、分离方向性和超级定向之间可自动切换。

⑤自动（双重模式）：多通道自适应双模，即环绕和分离方向性之间可自动切换。

2）环绕模式

①全向优化（环绕）：更加贴近真耳的方向感，稍微增强了前方的聚焦强度，适用于安静环境（图2-4-17）。

②言语优化：属于分离方向性，用于较安静的环境，较多的抑制后方的声音，确保前方言语信号，适用于轻中度的言语噪声混合环境（图2-4-17）。通常情况下，软件会依据所输入的听力图默认方向性模式，但作为验配师可根据听力损失患者实际需求做适当调整。

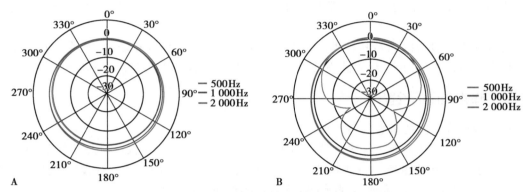

图2-4-17　助听器软件三全向优化和言语优化效果演示图
A. 全向优化；B. 言语优化。

3. 保存方向性设置　各种助听器软件中功能的设置都是在助听器验配结束后按照各种软件的操作指南进行。因此，保存方向性功能的设置可以按操作指南完成。

第二节　助听器程序设置

【相关知识】

一、助听器程序种类

现代助听器技术可以满足多程序设置，目的是最大限度发挥助听器在各种环境和场合下的作用。助听器程序种类主要有以下几种：

1. 安静程序　背景噪声在40dB（A）左右的环境可以视为安静环境，安静程序的设定可以最大限度满足听力损失者清晰度和舒适度的需求。

2. 噪声程序　噪声程序的设置主要解决以下两个问题：

（1）在噪声环境下避免助听器响度过大引起听力损失者的不适感。

（2）在噪声环境下尽可能提高（优化）助听器的信噪比，改善言语清晰度（提高言语的可懂度）。

3. 电话程序　通过助听器传声器直接打电话的效果普遍不理想，电话程序的设置是为了保证响度需求和提高信噪比。电话程序的效果会因听力损失者听力损失的程度（和言语分辨功能的强弱）而表现出明显的差异化，效果不佳者可以考虑使用助听器专用无线传输设备（如蓝牙设备）或具有助听辅助功能的手机来达到改善电话的接听效果。

4. 音乐程序　频率范围宽和响度变化大是音乐的特点。音乐程序在频响、压缩速度和压缩强度方面给予了特殊处理，目的是提高声音的还原性和增强层次感。音乐程序的使用面较窄，轻中度、听力曲线相对平坦、耳聋时间较短者效果相对好。

二、助听器程序设置原则

日常生活中,当助听器使用者置身于不同的环境和场合时,通过选择程序来满足相应的需求以提高聆听的效果。助听器验配师可以按照听力损失者个性化的需求设置不同的程序。

助听器程序设置的数量和种类决定于听力损失者使用的环境和场合,初次助听器佩戴者的程序设置以 2 个为佳,程序的设置以满足舒适度为前提,逐渐过渡到清晰度。

三、噪声程序的设置

设定噪声程序需要考虑以下几点:

1. 避免响度过大给听力损失者带来不适感,控制最大声输出(MPO)和大声增益的补偿。

2. 注意听力图中的听力曲线特征,对听力损失者敏感频率的各项参数设置要给予特别关注,避免为了提高清晰度而忽视听力损失者在噪声环境下的耐受能力。

四、电话程序的设置

电话程序通过电感方式或磁片方式实现。设置时要满足响度需求,尤其频率在 300～3 000Hz 范围内的增益要保证。听力损失较重或耳聋时间较长者电话程序的效果往往不佳,此时不要勉强设置此程序,可以尝试使用蓝牙等无线传输技术辅助设备予以改善。部分听障者直接使用传声器接听电话的效果不错时可不考虑设定电话程序。

五、音乐程序的设置

音乐程序的设置较简单,选择该程序后助听器验配软件会自动给予各种参数处理,初级验配师可采用验配软件的默认参数。有经验的验配师采用个性化的验配原则往往能使听障者获得更为满意的效果。当音乐程序不能改善聆听效果时避免强制设置。

六、特殊程序的设置

根据特殊听力情况或特殊场合需要设置的程序,包括移频、反向聚焦程序等。移频技术主要是通过压缩和叠加等技术手段,将高频声音的信息转移到中低频频带上,使中低频损失相对较轻,高频损失严重(重度、极重度)甚至丧失的听障者,察觉识别辅音的能力得到改善,增加对环境的感知。是否使用和如何使用移频,需要严格地评估和验证,成人可根据言语评估的结果及听障者本人对移频后声音的接受度,决定是否开启及选择开启后的起始频率。不同品牌的验配软件中将移频称为可听度扩展、移频新概念、频谱重组等。

【能力要求】

助听器程序设置操作

一、工作准备

1. 了解听力损失者年龄、职业、病史、症状及致聋原因等情况。

2. 了解听力损失者助听器经常使用的环境,从而决定助听器程序设置的数量及内容。

二、工作程序

1. 打开助听器程序调试界面(图2-4-18)。

2. 根据佩戴者聆听环境选择程序种类。打开助听器程序管理器,可对聆听程序做调整。以下介绍均为双耳验配。

(1)助听器的主程序:系统默认为双耳智能方向性系统(图2-4-19、图2-4-20)。

(2)交通程序:提高用户在嘈杂环境中聆听的舒适性(图2-4-21、图2-4-22)。

(3)普通电话:如果用户对接听电话的声音参数有特殊的要求,可添加此程序(图2-4-23、图2-4-24)。

(4)音乐程序:此程序各项参数的设置使音乐听起来层次感更鲜明,更饱满(图2-4-25、图2-4-26)。

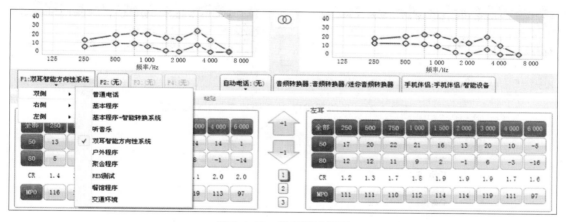

图2-4-18 程序调试界面

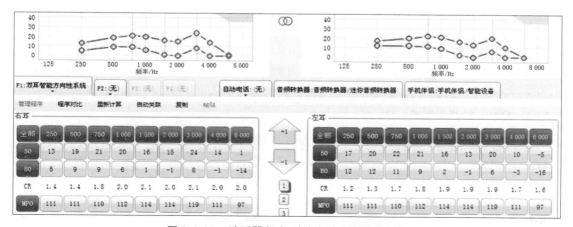

图2-4-19 助听器程序1(主程序)的增益设置

功能	右侧	左侧
双耳智能方向性系统:	自动	自动
方向性分量:	中	中
超级DFS II:	关	关
智能DFS:	◉开 ○关	◉开 ○关
静音系统:	轻	轻
频谱重组:	关	关
净噪系统 II:	每种环境…	每种环境…
风噪卫士:	关	关

图 2-4-20　助听器程序 1(主程序)对应的功能设置

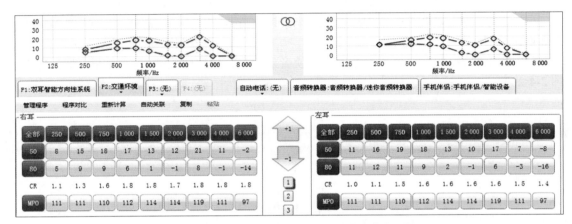

图 2-4-21　助听器程序 2(交通程序)的增益设置

功能	右侧	左侧
方向性:	全向性	全向性
超级DFS II:	关	关
智能DFS:	◉开 ○关	◉开 ○关
静音系统:	轻	轻
频谱重组:	关	关
净噪系统 II:	较强	较强
风噪卫士:	关	关

图 2-4-22　助听器程序 2(交通程序)的功能设置

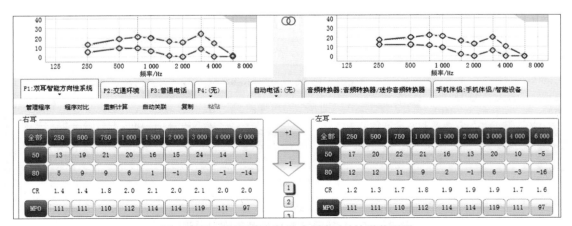

图 2-4-23　助听器程序 3(电话程序)的增益设置

图 2-4-24　助听器程序 3(电话程序)的功能设置

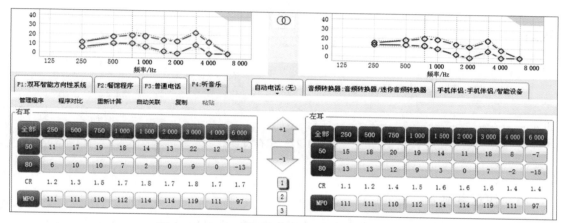

图 2-4-25　助听器程序 4(音乐程序)的增益设置

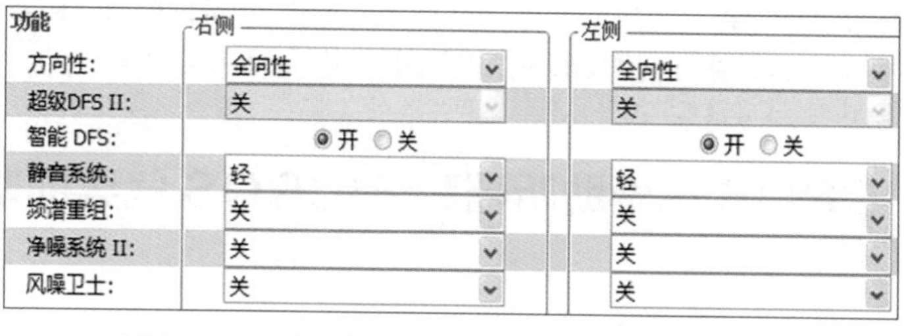

图 2-4-26　助听器程序 4(音乐程序)的功能设置

　　验配助听器时要根据用户实际生活、工作环境的需求设置 1～4 个程序，同时不要简单依赖于助听器软件的默认设置参数，可对每个程序中的增益和功能选项进行精细调整，以达到助听效果的最大化。

　　3. 保存程序设置　当所有程序的微调完成后，可点击验配界面中的"保存"储存数据完成验配（图 2-4-27）。

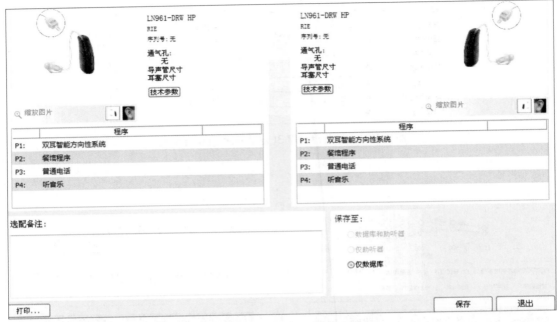

图 2-4-27 保存设置

三、注意事项

1. **程序不是越多越好** 并非所有听力损失者都适合多程序,如果佩戴者的日常聆听环境以某种固定的状态为主(比如退休老年人每天在家看电视),调节音量基本能够适应环境的小幅度变化,则不需要助听器设多个程序。

2. **儿童患者程序的选择** 儿童患者可根据不同年龄的成长阶段,陆续开启部分或全部程序,使助听器得到最大限度的利用,以适应不同的生活和学习环境。

第三节　CROS 气导助听器和 BICROS 气导助听器调试

【相关知识】

一、单侧听力损失定义

健耳纯音听阈在 250～3 000Hz 均不高于 20dB HL,患耳为极重度或全聋的感音神经性听力损失,助听器使用效果极差或无效。

二、不对称性听力损失定义

相对好耳平均听阈介于 30～55dB HL,相对差耳听力损失 >70dB HL。

单侧听力损失和不对称听力损失的干预方案有多种,CROS/BICROS 信号对传气导助听器是其中的一种解决方案,戴在患侧耳的传声器接收到的声音信号通过无线传输的方式传给戴在健侧耳或相对好耳的助听器进行放大处理,听力损失者可以同时感知两侧的声音信号,以达到提高听敏感度、改善双耳响度平衡、增加声音信息量、提高言语清晰度的目的。

三、CROS气导助听器原理

单侧交联(contralateral routing of signal,CROS)气导助听器适用于单侧听力损失,CROS气导助听器由两个特殊结构的助听器A和助听器B组成。助听器A:传声器+无线信号传输系统,该助听器无放大器和传声器,主要功能是将传声器接收到的声音信号通过无线传输的方式传至另一侧健耳的助听器。助听器B:常规气导助听器+无线信号接收系统。即在常规助听器的基础上还具有接收患耳一侧传来的无线信号功能,并可将该信号进行放大处理,助听器B通常选用小功率。

需要特别说明的是,CROS气导助听器可以使健耳同时接收两部分声音信号:一个是通过正常听觉通路传入的声音信号(外耳→中耳→内耳),另一个是助听器B对来自患侧耳的声音信号进行处理后的声音。为了保证两部分的声音信号能够同时接受,助听器B的耳模或定制式助听器的声孔和通气孔要进行特殊处理。

四、BICROS气导助听器原理

双侧交联(bilateral contralateral routing of signal,BICROS)助听器适用于不对称性听力损失。

BICROS气导助听器的基本构成与CROS气导助听器完全相同,但是BICROS气导助听器的功率为中大功率,耳模通气孔的处理方案依据听力损失者相对好耳的情况决定。

助听器A戴在患侧耳,助听器B戴在相对好耳,患侧耳助听器A的传声器收集到的声音信号通过无线传输的方式传给戴在相对好耳的助听器B,此时助听器B会将助听器A传入的声音信号依据相对好耳的纯音听力图进行放大处理。与CROS气导助听器不同的是,相对好耳获得的声音信号仅仅是助听器B放大处理后的声音。

CROS气导助听器与BICROS气导助听器的共性是,双侧传声器接收的声音信号都传给戴在健耳或相对好耳的助听器B进行放大处理,听力损失者可以同时感知两侧的声音信号。

【能力要求】

一、CROS气导助听器的佩戴与调试

(一)CROS气导助听器的佩戴方法

助听器A戴在患侧耳,助听器B戴在健耳,助听器A的传声器收集到的声音信号通过无线传输的方式传至助听器B。

(二)CROS气导助听器的调试方法(参照各品牌的验配软件)

1. 输入双耳纯音听力图。

2. 依据健耳的纯音听力图进行增益调试。

3. 为了使双耳获得的声音信号达到响度平衡,可以通过助听器的"CROS平衡"功能进行调试。

二、BICROS 气导助听器的佩戴与调试

(一) BICROS 气导助听器的佩戴方法

助听器 A 戴在差耳,助听器 B 戴在相对好耳,助听器 A 的传声器收集到的声音信号通过无线传输的方式传至助听器 B。

(二) BICROS 气导助听器的调试方法(参照各品牌的验配软件)

1. 输入双耳纯音听力图。

2. 依据相对好耳的纯音听力图进行增益调试。

3. 为了使双耳获得的声音信号达到响度平衡,可以通过助听器的"CROS 平衡"功能进行调试。

(马 佳 张建一)

第四节 助听器常规性能测试

【相关知识】

一、助听器性能测试常用的声耦合腔种类

助听器验配机构需要进行助听器性能测试,需要使用专用设备,操作方法可参照设备说明书,在此仅对不同类型的耦合腔做简单介绍。

1. **直接连接式耦合腔(HA-1 型耦合腔)** 适用于测试耳内式和耳道式助听器,因为助听器可以用专门胶泥将助听器的声孔与 HA-1 型耦合腔密封相连(图 2-4-28)。

2. **间接连接式耦合腔(HA-2 型耦合腔)** 适用于测试盒式和耳背式助听器(图 2-4-29、图 2-4-30)。

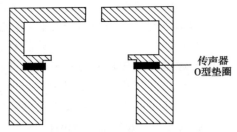

图 2-4-28 直接连接式耦合腔(HA-1 型耦合腔)

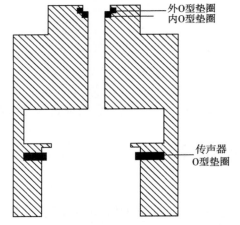

图 2-4-29 间接连接式耦合腔(HA-2 型耦合腔)

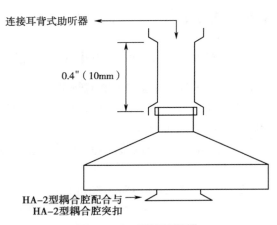

图 2-4-30 耳机适配器

二、现行助听器电声测试的相关标准（截止到 2019 年）

助听器标准规定了对其进行计量的主要技术指标及其测试方法。国际电工委员会（IEC）对助听器的声学特征测量主要采用 IEC 118 系列标准。美国国家标准委员会（ANSI）及德国标准协会（DIN）都颁布了自己的标准。生产厂家也必须给出十分详尽的性能参数，而验配师则希望所测试的指标尽可能简单实用，易于重复测量。

1983 年，国际电工委员会的 IEC 118 标准针对不同类型、不同线路的助听器及不同的测试目的提出了不同的细则，后来发展成 IEC 60118。我国国家标准（GB）等同或修改采用了这一系列标准。随着 IEC 标准不断更新，我国的国家标准也在不断修订。

三、助听器主要性能指标

1. 常规助听器的性能指标

（1）饱和声压级

1）最大饱和声压级（maximum saturation sound pressure level）：饱和声压级是指助听器放大电路处于饱和状态时在耦合腔上测得的声压级频响曲线上的最大值。

2）输入声压级为 90dB 时的输出声压级（output sound pressure level at 90dB SPL input，OSPL90）：助听器音量控制器调至最大，通过调机软件将各通道增益调至满挡。关闭自动增益控制（AGC）、方向性麦克风、感应线圈等。输入声压级调整为 90dB SPL，并保持恒定，在 200～5 000Hz 频率范围内改变声源频率，测量并记录输入声压级为 90dB 时在耦合腔的输出声压级（OSPL90）频响曲线（图 2-4-31）。在此测试条件下，几乎所有的助听器都会进入饱和工作状态，故常以 OSPL90 的测量等效饱和声压级的测量。

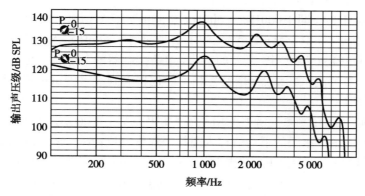

图 2-4-31　输入声压级为 90dB 时的输出声压级（OSPL90）

（2）满挡声增益（full on acoustic gain，FOG）：声增益是指在特定的工作条件下，助听器在耦合腔上产生的声压级与麦克风所在的测试点的输入声压级之差（图 2-4-32）。满挡声增益多用于描述放大电路的最大放大能力，要求电路不能饱和。测量时，助听器增益控制保持在满挡位置。关闭 AGC、方向性麦克风、感应线圈等。输入声压级为 50dB SPL，并保持恒定，在 200～5 000Hz 频率范围内改变声源频率，测量并记录输入声压级为 90dB 时声耦合腔内的输出声压级频响曲线，对各频率输出声压级减去 50dB 所得到的差值，即为满挡声增益。对于不能手动关闭 AGC 功能的助听器,也要采用 50dB SPL 输入声使其 AGC 功能不被启动。

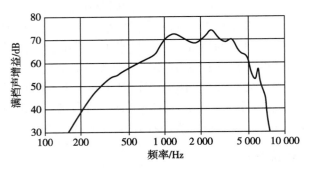

图 2-4-32 满挡声增益频率响应

在描述满挡声增益时,既可以绘成频响函数,也可以用指定频率(多为 1 600Hz 或 2 500Hz)处的满挡声增益数值作为助听器性能的标称值。

(3)参考测试频率和参考测试增益:助听器在实际使用时,不会也不应处于满挡状态,实际的增益值远小于满挡声增益。为了评判助听器在实际使用时的效果,IEC 118 规定了参考测试频率和参考测试增益。

1)参考测试频率:参考测试频率通常为 1 600Hz,在该频率点,调节增益控制器,以得到与 OSPL90 有关的增益控制的参考测试位置。对于某些适用较高参考测试频率的助听器(如高音调助听器),参考测试频率 2 500Hz。

2)参考测试增益:1 000Hz、1 600Hz、2 500Hz 处的 OSPL90 平均值称为 OSPL90 的高频平均值(即 HFA-OSPL90)。输入声压级 60dB,调节助听器的整体增益,使助听器产生的高频平均值增益(HFA,即 1 000Hz、1 600Hz、2 500Hz 三个频率上的增益平均值)与 HFA-OSPL90 的差值接近 77dB(允许误差 ±1.5dB)。如果对于 60dB 输入声压级的满挡高频平均值增益比 HFA-OSPL90 减 77dB 之差的值小,增益控制器的参考测量位置就是满挡增益控制器的位置。在参考测试频率点,增益控制器的位置调到参考测试位置时助听器的声增益即为参考测试增益。

(4)频率响应范围:测量助听器的增益或声输出时,在 1 000Hz、1 600Hz、2 500Hz 三个频率点的增益或输出声压级的平均值称为高频平均值(high-frequency average,HFA)。从基本频率响应中得到 HFA,以 HFA 减去 20dB 之差,在频率响应曲线上做出一条水平直线并于基本频率响应曲线相交于 f_1 和 f_2,下限频率 f_1 到上限频率 f_2 为频率响应范围。

(5)频率响应特性:频率响应简称频响(frequency Response),是指将一个恒定电压输出的音频信号与系统相连接,音箱产生的声压随频率的变化而发生增大或衰减、相位随频率而发生变化的现象。是指振幅允许的范围内音响系统能够重放的频率范围。

1)频率响应曲线:是助听器的声输出、增益等声学参数随频率变化的函数曲线,纵坐标为线性 dB 刻度(单位为 dB SPL),横坐标为对数频率刻度,且在绘图时横坐标上十倍频程的长度应等于纵坐标上 50dB 对应的长度。上文在述及饱和声压级、满挡声增益时,均提到了它们各自对应的频响曲线。

2)基本频率响应曲线:在参考测试增益下(该增益值至少要比最大增益低 7dB 以上),

在 200～8 000Hz 范围内以 60dB SPL 的扫频纯音作为助听器的输入,测量耦合腔中声压级随频率的变化,得出声输出或增益的基本频响曲线(图 2-4-33)。测试基本频率响应的目的在于,了解助听器在没有声反馈和机械反馈(振动)的前提下的频响特征。将基本频率响应曲线与满挡增益频响曲线相比,则可鉴别出声反馈和机械反馈的有无。二者曲线的形状越接近,助听器则越稳定。

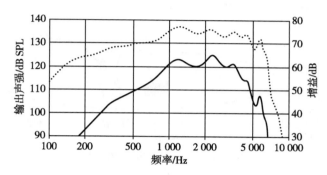

图 2-4-33　声输出或增益的基本频响曲线

(6)输入 - 输出曲线:输入 - 输出曲线,在参考测试增益下,参考测试频率所对应的输入声与输出声的声压级变化关系。

(7)助听器的失真:助听器失真包括谐波失真(harmonic distortion)和互调失真(inter-modulation distortion)。谐波失真的概念是,当某一单一频率 f_0 的声信号输入助听器后,输出信号中除有 f_0 频率成分外,还会产生 $2f_0$、$3f_0$……等谐波成分,出现这些谐波成分即为谐波失真。互调失真的概念是,当某两个单一频率(f_1、f_2)的声信号输入助听器后,输出中除有 f_1、f_2 成分外,还产生 f_1-f_2、f_1+f_2、$2f_1-f_2$……等互调失真成分。互调失真在助听器中表现不明显,国际标准规定的对助听器非线性失真度的测量仅局限于谐波失真。具体的计量方法是,在参考测试增益下,在 400～1 600Hz 范围内,选取厂家指定的频率作为 f_0,以 70dB SPL 的纯音输入助听器,输出信号中二次谐波处 $2f_0$ 的声压级(dB)与 f_0 处的声压级(dB)之差,换算成百分比,即为二次谐波失真度。依此类推,可以得出三次谐波、四次谐波……的失真度。不过总谐波失真中以二次谐波的成分最为显著。举一个例子,在参考测量增益下,以 70dB SPL、400Hz 的纯音信号作为输入,输出信号中 400Hz 处的声输出为 90dB SPL,800Hz 处的输出为 70dB,1 200Hz 处的输出为 50dB,则二次谐波失真度为(70-90)dB＝-20dB,复习一下《助听器验配师　基础知识》(第 2 版)有关分贝的定义可知声输出的比值为 10%;三次谐波失真度为(50-90)dB＝-40dB,以此类推声输出比值为 1%。

(8)等效输入噪声:等效输入噪声是评价助听器的内在固有噪声的一个指标。内在噪声往往是由电子元器件工作时产生的热噪声引起的。内在噪声大的助听器,即使在没有输入声的情况下,也会明显地听到一个嘈杂的输出声。将输出的噪声声压级 dB SPL 值,减去助听器的增益 dB 值,即把内在噪声近似等效还原成输入噪声,此值即为等效输入噪声。等效输入噪声应在参考测试增益下,在参考测试频率处计量。计量的步骤是:将增益调节旋钮大致调节到参考测试增益位置,输入 60dB SPL 的纯音(L_1),纯音的频率为参考测试频率,测得助听器输出声压级(L_s),L_s-L_1 为参考测试增益。关闭声源,测得助听器内部噪声的输出噪声级(L_2)。等效输入噪声级(L_N)(dB SPL)等于在参考测试频率(或 HFA)处、在参考测试增益下的输出噪声级（dB SPL）减去参考测试增益（dB）。计算公式为 $L_N=L_2-(L_s-L_1)$。

（9）电池电流：该参数反映了助听器的耗电程度。在参考测试增益位置，以参考测试频率 60dB SPL 的声音作为输入声，测定此时的电池电流。

（10）电感拾音线圈最大灵敏度：对于带有电感拾音线圈（telecoil，T 挡）的助听器，使用者可借助助听器内的电感拾音线圈直接接收诸如电话听筒中的电磁语音信号，电感拾音线圈的最大灵敏度是很重要的指标。测试方法如图 2-4-34 所示。

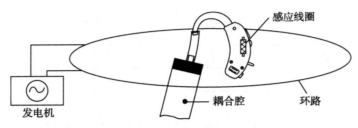

图 2-4-34　电感拾音线圈测量

2. 非线性放大助听器的性能指标

（1）静态压缩特性：静态压缩特性是指助听器中与时间量无关的参量，主要包括压缩阈值、压缩范围、压缩比率，而这些参数大多都可在输入增益曲线上得到体现。

1）增益：与线性助听器不同，压缩放大助听器的增益随输入声强而改变，为了满足对助听器电声学特性的质量检测，多数厂家应用 50dB SPL 的输入声级来测量增益，或者报告助听器处于线性状态下的增益值。但更为普遍的是应用输入 - 输出曲线（ANSI，1987）或一组在不同输入声级下测得的增益频响曲线（ANSI，1992；IEC 118-2）来描述增益的变化特点。以图 2-4-35 显示的 I-O 曲线为例，输入声在 60dB SPL 以下时，增益为 30dB；输入声为 70dB SPL 时，增益为 25dB；输入声为 80dB SPL 时，增益为 20dB。

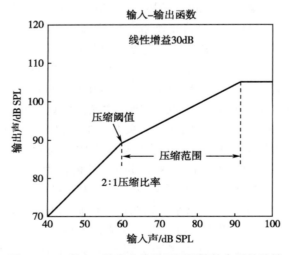

图 2-4-35　输入 - 输出曲线显示不同的静态压缩特性

2）压缩阈值（compression threshold，CT）：压缩阈值代表助听器由线性放大刚刚进入非线性放大时的输入声级。在 I-O 曲线上这一点经常被称为"拐点"。在图 2-4-35 中，CT 值为

60dB SPL。在 IEC 118-2 中，CT 被定义为：助听器的增益由线性放大开始下降（2dB±0.5dB）时所对应的输入声压级（图 2-4-36）。

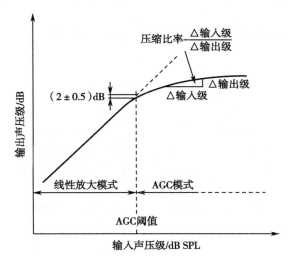

图 2-4-36　静态输入 - 输出曲线
AGC. 自动增益控制。

3）压缩范围：是指压缩放大器对多大声强范围内的输入声进行压缩。

4）压缩比率（compression ratio，CR）：助听器处于压缩工作状态时输入声压级对输出声压级的微分，即为压缩比率。在图 2-4-35 所示的例子中，CR 为 2∶1［（90－60）dB/（105－90）dB＝2］，I-O 曲线的斜率为 0.5。

（2）动态压缩特性：由于反馈环路的运作，压缩工作状态的启动与恢复均需要一定的时间，称之为启动时间和恢复时间。

1）启动时间（attack time）：IEC 118-2 的定义为当输入信号声压级突然增加到某一声压级，启动压缩电路，助听器的增益由原来的线性状态值逐渐下降，输出"上跳"后也随之下降并再次达到一个稳态声压级上。从压缩电路启动开始，到输出值与最终的稳态声压级相差±2dB 时为止，这一瞬时间隔，定为启动时间，以 t_a 表示。见图 2-4-37。

①语言常规动态范围的上升时间：当输入声压级由 55dB SPL 增加到 80dB SPL 时，测得的上升时间定义为语言常规动态范围的上升时间。IEC 118-2 及 ANSI S3.22-1987 均采用这一定义。

②高声级上升时间：输入声压级由 60dB SPL 增加到 100dB SPL 时，测得的上升时间为高声级的上升时间。

2）恢复时间（releasing time）：当输入信号声压级突然减小到某一声压级，助听器由压缩状态恢复到线性放大状态，增益由原来的压缩状态值逐渐上升，输出"下跳"后也随之上升并再次达到一个稳态声压级。从线性电路恢复开始，到输出值与最终的稳态声压级相差±2dB 时为止，这一瞬时间隔，为恢复时间，以 t_r 表示。见图 2-4-37。

①语言常规动态范围的恢复时间为：输入声压级由 80dB SPL 下降到 55dB SPL 时测得的恢复时间。

②高声级的恢复时间为：输入声压级由 100dB SPL 降到 60dB SPL 时，测得的恢复时间。

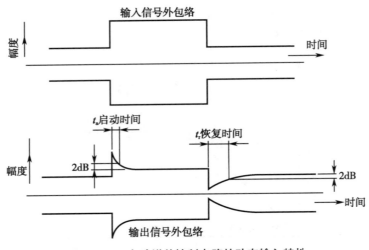

图 2-4-37 自动增益控制电路的动态输入特性

【能力要求】

1. 会使用助听器性能测试专用设备（参照设备使用说明书操作）。

2. 会使用助听器性能测试专用设备测试助听器的性能指标参数（参照设备使用说明书操作）。

3. 能够判断助听器测试参数是否正常（参考国家和各品牌的测试标准）。

（郗 昕 冀 飞）

第五节 助听器附件和智能设备连接

【相关知识】

辅助听觉装置（assistive listening devices，ALDs）：能够提高听力损失者对环境声音的敏感度和识别度，与助听器配套使用时可以扩大助听器的使用范围，改善助听器的聆听效果，使得助听器的作用得到充分发挥。

辅助听觉装置可以分为两类：

一类是可将声音转换成视觉或触觉的感官方式，如电话、门铃声音转换成光信号或震动信号。

另一类是可以扩大助听器的使用距离和使用空间的听觉辅助装置。这类装置有：调频助听系统、蓝牙系统、感应线圈系统、红外线助听系统、声场放大系统，以下分别予以介绍。

一、调频助听系统

调频（frequency modulation，FM）助听系统，以下简称 FM 系统，利用无线电调频为载波将语音信号进行远距离传播，其作用是提高信噪比，解决因距离远、噪声、混响等因素导致助听器聆听效果不佳的问题。FM系统有两种：①个人系统，用于一对一的交流；②集体系统，一人与多人的交流，如会场、教室、剧院等。

（一）工作原理

FM系统由传声器、发射器、接收器和发声装置组成。

工作原理：传声器拾取声音，并将声音转换为电信号，通过发射器将电信号转换为调频载波信号发射出去，被相同载波频率的接收器接收、解调转换为电信号，并传递给发声装置。发声装置可以是专用的耳机、助听器、人工耳蜗、骨锚式助听器及扬声器。

（二）FM系统优缺点

优点：传输距离较远；可以一个发射机匹配多个接收机，非常适合集体教学；穿透能力强，教室、家庭及公共场所均可应用。

缺点：保密性不强；信号易受到干扰，稳定性欠佳；附件价格较昂贵。

二、蓝牙系统

蓝牙和2.4GHz无线数据传输技术从频率上讲都是2.4GHz频段，只不过蓝牙技术是在2.4GHz技术的基础上，采用的无线传输协议不同，所以有别于2.4GHz技术而被称为蓝牙技术。

蓝牙技术目前在助听器上得到广泛应用，大大增强了助听器与各种音频设备的兼容性。

（一）蓝牙系统的工作原理

助听器的蓝牙系统通常包含蓝牙发射器、蓝牙转换器和蓝牙接收器。

目前，已有部分品牌的助听器实现内置蓝牙模块，无须蓝牙转换器等外置设备，可直接与苹果公司IOS系统的设备（如iPhone、iPod、iPad）及电视转换器进行蓝牙匹配。

（二）蓝牙系统的适用范围

1. 接听、拨打电话。
2. 看电视、听音乐等。
3. 遥控调节助听器。
4. 将蓝牙系统充当远程传声器进行小班教学。
5. 用蓝牙系统进行助听器无线验配。

（三）2.4GHz无线数据传输系统工作原理

2.4GHz无线数据传输系统通常包含发射器和接收器两部分。发射器将音频信号转化为无线电波并发射出去，以2.4GHz通信工作频段进行传输，被接收器接收，再传给与接收器连接的助听器。

（四）蓝牙、2.4GHz无线数据传输技术的优缺点

优点：①低成本、应用广泛、兼容性好；②安全、避免误配对；③抗干扰能力强、传输速度快；④体积较小、方便携带；⑤传输距离适中、适合家居环境或小班教学使用。

缺点：①易受微波炉、无线局域网、科研仪器、工业或医疗设备的干扰；②需要使用者具备一定的设备操作和故障排除能力。

三、感应线圈系统

感应线圈系统（induction loop system）是目前使用的辅助听觉装置中早期的产品。这种

设备主要利用助听器 T 挡传递声音信号,通常用在聋校、公共建筑、礼堂和影剧院等处。

(一)工作原理

感应线圈系统由传声器、放大器、线圈和接收器组成。

声音经传声器拾取、转化,放大器放大,以电流的形式直接传递到线圈内;电流在线圈周围产生一个电磁场,磁场强度与输入信号成正比,这种带有声音信号的电磁波被助听器上的电感拾音线圈(telecoil,即 T 挡)接收;电感拾音线圈里的电磁波又转换为音频电流,再经过助听器的放大处理,还原成声音信号。

(二)感应线圈系统的用途

1. 可用于听障者的集体活动,如聋人社团会议。
2. 用于将其他辅助装置(如 FM 系统、红外线系统)耦合于带有 T 挡的助听器。
3. 助听器放置于 T 挡后接听电话或看电视。

四、红外线助听系统

红外线辐射与无线电波、电磁波的能量形式相同,只是它具有很高的频率(约 10^{14} Hz)。目前在助听器辅助设备中很少应用。

五、声场放大系统

该系统包括一个传声器、一个放大器、一个或多个扬声器。其原理是通过放大声音信号,减小背景噪声的影响。

【能力要求】

助听器辅助设备的连接

FM 系统、感应线圈系统、蓝牙系统、红外线助听系统、声场放大系统的连接和使用方法。由于各品牌辅助设备的连接和使用方法存有差异,建议参照各品牌的产品说明书。

(马　佳　张建一)

思 考 题

1. 单侧听力损失与不对称听力损失的区别是什么?
2. 简述 CROS 和 BICROS 气导助听器的工作原理。
3. 简述 CROS 和 BICROS 气导助听器的适应人群。
4. 常见的以减少空间因素为主的辅助听觉设备有哪些?
5. 蓝牙系统的优缺点有哪些?
6. 简述蓝牙系统的适用范围。
7. 请举例说明如何利用蓝牙系统接打电话。

第五章　验证与效果评估

第一节　真 耳 分 析

【视频】
真耳分析

【相关知识】

一、真耳分析的含义及其意义

早在 1942 年，探管麦克风测试（probe microphone measurements，PMM）的概念已被首次提出。它是指一切使用探管麦克风在外耳道靠近鼓膜处所做的声学测量，包括可视言语图谱、真耳分析和助听器高级性能的验证。真耳分析（real ear measurement，REM），是指一切在人的真实耳朵上进行的声学测量（包括外耳道尺寸的测量），局限于助听器领域，是指在真实的耳朵靠近鼓膜处，围绕插入增益（但不仅限于插入增益）所进行的声学测量，也叫作真耳测试。插入增益（insertion gain，IG）是指助听器介入传声途径所产生的增益，即佩戴助听器前后所测得的近鼓膜处声压级之差，也叫作介入增益。

真耳分析是客观验证助听器效果的金标准。在插入增益问世以前，主要用耦合腔或耳模拟器（如 IEC 126 中规定的 2cc 耦合腔，IEC 711 中规定的堵耳模拟器，IEC 959 中规定的 KEMAR®）进行助听器电声学性能的测试，以此验证处方公式的选配效果。但是这与真实的耳朵确实存在差异。因此助听器在耦合腔或耳模拟器中产生的效果也与之在真实耳朵中产生的效果不同。这是因为：

①助听器是佩戴在人的头或躯干上的，头和躯干不可避免的会对声波产生散射效应而改变助听器的增益或频响特性。

② 2cc 耦合腔在 IEC 126 中被近似等效为戴好耳模后的外耳道容积，但实际上耳模的声孔、通气孔及尖端长度等参数都决定了 2cc 耦合腔不能真实模拟戴上耳模后的情况。

③通常情况下，外耳道并不能被耳模封闭得很好，少许的缝隙就有可能改变助听器的频响，尤其是低频频响。所以即使我们采用 IEC 711 堵耳模拟器，仍不能模拟这些实际应用中的情况。

④在耳模与鼓膜间的外耳道腔的声阻抗，连同鼓膜的声阻抗，并不能用一个简单的腔体来等效模拟。

⑤外耳道原有的耳道共振特性，由于耳模的介入会消失或减小。助听器的增益也应将这一部分的损失补偿进去，而具体补偿多少取决于每一个人具体的外耳道及耳模的尺寸。

⑥每一个具体的外耳道及耳模的特性，最终都将对助听器特性产生影响。即使是同一

台助听器,在不同人的耳朵及耳模,尤其在小儿身上也会产生不同的效果。

总之,真耳分析可以提供最精确的助听器效果评估。

下面就真耳分析中涉及的基本名词术语做介绍。

1. **测量麦克风** 测量麦克风是指与探管连接,测量外耳道近鼓膜处声压级所用的麦克风,记录助听器在近鼓膜处的实际输出(图2-5-1)。

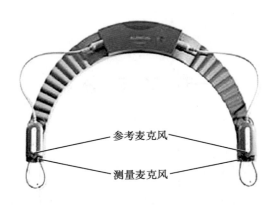

参考麦克风

测量麦克风

图2-5-1 测量麦克风和参考麦克风

2. **参考麦克风与参考点** 参考麦克风是用于等效测量声源在助听器声输入端或外耳道口处声压级的麦克风。参考麦克风的位置即为参考点。若参考麦克风使用探管插入外耳道(如比较法),则探管在外耳道开口处即为参考点。不同的测试方法中,参考点的位置是不同的。

3. **真耳未助响应**(real-ear unaided response,REUR) 定义为在特定声场中,用测量麦克风在开放的耳道内近鼓膜处测得的各个频率的声压级。测量方法是在耳道完全开放的情况下,将一根探管插入到近鼓膜处,由声场扬声器给出声强恒定的刺激信号,由探管检测到耳道中各频率点的声压级。这是未戴助听器时耳道对声源的响应,反映外耳道固有的放大特性,但个体差异较大。人耳的外耳道是一个长2.5～3.5cm(中国人多为2.5cm)的管道,一端开放而另一端闭合,可引起某些频率的共振,主要在2 400～3 400Hz范围内(图2-5-2)。真耳未助响应减去参考麦克风记录的声源声压级,即为真耳未助增益(real-ear unaided gain,REUG),也称真耳共振增益(表2-5-1)。

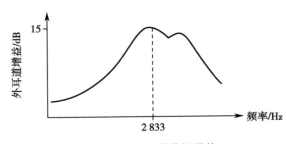

图2-5-2 外耳道共振增益

表 2-5-1　增益（G）和响应（R）之间关系的举例

频率 /Hz	真耳未助响应 /dB SPL	一输入 /dB SPL	真耳未助增益 /dB SPL
250	51	50	1
500	53	50	3
750	53	50	3
1 000	57	50	7
1 500	58	50	8
2 000	60	50	10
3 000	68	50	18
4 000	64	50	14
6 000	58	50	8

项目	频率 /Hz								
	250	500	750	1 000	1 500	2 000	3 000	4 000	6 000
真耳未助响应	51	53	53	57	58	60	68	64	58
输入	50	50	50	50	50	50	50	50	50
真耳未助增益	1	3	3	7	8	10	18	14	8

　　4. 真耳堵耳响应（real-ear occluded response，REOR）　是指戴上助听器或耳模，但助听器不工作时，探管麦克风在鼓膜附近测得的频响曲线。人耳戴上助听器或耳模后共振特性被改变，REOR 曲线与真耳未助响应相比会有很大的下降，尤其是 2 000Hz 以上。通过 REOR，可以观察助听器或耳模插入耳道后的密闭程度，有时也用于解释为什么患者抱怨助听器放大后的声音不真实。另外，使用助听器放大声音之前，首先要弥补 REOR 带来的外耳道共振频率强度的降低。REOR 减去参考麦克风记录的声源声压级，即为真耳堵耳增益（real-ear occluded gain，REOG）。

　　5. 真耳有助响应（real-ear aided response，REAR）　定义为在特定声场中，助听器放置于耳道并处于开启状态，用测量麦克风在耳道内近鼓膜处测得的各个频率的声压级。REAR 减去近外耳道口处参考麦克风记录的声源声压级，即为真耳有助增益（real-ear aided gain，REAG）或称为原位增益。

　　6. 真耳插入增益（real-ear insertion gain，REIG）　定义为在同一声场，耳道内相同的测试点，各个频率点测得的真耳有助响应和真耳未助响应的差值，或称为真耳介入增益。也就是以前所说的真耳插入响应或真耳介入响应（real-ear insertion response，REIR）。真耳插入增益反映的是在戴助听器和不戴助听器情况下，耳道近鼓膜处声压级的改变，即真耳有助增益减去真耳未助增益。真耳插入增益与真耳有助增益的区别，是前者减去了耳道对声源特性的自然改变效应，是助听器在外耳道内实际放大的净增益曲线。

　　7. 真耳耦合腔差值（real-ear-to-coupler difference，RECD）　指的是真耳与耦合腔的差值，即同一输入信号条件下，在真耳近鼓膜处测得的声压级与在 2cc 耦合腔中测得的声压级之差。在 Moodie 等的理论中，真耳目标频响曲线需要用个体特异的声学转换值转换为

211

2cc 耦合腔目标频响曲线。RECD 值就是比较同一信号用测量麦克风测得的真耳值（用儿童自己的耳模）和 2cc 耦合腔测得的值在各个频率点上的差异,也是每个个体唯一的声学修正值。

RECD 有两种:一种是标准 RECD 值,它是通过测定一群正常外中耳儿童的 RECD 得出的平均值,与年龄有关,一般分为以下几个年龄段,0~12 个月,13~24 个月,25~48 个月,49~60 个月及大于 60 个月。选配时如果无法测量患者的 RECD 值,那么输入患者的年龄,电脑会自动选择与年龄相匹配的 RECD 平均值。另一种就是测量真实的 RECD 值。前者的不足之处是不能反映个体差异,而且对于早产儿或体重不足的婴幼儿并不准确,耳部畸形的患儿耳道频响特性也无法用标准 RECD 值表示,急性化脓性中耳炎及咽鼓管异常等因素都会影响 RECD 值。

8. **真耳饱和响应**(real ear saturation response,RESR) 定义为在特定声场中,给出一个足够大强度的声音信号,使助听器达到最大声输出强度,此时用测量麦克风在耳道内近鼓膜处测得的各个频率的声压级。该测试的目的,是确保助听器的最大声输出不超过患者的不舒适响度级(uncomfortable loudness level,ULL)。一般,使用 85dB SPL 或 90dB SPL 的扫频音信号作为刺激声。需要注意的是,RESR 要在真耳有助响应的界面下测试,而非真耳插入增益的界面。

9. **目标增益**(target gain,TG) 处方公式根据患者的纯音听阈值计算出各频率所需的增益值,并连成曲线,此曲线是作为听力补偿的目标。插入增益或有助增益测试的目的,就是通过调节助听器的各项参数,使之与目标增益最大限度地吻合或匹配。

10. **功能增益**(functional gain,FG) 在声场中进行测试,获得助听器的助听阈值和未助听阈值,两者之差即为功能增益。在无法进行真耳测试的情况下,可用功能增益反映助听器对听力损失的补偿。但是两者相比,真耳分析具有更多优势。首先,患者无须作答,故真耳分析可用于儿童及不能主观配合听阈测试的人;其次,它能测出比行为听阈更细微的变化(2~10dB)。最后,行为听阈只反映患者对小声的变化,而真耳分析可反映助听器在小声、中声、大声及最大声输出(MPO)时的实际放大效果。更重要的是,真耳分析可采用言语测试信号[例如国际言语测试信号(ISTS)],可以反映患者在真实语言环境中的聆听情况,而声场测试显然无法满足此要求。

二、真耳分析的测试方法

真耳分析的测试方法主要有三种:比较法(comparison method)、替代法(substitute method)和改良声压法(modified pressure method)。其中改良声压法最常用,它又可以分为使用实时均衡化的改良声压法(modified pressure method using concurrent equalization,MPCE)和使用储存均衡化的改良声压法(modified pressure method with stored equalization,MPSE)。后者使得开放式助听器也可以进行真耳分析,而不受声音泄漏的干扰,这种对开放式助听器的真耳分析测试称为开放式真耳分析(OpenREM)。

此处只对储存均衡化的改良声压法做一简单介绍:首先,测量真耳无助响应;其次,测量真耳有助响应,二者相减不仅得到了插入增益,还排除了头颅、躯干和助听器的散射效应,同时还补偿了环境噪声和患者运动的影响。这种方法需要有储存器来储存真耳无助响应和真耳有助响应(图 2-5-3)。

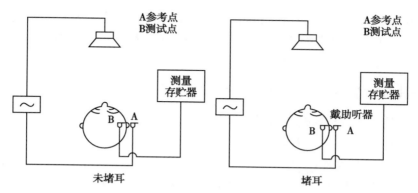

图 2-5-3　用改良声压法进行真耳分析

三、真耳分析用验配公式

对于成人建议使用 NAL-NL1 或 NAL-NL2 公式。有研究表明,DSL i/o 公式在高频的增益过高,超出了成人所需的增益量(Moore,2001)。但也有学者持不同观点。Parsons 和 Clarke 认为,直接询问患者的感受可以避免成人使用 DSL 进行验配时过多的高频增益。

对于儿童建议使用 DSL i/o 公式。但是,如果儿童验配时使用 NAL-NL1、NAL-NL2 公式,则需要选择真耳有助响应作为目标而不是真耳插入增益,否则会导致中频放大不足。因为真耳插入增益的目标值是基于成人耳道共振的,而儿童的耳道共振往往比成人偏于高频。

除此之外,还需要注意处方公式中是否考虑了双耳总和效应或传导性因素。如果选择双耳验配或考虑骨导听阈,处方公式会自动添加相应的修正值。例如,选择双耳验配会将目标增益减少 3~6dB。

但是大多数情况下,不同厂家的助听器都是使用各自的自适应处方公式。此时就需要使用真耳分析仪中的自定义处方公式功能,手动输入目标值(图 2-5-4)。此外,由于技术的发展,借助 NOAH 的数据库支持,有些真耳分析设备可具有自动验证功能,这就使得厂家公式得以自动验证。

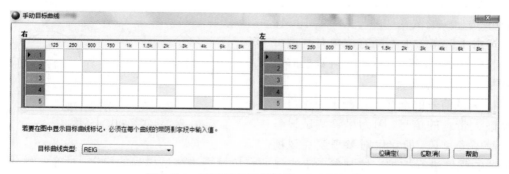

图 2-5-4　手动输入目标曲线,建立目标值

【能力要求】

真耳分析仪在市场上存在多种品牌和型号,如丹麦尔听美公司的 Aurical,丹麦国际听

力公司的 Affinity，美国 Frye 公司的 Fonix 等。尽管不同设备的操作步骤细节会有不同，但是其工作原理和操作程序都是相通的，具体工作时请参照厂家提供的使用手册进行操作。这里以 Aurical 为例，介绍真耳分析的操作步骤。

一、测试前准备

1. **测试环境**　在对环境噪声的要求方面，真耳分析没有像听力评估那样需要在隔声室中进行，也可以在普通房间进行，但是所有频率带的测试信号强度至少要高于背景噪声强度 10dB。测试环境越安静，可以采用越低的信号强度进行测试，尤其是对非线性助听器。对于线性助听器，65dB SPL 是可接受的最低信号强度。但是对于一些非线性助听器，如果需要评估小声（例如 40dB SPL）的放大作用，对环境噪声的要求就变高；同时也要求测试者尽可能保持安静。

2. **耳镜检查**　在进行所有真耳测试前，必须先进行耳镜检查，并清理外耳道（Tecca，1994）。耳道内的盯聍（异物）可能会影响探管的放置位置或堵塞探管。此时设备就会显示不正常的结果，即耳道内的信号强度偏低。鼓膜异常（如：鼓膜穿孔）时，探管可能伤及中耳。外耳道炎或中耳感染（如：急性中耳炎）时，探管可能会被病菌污染。另外，测试前先用耳镜观察外耳道解剖形态有助于确定探管的放置位置。

3. **扬声器的放置**　在真耳分析中，扬声器与受试者的方位非常重要。扬声器的距离和方位可以影响真耳测试的结果（Hawkins and Mueller，1986，1992；Ickes et al，1991），尤其是用替代法进行真耳分析测试时（Preves，1987；Hawkins，1992）。一般扬声器与受试者距离 0.5～1.0m，需同时考虑测试精确度（如减少环境噪声和混响的影响）和患者舒适度（如距离扬声器太近会使受试者觉得太吵而缺乏安全感，从而产生抵触情绪而后移头部）。对于扬声器的方位角，一般建议采用 0° 或 45° 角（图 2-5-5），方向性麦克风采用 30° 角，受试者耳部与扬声器中心保持同一水平。有关于不同方位角对测试可靠性的研究显示，90° 方位角所得数据的可重复性差，所以很少使用。

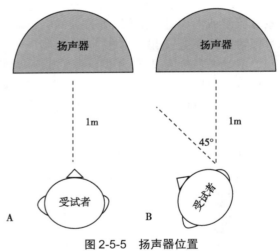

图 2-5-5　扬声器位置

A. 0° 角；B. 45° 角。

4. **测试信号的选择**　在测试中尽可能选择最大带宽的信号，因为尽管测试设备使用参考麦克风，但它仅对参考麦克风所在位置的强度进行控制。控制参考麦克风所在位置周围测试信号的稳定，对确保测试结果的正确有积极意义。围绕耳廓周围测试信号强度的控制和稳定，与测试信号带宽和测试环境有关。如果反射（房子的边界、附近的物体、受试者的肩部）使得信号在头部附近产生驻波，在小范围内就会使声压产生巨大的改变，尤其对低频声音。纯音容易产生驻波，因为当反射波抵消了直接波时，可以产生最小的节点。使用宽带测试信号，由于信号中包含多种频率，因而不可能在空间同一位置上产生相同的节点，声场就变得均匀。传统的测试信号可以选择啭音,窄带噪声或宽带噪声。现在,很多新的真耳分析仪中更多采用复合言语声信号,如国际言语测试信号(international speech test singnal,ISTS),国际康复听力学执行管理委员会(International Collegium of Rehabilitative Audiology,ICRA)信号等。这些信号更接近自然言语声,推荐使用。

5. **探管放置** 测试探头的位置与测试项目有关,插入增益(介入增益)测试探头的位置不如真耳有助增益的严格。一般,探管末端要超过助听器或者耳模内侧约5mm。因为在距鼓膜5mm以内,声压受声波从窄的声孔转换到宽的耳道中的影响较小,同时可避免驻波现象,并保证高频部分的测试精度。距离越近高频测试结果越精确(Dirks and Kincaid,1987)。如要进行非常精确的测试,就应该考虑探头位置与驻波误差引起的强度改变。

放置探管的方法有两种:

①深度标记法(图2-5-6):用探管上的标尺直接测量插入的深度,并用黑环做好标记。探管插入深度因受试者年龄和性别而异,国外推荐的插入深度为:男性30～31mm,女性28mm,儿童20～25mm。②耳模参照法:以耳模或助听器作参照,探管末端超出耳模或助听器内侧端约5mm,在探管近耳模外侧端做好标记,再将探管连同耳模一并插入外耳道,调整插入深度至标记对齐耳模外侧端。

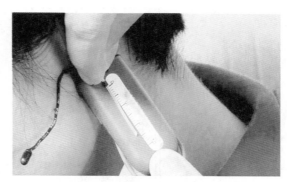

图2-5-6 深度标记法示意图

二、测试步骤

1. 输入听力图

(1)打开真耳分析软件——耳遂听软件,输入患者信息。

(2)在左侧导航中选择"测听"模块中的"纯音",点击 打开手动输入模式。

(3)点击控制面板 ,打开左侧控制面板。

(4)在左侧控制面板中选择相应的耳别和将要输入的听力图类型,如气导、骨导、不舒适阈。

(5)输入气导、骨导、不舒适阈听力图。

2. 探管校准 大多数真耳分析仪在测试前均要进行探管校准。由于探管是一根细长的软管,所以其内在频响是非平坦型的。真耳分析仪通过探管校准(probe calibration)或通过机器本身的修正值校准频响反应。通常使用具有平坦频响曲线的参考麦克风校准测量麦克风。

(1)点击导航器 回到左侧导航界面,选择探针麦克风测试模块下的真耳无助听响应。

(2)点击控制面板 打开左侧控制面板,连接Aurical。连接成功后会自动跳出探管校准的对话框。

(3)测试时将测量麦克风的探管末端与参考麦克风相对应(图2-5-7),参考麦克风面朝扬声器,距离扬声器约1m,并与扬声器保持同一水平。

（4）点击"启动"自动进行校准。若校准成功,则会显示"已校准成功"的字样（图2-5-8）。

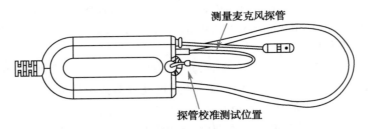

图 2-5-7 探管校准时探管放置位置示意图

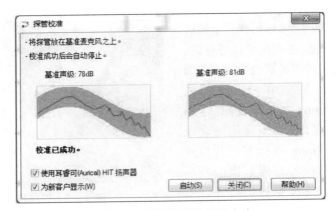

图 2-5-8 显示探管校准已成功

但是对开放式助听器的校准会有所不同。因为开放耳验配选用的是开放式的耳塞（非堵耳）,进行真耳增益测试时会导致声音泄漏,干扰参考麦克风的声音输入,导致系统错误计算需要的输出信号。此时就要开启设备上的开放式真耳分析（OpenREM）校准功能,使用储存均衡化的改良声压法进行探管校准。测试时参考麦克风处于关闭状态,系统直接监控到达耳朵的声音而不受助听器泄漏声音的干扰,并将此声音作为之后测试的输入声。但需注意嘱咐患者头部不要移动,否则应重新校准。

3. 受试者准备

（1）受试者取坐位,面朝扬声器或与扬声器成 45° 角,距离扬声器 1m,且受试者的耳朵与扬声器中心点处于同一水平面。

（2）让受试者保持安静,测试时不要移动身体和头部,以免影响测试结果。

（3）告知受试者大概的测试过程,以及插入探管时可能会有点痒或不舒服,但不会对耳朵造成损伤。若实在无法忍受请立刻告知验配师。

（4）将测试肩带挂到受试者的脖子上,取下探头,用蓝色皮筋挂到受试者的耳朵上,并适当调节皮筋松紧以固定探头。

4. 插入探管

（1）用深度标记法或耳模参照法标记好插入的深度。

（2）一只手将耳道拉直,另一只手轻轻插入探管,使探管躺在耳道底部且黑色标记物处于耳屏间切迹。

（3）可以采用黑色支架固定探管，防止探管滑出耳道。

5. 测试真耳未助增益（REUG）

（1）选择要测试的耳别或选择双耳。

（2）点击左侧控制面板的"未戴助听器"进行测试。

（3）测试后会自动显示真耳未助增益的测试结果（图2-5-9）。

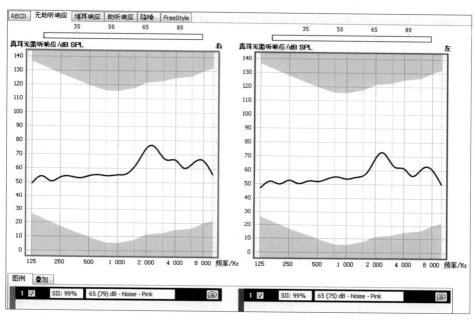

图2-5-9　真耳未助增益结果示意图

6. 设置验配详情

（1）按F10打开验配详情对话框。

（2）选择相应的处方公式（图2-5-10）。

（3）填写对话框中的剩余字段，如助听器外形、通气孔、单或双侧选配等。

（4）点"应用"完成设置。

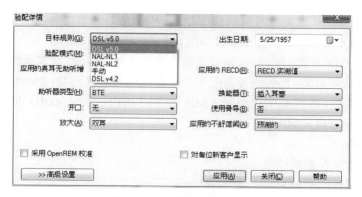

图2-5-10　验配详情对话框

7. 真耳有助响应（REAR）

（1）点击助听响应 助听响应 切换至真耳有助响应的界面。

（2）保持探管位置不变，戴上助听器或耳模。注意，此时助听器通过编程线连接至验配软件，且助听器处于开启状态。

（3）选择测试强度和测试信号类型，可以提前定义并保存测试协议。

（4）勾选需要测试的项目，按序列键开始自动测试序列。

（5）测试完成后会自动显示测试结果（图2-5-11）。其中相应颜色的曲线代表相应的强度。虚线代表目标，实线代表真耳实际测量值。

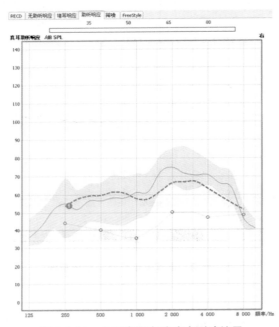

图 2-5-11　右耳真耳有助响应测试结果

8. 调试助听器

（1）按 OnTarget 按键$\oplus$，会显示实测值与目标值之差，若两者不匹配则提示需要重新调试助听器。

（2）打开验配软件，根据真耳分析仪中显示的值，适当调节助听器的增益。若实测值大于目标值，则降低增益；若实测值小于目标值，则调高增益。

9. 再验证
重新调试助听器后，需要再做一次真耳有助响应，看实测值是否匹配目标值。若不匹配则再调试再验证，直到两者匹配为止。调试的基本原则是：250Hz、500Hz、1 000Hz和2 000Hz频率点处，虚线和实线相差±5dB以内，3 000Hz和4 000Hz时相差±7dB以内，每倍频程间相差不超过±5dB。

10. 打印结果

（1）按保存键保存测试结果。

（2）按打印键打印测试结果。

11. 真耳耦合腔差值（RECD）和耦合腔验配（coupler based fitting CBF）
如果您要使用

测得的 RECD 来进行基于耦合腔的验配，则需要按照以下方法进行测试：

（1）耦合腔响应：如果存储有耦合腔测试值，则跳过此过程。

1）在探管麦克风测试（PMM）项下打开 RECD 选项卡。

2）指明所用的耦合腔适配器的类型（HA-1 或 HA-2），以及是否使用耳模或海绵插入式耳塞。

3）在 RECD 控制面板中单击耦合腔响应。

4）按照示意图（图 2-5-12），将右侧 RECD 探头连接到 Aurical 海特箱中的耦合腔上，点击测试右耳开始测试。

5）再测试左侧 RECD 探头的耦合腔响应。

6）测试完成后点击确定退出（图 2-5-13）。

7）从 Aurical 海特箱上取下探头，并从耳背式助听器适配器管上卸下 RECD 快速接头。

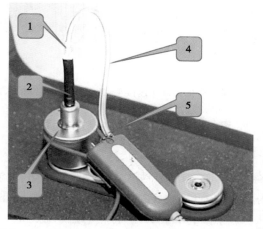

（1—RECD 快速接头；2—耳背式助听器适配器管；3—耳背式助听器（HA-2）适配器；
4—换能器探管；5—换能器管端口。
图 2-5-12　耦合腔响应连接示意图
RECD. 真耳耦合腔差值。

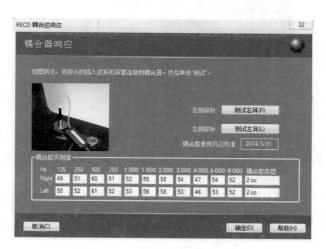

图 2-5-13　耦合腔响应测试结果

（2）真耳响应

1）将 RECD 快速接头连接到耳模管（或海绵插入式耳塞）（图 2-5-14）。

2）将探管和耳模或海绵插入式耳塞放入受试者耳朵中。

3）选择要测试的耳别。

4）在控制面板中，单击耳响应进行测试。

5）测试完成后会自动显示 RECD 值。

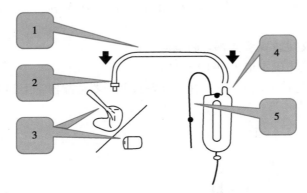

1—换能器探管；2—RECD 快速接头；3—耳模或海绵插入式耳塞；
4—换能器管端口；5—换能器探管。

图 2-5-14　真耳响应时连接方法示意图

RECD. 真耳耦合腔差值。

（3）耦合腔验配：将助听器连接到耦合腔中，在耦合腔中进行验配。

1）将助听器连接到耦合腔中（图 2-5-15）。注意此时助听器通过编程线连接至验配软件中，助听器处于开启状态。然后将 Aurical 海特箱的盖子盖上。

图 2-5-15　耦合腔验配：将助听器连接至 Aurical 海特箱的耦合腔中

2）将耳遂听软件中的 RECD 值手动输入验配软件中。若耳遂听软件和验配软件同时安装在 NOAH 平台下，则只要选择导入 RECD 值即可。

3）在真耳助听响应的界面下，将左侧控制面板中的真耳测试切换成 2cc 耦合腔测试。

4）选择需要测试的强度和信号类型。

5）勾选需要测试的项目，按序列键开始自动测试序列。

6）测试完成后会自动显示测试结果。其中相应颜色的曲线代表相应的强度。虚线代表目标，实线代表真耳实际测量值。

7）看实线是否接近虚线，若两者不匹配则需要重新调试助听器。

8）在助听器验配软件中重新调试助听器。

9）在耳遂听软件中再做一次验证，直到实线与虚线已经匹配。

真耳测试除可验证助听器的效果之外，还可用来排除故障，例如有些助听器佩戴者抱怨"音质很尖"，这时在真耳测试中会在真耳有助响应（REAR）界面上显示出一个尖锐峰值。此外，需要注意的是，除了做真耳分析验证助听器的实际效果，还需要结合助听器佩戴者的主观反映，才能更好地满足患者的需求。

第二节　助听言语识别率评估

【相关知识】

助听器选配最重要的目的是帮助听力障碍患者改善日常言语交流情况，因此评价助听器是否验配有效的主要方法之一就是在声场内为患者进行助听下言语评估测试。助听下言语评估可以测试言语识别率或言语识别阈（详见本篇第二章第三节"言语测听"）。本节主要介绍助听言语识别率评估。

一、言语评估的意义

在人类社会中，言语是最重要的交际工具，能听到或听清周围环境声和言语声是听懂语言的基础，也是判断是否有听力障碍的主要指标。临床上，有些听力障碍患者的纯音测听结果与言语测听结果并不一致，如纯音听力可能尚可，但言语测听结果却很差。纯音测听主要反映耳蜗对不同频率的声音敏感情况，而使用言语声测试听力则是反映包括听觉中枢在内的听觉通路全过程的听觉功能。因此与助听听阈评估相比，尽管言语评估较为复杂，却在听力学评估中占有十分重要的地位。特别是对于听障儿童，言语识别率测试是评价听障儿童佩戴助听器的言语可懂程度的直接方法，是助听器效果评价的重要组成部分。及早发现听觉言语障碍，采取早期干预措施，对减少听力言语残疾的发生是至关重要的，言语听觉评估是耳聋诊断及听力补偿或听力重建效果评估的重要手段，对于康复方案的制订至关重要。

二、儿童言语评估内容

成人的言语听觉评估已在本篇第二章第三节言语测听等相关章节中介绍，本节主要阐述听力障碍儿童助听言语评估内容。

儿童言语测试材料的选择需根据受试者生理年龄和言语能力的发育选择合适的测试材料。我国较系统开发完成的儿童言语评估材料主要包括：孙喜斌、高成华（1993）编制的儿童言语听觉评估系列词表《听障儿童听力语言康复评估题库》，适用于3岁以上各年龄段听力正常儿童的言语测听，以及听障儿童佩戴助听器或植入人工耳蜗后的助听效果评估。曹永茂等编制的《幼儿普通话声调辨别词表》可用于评估幼儿（1～3 岁）普通话声调辨别能力。郑芸编制的《幼儿早期普通话言语分辨力测试》可用于 2～5 岁正常听力幼儿的言语测听，也可用于评估听障儿童助听后的言语分辨能力。刘莎编制的《普通话儿童词汇相邻性词表》，包括单音节难易词汇表和双音节难易词汇表，材料来自 3～5 岁儿童日常口语语料库，可用于测试听障儿童口语词汇辨识能力，评价助听后言语康复效果。

1. 3 岁以内儿童的言语评估　对 0～3 岁婴幼儿的言语听觉评估方法及刺激音的选择，要以婴幼儿的听觉言语发育指标为重要依据。选择与听觉言语发育阶段相适应的语音及词汇作为测试音，采用正常言语声强度（约 65dB SPL），测试者注意回避婴幼儿眼睛，在安静房间[约≤45dB（A）]进行测试。

对 1 岁以内的婴幼儿可利用婴儿熟悉的语音进行测试，通过观察其有无寻找声源的听性行为反应来判断其听觉能力。对 1～3 岁婴幼儿可采用每个年龄段应掌握的词汇，回避看话，通过听说复述来判断其听觉能力。或采用对熟悉的物体命名指认的方法，如经常玩的玩具、小动物模型、娃娃的五官及身体部位、各种水果等。如果通过与听力计相连的扬声器，可根据反映的情况，降低信号强度，以估测小儿言语听敏度（测试结果可代表好耳听力情况）。

2. 3 岁以上儿童言语评估　3 岁以上儿童言语发展近于完善，与成人进行一般言语交流已不困难，但文字语言对他们来讲仍然是很陌生的，所以制定并使用规范又具有图文并茂特点的儿童言语测听词表是必要的。儿童的言语测听词表与成人不同，因为无论声母还是韵母词频的出现率都有显著差异，以图代词是儿童言语听觉评估词表的一大特点，游戏是儿童进行言语听觉评估的主要方法。

本章节儿童言语评估以孙喜斌、高成华（1993）编制的儿童言语听觉评估系列词表《听障儿童听力语言康复评估题库》为例进行说明。该词表以图画为主要表现形式，内容包括自然环境声识别、数字识别、声调识别、选择性听取等。儿童言语听觉评估材料的编写是以《学说话》及儿童日常使用频率高的词汇为文字资料，可依据被试儿童的实际情况选择听话识图（封闭项）或听说附属（开放项）方法进行评估，整个评估在与儿童游戏中完成。言语测试词表的表现形式是图画，全部词表共由 424 张彩色图片组成，分为韵母识别、声母识别、单音节词（字）识别、双音节词识别、三音节词识别、短句识别、音调识别、选自然环境声识别及在背景声中选择性听取等内容。配有评估词表小型光盘（CD）及供听觉学习用的小型影碟（VCD），这套言语听觉评估资料主要用于听障儿童助听器验配或人工耳蜗植入后的听觉效果评估。每一个词表都是一个独立的评估内容，可依据被试儿童听觉言语发育的实际情况选择使用。

（1）自然环境声识别：本项测试为无言语听障儿童提供了听觉评估途径，每种音响都有其特定的主频范围。判断听障儿童佩戴助听器后的听觉功能、助听效果，以及对自然环境各种音响的辨识能力和适应能力。

（2）语音识别：语音识别分为韵母识别和声母识别。

韵母识别：韵母是汉语的主要语音成分，每个音节都离不开韵母，韵母也可以独立成为音节并在音节长度语音能量方面占有很大的优势。通过韵母识别评估听障儿童中低频语音感知及听觉识别能力，为指导教学实践提供理论依据。

依据儿童日常语词频即韵母出现率，选用了《汉语拼音方案》韵母表中 31 个韵母，按照语音测试词表编制规则组成 75 个词，共分为 3 个测听词表，即词表 1、词表 2、词表 3，编成 25 组，每组由 3 个词组成，其中有一个测试词，2 个陪衬词，全部配有彩色图片。

声母识别：《汉语拼音方案》中 21 个声母全被选用，按照语音测试词表编制规则组成 75 个词，共分为 3 个测听词表，即词表 1、词表 2、词表 3，编成 25 组，每组由 3 个词组成，其中有一个测试词，2 个陪衬词，全部配有彩色图片。声母往往不能离开韵母而单独发出音来，它总是伴随韵母前后与韵母一起作为识别信息的语音成分。声母频谱范围 3 000Hz 以上，远较韵母频率高，听障儿童的听力损失高频显著者居多。通过声母识别可以评估听障儿童听觉功能及助听器对听障儿童高频听力损失的补偿效果。

（3）数字识别：本测试主要通过听障儿童对数字的识别了解其对声母韵母组合音的听觉识别能力，1～10 的数字由计算机随机选出 25 个，编成 5 组，每组 5 个数字，其中有 1 个为测试词，4 个为陪衬词。

（4）声调识别：由音高构成的声调音位是汉藏语系统语音特点之一，在这些语言里，调位是词的语音结构的一个组成部分。同一个音节只要声调不同，语音的形式和意义就不同，因此汉语的声调同韵母、声母一样占有重要地位。声调识别分为同音单音节声调识别和双音节声调识别。通过同音单音节声调识别，主要了解听障儿童对低频语音成分的感知和识别能力；双音节声调识别主要评估听障儿童通过对声调的识别来理解力语义的能力。

（5）单音节词（字）识别：本项测试由同等难易度的两个词表组成，每个词表有 35 个词（字），包括了《汉语拼音方案》中全部声母及 35 个韵母中的 30 个。本项测试可以判断听障儿童佩戴助听器后，对韵母、声母、声调在各单词中的综合防治听辨能力。

（6）双音节词识别：本项测试通过对双音节词识别可获得言语识别率，了解听障儿童言语可懂度及听觉中枢处理情况。共选 60 个词，分为词表 1 和词表 2。每个词表 30 个词，共分为 6 组，每组 5 个词。词表 1 考虑了传统的言语测听双音节词编制规则，根据两个音节同等重要的理论，选择同时避免轻声出现，选择用扬抑格双音节词，并考虑听障儿童的言语特点。词表 2 与词表 1 的不同点就是不回避轻声，因为普通话声调与西方语系不同，具有重要的判意作用，轻声同属调类，亦具有重要的判意作用，况且轻声在汉语声调出现率为 8.63%，故用词表 2 评估听障儿童佩戴助听器后的听觉功能，可了解更多的听觉康复信息，更具有应用价值。

（7）三音节词识别：通过三音节词识别，测试听障儿童感知、分判连续语言的能力。随着听障儿童言语的发展，三音节识别是单音节向多音节的过渡阶段。

（8）短句识别：短句识别是评价听障儿童验配助听器后，感知和分判连续言语能力及听觉功能的重要方法。本词表从《学说话》教材，选用听障儿童已学会的 20 个句子，分成 4 组，每组由 5 个句子组成，全部配有图片。

三、助听言语识别率评估的测试原理

助听言语识别率评估是指利用标准言语词表或句表作为测试信号，在患者佩戴助听装置时，通过声场给声或自然口语发声方式，测定患者言语识别得分的一种评估方法。整个测试过程，包括给声方式、测试材料、反应方式和结果计算四个要素。

1. 给声方式 助听下言语识别率评估常用 65dB SPL 作为给声强度，从而评价助听后在日常言语声交流强度下，患者可以达到的康复效果。推荐使用声场给声方式，即测试材

料通过播放器输出，通过纯音听力计放大，使用扬声器播放。

2. **测试材料**　可以根据测试目的选择测试材料，因此言语测试材料可以包括较常用的单音节词、双音节词和语句，还可以包括声母、韵母、声调测试等。但所使用的测试材料，必须要经过有效性和可靠性验证，才可以在临床使用。推荐使用的测试材料，可详见第一篇第二章第三节"言语测听"相关内容。

3. **反应方式**　指患者在聆听到信号后的反应。反应方式包括两种，一种是开放项测试，即患者听到言语信号后直接复述出来，成人言语评估通常采用此种反应方式；另一种是封闭项测试，患者听到言语信号后，通过指认图片、玩具或多选一的方式给出答案，这种方式通常适用于儿童或助听效果不佳、采用开放项测试较难的成人患者。

4. **结果计算**　言语识别率，即患者能够正确识别的测试项目数与总测试项目数的百分比。例如，使用 50 词的单音节词表进行言语识别率的测试，若患者正确识别 40 词，则其言语识别率为 40/50×100%＝80%。若使用语句作为测试材料，则计算言语识别率时，使用患者能够正确识别的关键词数与句表总关键词数的百分比。

【能力要求】

成人助听言语识别率评估

一、测试前准备

1. **助听器调试**　测试前，确保患者的助听器调试至最适状态。

2. **测试房间**　评估在隔声室内完成，可采用分室也可采用同室。若采用分室，确保患者复述内容可以被测试人员清晰地聆听到；若采用同室，患者和测试者可以呈 90°坐位，避免测试者的记录或播放词语等动作对患者的反应产生干扰。

3. **设备连接**　将安装有言语测试材料的播放器或电脑与纯音听力计相连，纯音听力计与扬声器相连（图 2-5-16）。内置言语测试材料的纯音听力计可以直接播放言语声信号（图 2-5-17）。纯音听力计面板上换能器类型选择扬声器；声源输出选择外置声源通道，例如EXTA/B，或 channel A or B。

图 2-5-16　外置言语测试材料的听力计，右侧为连接方法

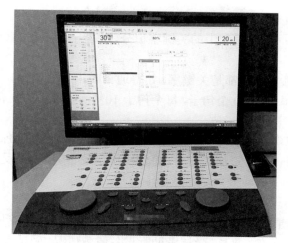

图 2-5-17 内置言语测试材料的听力计

4. 声场校准

1）患者取坐位，其两侧外耳道口连线中点称为参考点，声场扬声器的位置距参考点 1m。

2）如果只有一个扬声器可采取 0° 角，如果两个扬声器可分别取 45° 角。

3）调节听力计的给声强度，使用声级计进行校准，使得参考点处的声音强度为 65dB SPL。

【视频】
声场校准

5. 选择测试材料　进行助听言语识别率评估。

6. 讲解测试要求　"您将听到扬声器中播放一个字（或两个字、一句话），听到之后请您立即复述出来（或用笔写/按键），如果听不清楚可以猜，说错没关系。测试过程中，请尽量避免不必要的活动，集中注意力聆听。如有任何不适的情况，请示意我，中断检查。"

7. 测试前练习　为确保患者完全理解测试过程，在正式测试前，使用测试给声强度进行练习表测试，让受试者熟悉测试。确定受试者已熟悉测试后，开始正式测试。在练习过程中，若发现患者并未完全理解测试过程，应重新进行测试要求的讲解，并再次进行练习。

二、测试过程

1. 患者要求　患者听到测试词后，口述出测试词，若听不清楚，可以进行猜测；如果是封闭项测试，请患者在几个选项中，选择其聆听到的词语。

2. 测试者要求　测试过程中，集中注意力聆听患者的复述内容，同时进行结果记录。若没有听清患者的复述，可暂停测试内容，请患者重复其复述内容，再行记录。尽量避免给患者任何暗示和打扰，如避免"请您再仔细想想"等类似的话语出现。

三、记录结果

根据测试目的选取测试言语识别率使用的言语测试材料，助听言语识别率评估常用单音节词、双音节词和语句作为测试材料。

1. 单双音节词表评分标准　采用"全或无"原则

（1）单音节声、韵、调全对记分，有任一项错误不得分。

（2）双音节词语两个字声、韵、调全对记分，反之不记分。

2. 语句评分标准 根据语句中的关键字记分，关键字反应正确（声韵调全对）记分，不正确不记分。

（1）语句材料中每一个字都是关键字，如普通话噪声下言语测试（mandarin hearing in noise test，MHINT），每张表 20 个句子，每个句子 10 个字，每张句表有 200 个关键字，正确反应一个字记 0.5 分。

（2）语句材料中每句关键字数不等，如普通话言语测听材料（mandarin speech test materials，MSTMs），每张表 10 个句子、50 个关键字，每句关键字数不等，正确反应一个字记 2 分。

四、结果分析

1. 结果记录 结果记录单应该包括所选测试材料、声场测试或耳机下测试（或监控口声给声）、给声强度、左 / 右 / 双耳、受试者助听设备佩戴情况、受试者的状态、配合程度、测试结果的可靠性等（图 2-5-18）。

首都医科大学附属北京同仁医院
临床听力学中心言语测听报告单

姓名： 性别： 年龄： 出生日期： 测试设备：

1. 言语识别阈 强度单位（dB HL）　　2. 言语识别率 强度单位（dB HL）

测试条件	测试材料	阈值
右耳		
左耳		
声场裸耳		
右耳助听		
左耳助听		
双耳助听		

测试条件	测试材料	强度	识别率（%）
右耳			
左耳			
声场裸耳			
右耳助听			
左耳助听			
双耳助听			

助听设备：右耳： 左耳

备注：

测试日期：＿＿年＿＿月＿＿日 报告人：＿＿＿＿＿

北京同仁医院耳鼻咽喉头颈外科　　北京市耳鼻咽喉科研究所

图 2-5-18 言语测听 / 评估报告单示例

2. 测试结果分析 Kramer 于 2008 年提出了言语识别率的分级标准（表 2-5-2），可为临床工作提供一定的诊断依据。根据不同测试条件下所得结果对受试者进行言语识别能力的分级，如某患者左耳助听下在 65dB SPL 给声强度下测得言语识别率得分为 80%，则可以描述为"左耳在日常言语交流声强度下言语识别能力为较好"。

表 2-5-2 言语识别率结果描述

言语识别得分 /%	言语识别能力
100～90	非常好
89～75	好
74～60	一般
59～50	差
<50	很差

儿童助听言语识别率评估

一、测试前准备

1. **助听器调试** 测试前，确保患儿的助听器调试至最适状态。

2. **确定评估内容** 依据评估目的选择不同评估内容，例如：

（1）选择声调识别或韵母识别可以了解中低、中频听力补偿效果。

（2）选择声母识别可以了解高频听力补偿效果。

（3）选择单音节词、双音节词识别或语句识别可了解助听后言语可懂度。

（4）选择自然环境声响识别，可以了解对不同频响声音的感知。

3. **确定评估方式** 言语评估方法依据播放测试音途径不同分为口声测试法和声场测试法两种。

（1）口声测试法

1）患儿坐在测试参考点位置，测试者与患儿并排而坐，测试者位于好耳一侧，两人间距 0.5m。

2）测试环境选择隔声室进行，每套测听材料都是独立的测试单位，应用时可以根据听障儿童的康复需求，选择评估内容。

3）测试者直接发音，发生强度控制在 65dB SPL 左右（可用声级计监测）。每一测试词可发音一次，让患儿确认。

4）患儿作答方式可采用听声识图法（封闭项测试）或听说复述法（开放项测试）。

5）测试过程中，要回避患儿的视觉参与，若采用听声识图法时，要避免受试者不懂词汇的出现。

6）确保每个独立单元测试在 10 分钟内完成，避免患儿出现疲劳现象，影响测试成绩。

（2）声场测试法

1）听觉言语计算机导航系统：儿童言语测听词表也可以通过该系统匹配扬声器播放评估内容，可进行自然环境声识别、声母识别、韵母识别、声调识别、单音节词识别、双音节词识别、三音节词识别和短句识别的标准化测试，评估系统自动计算每一个词表的言语识别率及每一个词（字）的正确识别率，并可标出错误走向及助听效果级别。

2）听觉言语计算机导航系统连接纯音听力计，听力计与扬声器相连。

3）扬声器位于距患儿正前方 1m 远位置，通过扬声器给声，调节听力计给声强度，使参考测试点位置言语声信号强度为 65dB SPL（参见成人助听言语识别率测试）。

4）患儿作答方式可采用听话识图法（封闭项测试）或听说复述法（开放项测试）。

5）评估结果和康复指导建议可由计算机自动形成，亦可由测试者手动制订，并可随时通过系统打印出来。

二、测试过程

（1）自然环境声识别：本测试内容所选 20 种声响均为听障儿童听力训练教材初期课程，共分 4 组，每组 5 张测试图片，其中有 4 张陪衬图片，20 张图片共循环 5 次测试完成。用录音机播放测试音，扬声器距被试儿童 1m，并与听障儿童助听器在同一平面，成 0°角，其声压级控制在 65dB SPL 左右，测试可在较安静的房间进行，考虑听障儿童的心理特点，用听声识图法评估，测试在 10 分钟内完成。

测试结果计算：言语识别率（%）=（正确回答数 / 测试内容总数）×100%

（2）语音识别：患儿坐在测试参考点位置，依据测试目的不同选择韵母识别词表或声母识别词表。用听说复述法主要评估听障儿童的语音听辨能力及听障儿童的发音水平。用听话识图法主要用于评估听障儿童的语音听辨能力及助听器效果。依次以组为单位初始图片，选择一个测试词表作为发音词，25 组图片循环出示一次即可完成测试，原则上发音词应是同一词表，陪衬词是其他两个词表，图片的摆放位置可以随机。结果计算公式为：识别得分（%）=（正确回答数 /25）×100%。发音若随机，计算结果时要考虑每一个词的归一化系数。

测试结果计算：言语识别率（%）=（实际得分 / 应得总分）×100%。

（3）数字识别：采用听声识图法（封闭项），患儿坐在测试参考位置，测试者与患儿并排而坐，位于被试者较好耳一侧，每组出示 5 张测试图片，首次分别读其中 2 张，被试者可根据发声词分别选出图片，第二次循环出示图片剩余的 3 张分别发音，被试儿童可根据发声词分别选出图片，循环 2 次可完成测试。将被试者错答的词序号写在测试记录上，以便分析为进一步改进听力学措施及康复手段提供依据。计算得分方法同自然环境声识别测试。

（4）声调识别方法：同音单音节词声调识别，首先让听障儿童位于参考测试点，在一小桌前坐好，测试条件同自然环境声识别，然后出示 4 张标有声调符号的卡片，用听声识图法进行测试，被试者可根据发声词分别选出图片。若用听说复述法测试，要求只要声调回答正确即可得分。双音节声调识别，每组两张图片，出示图片同时发音，待图片在被试者面前摆好后再随机选其中一张图片发音，让被试者选择，循环一次完成测试。计算得分方法同自然环境声识别测试。

（5）单音节词识别：可根据听障儿童实际言语能力选用听说复述法或听话识图法进行测试，在听话识图法中每个词表有 7 组图片，每组 5 张图，评估时，以每组为单位出示图片，可分别随机读 2 张图片让被试者分别识别选择，依次测试，待第二次循环时将每组未测 3 张图片分别读出让被试者识别。7 组图片共循环出示 2 次可完成评估，每个词都有发音机会。计算得分方法同自然环境声识别测试。

（6）双音节词识别：可根据听障儿童实际言语能力选用听说复述法或听话识图法进行测试。评估时，以每组为单位出示图片，可分别随机读 2 张图片让被试者识别选择，依次测试,待第二次循环时将未测 3 张图片分别读出让受试者识别。6 组图片共循环出示 2 次可完成评估,每个词都有发音机会。计算得分方法同自然环境声识别测试。

(7)三音节词识别:可根据听障儿童实际言语能力选用听说复述法或听话识图法测试。选用听话识图法可根据每句关键词是否正确计分(每个关键词 2 分,共 50 个关键词),听话识图法以每组 5 张图为单位出示词表,可随机分别读 2 张图片让被试者识别选择,依次测试,待第二次循环时将未测 3 张图片分别读出让被试者选择。5 组图片循环出示 2 次可完成评估,每个词都有机会发音。计算得分方法同自然环境声识别测试。

(8)短句识别:可根据听障儿童实际言语能力选用听说复述法或听话识图法测试。选用听说复述法可根据每句关键词是否正确计算得分,共 50 个关键词,每词 2 分。若选用听话识图法以每组 5 张图为单位出示词表,可随机分别读 2 张图片,让患儿依次识别。再分别读出剩下 3 张图片,让患儿识别,一组结束。4 组图片共循环出示 2 次,完成评估,保证每个词都有发音机会。计算得分方法同自然环境声识别测试。

三、记录并分析评估结果

(1)记录

1)口声言语听觉评估,只记录测试结果发音词与错答词的序号。例如发音词卡片为 3 号,被试者识别卡片号为 5 号,则简单记录为(3)-(5),即(发音词卡片号)-(错误词卡片号)。被试者正确识别卡片号不记录。

2)通过听觉言语计算机导航系统评估,计算机会自行记录,评估结束时可将结果打印出来。

(2)评估标准:通过言语识别率来判断其助听效果,通常分为最适、适合、较适、看话四个等级。

(3)结果分析及康复建议

1)对最适助听器效果的听力障碍者,助听效果已达到优化,在康复过程中应建立听觉中枢优势,即在日常的听觉言语学习过程中要强化听觉记忆能力,尤其加强在背景噪声环境中的听觉学习,习惯使用助听器进行听觉言语交流。

2)对适合及较适合助听器效果的听力障碍者,在康复过程中应该注意按照以听觉为主以看话为辅的原则进行听觉语言学习,使学习效果达到最大化,在听觉训练中要有针对性地对易错音、易混淆音进行强化训练,尤其将这些音与词汇句子结合,训练效果更好,且易巩固。每天的音乐欣赏是非常必要的,节奏明快的音乐有利于听觉神经突触活化,长期坚持可使听敏度提高。

3)对看话助听效果的听障者,在康复过程中听觉能力的训练和看话能力的训练同等重要。充分利用其听觉补偿和视觉补偿功能进行听觉语言学习,有利于其对语言的理解和表达。值得注意的是对这类听力障碍者的助听器效果进行优化也是十分必要的,如经康复跟踪评估,即使助听效果已达到优化,但听觉识别仍然很差,及早选择人工耳蜗植入手术对他们听觉能力提高会很有帮助。

四、注意事项

1. 声场校准和评估人发音强度标定监测是非常重要的。对方言较重的地区,如果是以方言为主进行教学,采用口声言语听觉评估时,发音者一定是当地人,不允许有外地方言。

2. 评估时宜在相对安静的环境,室内与评估无关的视觉听刺激物要尽量移除。

3. 选择词表的目的性要明确,同时要考虑被试者的实际情况,不能短时间做多个词表。

4. 对 3 岁以内的儿童采用听觉认知发展评估法,用被试者已掌握的内容,在回避视觉的情况下进行言语听觉能力评估。

(王 硕 张 华)

思 考 题

1. 什么是真耳分析?

2. 什么是 REUR、REOR、REIG 和 REAR?

3. 什么是 RECD?

4. 真耳分析的意义是什么?

5. 真耳分析的测试步骤?

6. 简述言语听觉评估的意义及内容。

7. 简述儿童言语听觉评估的内容。

8. 简述助听言语识别率评估的测试原理。

9. 简述成人助听言语识别率评估的测试过程。

第六章 康复指导

伴随着生理年龄的增长，越来越多的接受过早期听觉言语康复的听障儿童步入了学龄期。处在学龄期的听障儿童由于身心成长和发展的特点，又可分为两个时段，一是儿童中期即小学学龄期（6～11 岁），一是青少年期即中学学龄期（12～18 岁）。多数情况下，他们被安置在普通学校，与同龄健听儿童一起通过自然而持续的聆听学习和有声语言接受融合教育进而获得知识和发展，这是学龄期听障儿童区别于学龄前期听障儿童的主要安置特征。多数的听障儿童在进入学龄期接受融合教育时，他们的听觉和口语能力低于同龄健听儿童的水平。即便是有些接受过早期听力语言康复、干预效果较好的听障儿童，由于学习环境和任务的改变，其在日后的持续性学习中，想要在语言、言语和社交技能方面保持与同龄健听儿童同步发展，他们面临着巨大的挑战。换句话说，进入学龄期的听障儿童要想实现与同龄健听儿童的同步成长与发展，在听觉、语言方面仍需要持续的技术与干预支持。结合学龄期听障儿童成长与发展的特点，在观察、评估的基础上，给予融合教育安置状态下改进听觉、语言康复效果的跟进式咨询、指导和服务，以满足听障儿童不断变化的个性化需要，促进学龄期听障儿童教育任务目标的达成，是一名合格的助听器验配师履行职业功能，发挥专业技能，本应承担的责任与义务之一。

第一节　学龄期听障儿童听觉康复训练指导

【相关知识】

一、学龄期儿童听觉发展的年龄阶段特征与心理特点

学龄期儿童随着年龄的增长，一方面作为其听觉能力基础的听神经系统日趋成熟，另一方面他们已逐步积累起相对较为丰富的听觉经验、生活经验，为其即将迎接更具挑战性的学业学习提供了强力的支撑。15 岁以后，他们已经具备了一个完整成熟的听神经系统，伴随着其心理功能相关领域能力（如记忆、信息加工、抽象思维与推理、语用、社会交往技巧）的发展，他们的听觉能力被整合发展而变得更加强大。

（一）6～11 岁儿童的听觉发展与心理特点

6～11 岁属于儿童的小学学龄期，他们开始步入正规的学校，学习知识、接受教育，在认知、社会性、情感、意志、性格诸多方面发生了巨大的变化，身心发育和内心世界产生了诸多显著特点。

1. **听觉特点**　①听觉注意力增强，更多地关注课堂教学；②能够更好地理解教学内容；③聆听的广度得以扩展，表现出较少的分心；④能够注意对所有人发出的统一指令；⑤无须重复强调或提示，能够长时间停留在所关注的任务；⑥能够毫不犹豫地迅速跟从语言指令的改变；⑦面对提问，能够用更恰当的方式回答问题，或者更频繁地作出恰当的回答；⑧能够很好地听懂教学影像资料的内容；⑨能够成功地参与班级或小组的讨论学习；⑩能够与同龄伙伴主动而自然地对话、交流。

2. **感知、记忆的特点**　①从笼统、不精确地感知事物的整体渐渐发展到能够较精确地感知事物的各部分，并能发现事物的主要特征及事物各部分间的相互关系。②从无意性、情绪性渐渐向有意性、目的性发展。③对于空间特性的知觉，随着年龄的增长和知识的增加，他们的空间知觉渐渐从直观向抽象过渡。④对于时间特性的感知，入学时能掌握他们经验范围内的时间概念，但对于与他们的生活关系不太密切的时间单位不能理解，而且对时间长短的判断力也比较差；⑤记忆最初仍以无意识记、具体形象识记和机械识记为主，对抽象的词、公式和概念却难以记住。但随着年龄的增长，他们的思维理解能力不断提高，对词的抽象识记和意义识记的能力也会不断提高。

3. **社会性发展特点**　随着年龄增长，在社会强化的影响下，亲社会行为逐渐增加。①分享行为：能按个人能力和成绩，分享给有能力的人，并且开始出现同情和重视个体需要的表现；②互助与利他行为：互助行为不断增加，由互惠性互助动机逐渐发展成为利他性互助动机；③合作与竞争行为：合作与竞争行为易受外部指导和奖励的影响，团体奖励更有利于产生合作行为；④友谊关系发展：处于非实质性双向帮助阶段，有明显的功利性；⑤对同伴的依从性：明显表现为按同龄人一致的意见修改自己的意见；⑥师生交往：对教师态度的情感成分较重，但从三年级开始，儿童不再无条件服从教师态度。

4. **想象、思维的特点**　①想象从片面、模糊逐步向完整、正确的方向发展。低年级的小学生，想象具有模仿、简单再现的特点。随着年龄的增长，到中高年级，他们对具体形象的依赖性会越来越小，创造想象开始发展起来。②思维从具体形象思维逐步向抽象逻辑思维过渡，但他们的抽象逻辑思维在很大程度上仍是直接与感性经验相联系的，具有很大成分的直观性。③低年级学生在不能直接观察到事物特征的情况下，对某些概念进行概括会感到困难。而到了高年级，他们则开始能够依靠表现一定数量关系的词语来进行概括，而且随着年龄的增长，他们掌握概念中直观、外部特征的成分逐渐减少，而掌握抽象、本质特征的成分不断增多。

5. **情感、性格的特点**　①低年级小学生虽已能初步控制自己的情感，但还常有不稳定的现象。②到了高年级，他们的情感更为稳定，自我尊重，希望获得他人尊重的需要日益强烈，道德情感也初步发展起来。③认识、分析各种问题开始注意从动机、效果多方面评价自己和他人，对成人的依赖性方面，高年级小学生较低年级小学生明显减少。④精力旺盛、活泼好动，但同时因为自制力还不强，意志力较差，遇事很容易冲动，意志活动的自觉性和持久性都比较差，在完成某一任务时，常是靠外部的压力，而不是靠自觉的行动。⑤自我控制能力仍比较差，特别容易受他人的影响与暗示，进而产生不自觉的模仿行为。高年级学生已能感受到生活新奇和美好，喜欢动脑筋，乐于提问题，但仍缺乏耐心和毅力，缺乏一贯性。⑥自我评价几乎完全依赖老师。容易看到自己的优点，不容易看到自己的缺点；较多地评价他人，不善于客观地评价自己。⑦个性特征不断增强，性格对行为的影响越来越大。虽然性格的可塑性很大,但随着年龄的增长,他们的行为会渐渐形成习惯,性格也就越来越稳定,越来越难以改变。

(二)12～18岁儿童的听觉发展与心理特点

12～18岁属于儿童的中学学龄期。这一时期是人生迈向成人的过渡期,具有半幼稚、半成熟的特点,是儿童身心发展的突变时期,不论在生理方面还是心理方面,都存在着不少特殊矛盾。

1. 听觉特点 ①大脑的功能显著发展并趋于成熟;②听觉神经系统的功能基本达到成人的水平,第二信号系统的作用有了显著的提高;③听觉察知、听觉反馈与整合、听觉定位、听觉识别和听觉理解等能力的发展更加坚实;④听觉记忆、言语听觉信息处理与运用的能力稳固而强大;⑤随着生活阅历、认知能力的增长,听觉完形、认知完形的能力得以进一步发展;⑥交际过程中聆听能力的运用更加成熟而自然。

2. 认知特点

初中生(12～15岁):①观察积极主动但精确性不高;②无意识记表现明显,对感兴趣的、新颖的、直观的材料识记较好,而对一些比较抽象的材料识记较差;③在教学的影响下,有意识记日益占优势;④"经验型"的抽象思维占据主导地位。

高中生(16～18岁):①认识结构的完整体系基本形成,抽象逻辑思维占据了优势地位,辩证思维和创造性思维有了很大发展;②观察力、有意记忆能力、有意表象能力迅速发展,思维的目的性、方向性更加明确,认知系统的自我评价和自我控制能力明显增强;③认知与情感、意志和个性因素协同发展,学习动机更加强大,理想和世界观开始形成,行为的自觉性更高。

3. 情绪、情感特点

初中生(12～15岁):①情绪激荡,容易动感情,也容易激怒。这种冲动性与他们的生理发育,特别是神经活动的兴奋过程强、抑制过程薄弱有一定关系。②对人对事充满热情,具有活泼愉快的心境,对周围现实生活中发生的各种事情都十分关注。③社会情操和爱国主义感、集体主义感、同志友谊感、责任感、义务感等已经初步形成,理智感和美感都有所发展。

高中生(16～18岁):①情绪爆发的频率减低,随着情绪的心境化,加上情绪控制能力的提高,情绪体验的时间延长且稳定性高。②处于多梦的年龄阶段,几乎人类所有的情绪种类都能在高中生的身体体现出来,并且强度不一样,有不同的层次。③情绪表现分类明显。一种是内隐文饰型,能根据一定的条件或者目的表达自己的情绪,形成外部表现和内心体验的不一致性;一种是两极波动型,情绪波动明显,情绪反应强度大,容易走极端。

4. 个性、社会性特点

初中生(12～15岁):①自我意识增强,"成人感"突出,为了表现自己是强者,有时容易出现一些冒险行为;②特别崇拜那些意志坚强的人,往往也下决心试图培养自己良好的意志品质,但是,他们的意志较薄弱,特别是遇到困难或者遭到失败的时候,往往表现得缺乏毅力;③对意志品质的理解不全面,容易表现为蛮干;④非常重视友谊和社会交往,往往根据自己的兴趣爱好和道德标准来选择朋友,但是容易把友谊局限于狭隘的范围,甚至因此而脱离集体,出现一些不健康的情绪和行为,例如搞小团体、互相庇护等。

高中生(16～18岁):①自我明显分化,从"无我"到"唯我"。容易自我炫耀、唯我独尊,不把权威传统和社会规范放在眼里,容易对周围一切事物不管不顾。②对自己形象的热切关注,会经常考虑自己的能力和前途,从而把今天的自我看作只是未来自我的保证。③能对事物作出理性的价值判断,但价值取向具有突出的从众心理和明显的短暂性,比较容易受同辈人的影响。④随着认识能力的增强和思维水平的提高,一般不轻信他人或书本上的结论,喜欢怀疑、思考、争论和评论。⑤在社会性方面,随着年龄的增长,越来越多地受到社会大环境的影响。他们渴望成为社会中的一员,渴望加入成人的队伍中,并用成人的要求来要求自己。

(三)不同年龄段学龄期儿童听觉能力发展指数参照

听觉能力发展指数(developmental index of audition and listening,DIAL)很好地揭示了不同年龄段健听儿童听觉能力发展的里程碑(表2-6-1),也为助听器验配师、语训教师合理地设定符合儿童实际的聆听目标提供了一种有效的参照。

表2-6-1　听觉能力发展指数参照

发展期	参照年龄	发育阶段
婴儿	0~28天	惊吓反射;能注意音乐和语音;听到父母的声音变放松;有些能使身体运动与言语保持同步;喜欢面对谈话者;被抱起来之前听照料者的声音
	1~4个月	寻找声源;将声音与肢体活动联系起来;喜欢父母的声音;能注意到周边的噪声;开始模仿元音
	5~8个月	会用玩具或其他物体发出声音;识别单词;对口头指令有反应,如"再见";开始学会识别名字;喜欢制造声响;喜欢欣赏音乐;喜欢参与律动游戏
	9~12个月	会注意电视里的声音;能定位声源;喜欢诗歌和儿歌;理解"不"是什么意思;喜欢捉迷藏;参与声音游戏
幼儿	1岁	听到音乐会跳舞;能将家长接电话或应答门铃的动作和声音联系起来;对叫名字有反应;讲故事时能互动
	2岁	会听电话;听到音乐会跳舞;能在集体课上听故事;能与父母一起应答门铃;能意识到烟雾报警器的警报;能注意旅行和交流活动
学龄前	3岁	能通过电话与人交谈;能跟着音乐唱歌;能听懂录音机里的故事;知道烟雾报警器的警报声是危险提示;喜欢听录音机的故事;能注意到口头安全提醒
	4岁	会玩电话游戏;能看懂电影;能与家人一起跳舞、游泳、看电视;和邻居玩耍
学龄早期	6~7岁	会有意识地拨打电话;喜欢随身听/耳机;能听到闹钟并自觉起床;能独立对烟雾报警作出反应
小学	8~11岁	会使用电视娱乐和社交;关注收音机;在大街上听到汽车鸣笛知道避让;参加俱乐部和体育运动;享受独处时间;喜欢电脑游戏;参与团队体育运动
初中	12~15岁	使用手机交往;关注电影/戏剧;有自己的音乐品味;和朋友们一起看电视/电影
青春期	16~18岁	参加舞会;学习开车(如需要听喇叭声/转向灯);参与学校团体/俱乐部;受就业/残障法律保护
	19~22岁	就业/职业决策;独自旅行;在大学礼堂或教室聆听;参与学习小组/校外活动

二、环境声学特性对学龄期儿童学习的影响

众所周知,不同性质、程度的听力损失会对学龄期儿童的言语语言及社会性的发展造

成显著的影响，但是影响学龄期儿童聆听学习效果的因素，除了自身的身心发展基础和能力水平、助听补偿效果、教育水平与质量之外，所处的环境声学特性也是一个值得重视的变量。对于学龄期的儿童而言，教室是其生活、学习的最主要、也是最重要的场所。在那里，他们每天都需要听清楚老师的和同伴的有声语言，才能达成交流与学习的目的。完整清晰的语音听觉可以定义为语音信号中所有有用信息的听觉。换句话说，当离开说话者嘴的声音中 100% 的信息存在于到达听者耳朵的声音中时，就能实现清晰的听觉。但是讲话者的讲话实际到达听者耳朵的信息量则取决于所处环境的声学特性。因此，助听器验配师对这一群体聆听效果的关注，不应局限于助其听设备的佩戴效果，还应关注学龄期听障儿童所处环境的声学特性对他们的影响。

（一）影响学龄期儿童聆听学习过程的要素构成

不同教育安置条件下学龄期儿童的主要任务就是通过聆听来学习和掌握相关的知识、技能，从而获得发展。但是，在每日的聆听学习过程中，他们的听觉正在接受着来自多重变量和要素的挑战。对于听障儿童而言，即使佩戴了助听设备，这些挑战也会使其聆听学习任务的完成变得更加繁重和艰难。影响儿童聆听学习过程的变量主要来自聆听过程变量、聆听环境变量和限制聆听者的潜在变量，它们共同构成了影响学龄期儿童聆听学习过程的要素矩阵（图 2-6-1），其中声学信号、聆听环境、聆听者间反应是最为核心的要素。

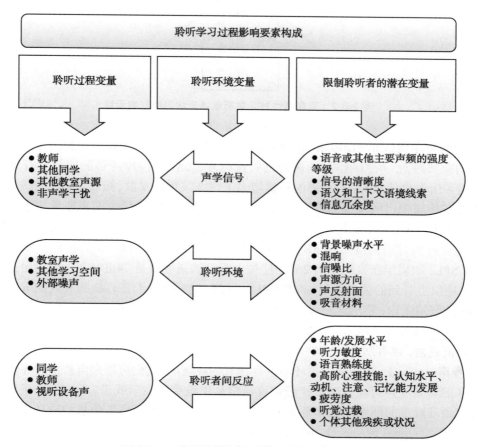

图 2-6-1　学龄期儿童聆听学习影响要素构成

（二）环境声学的特性及对学生学习的影响

事实上，在学龄期听障儿童学习环境中，对其聆听能力的发展及聆听学习带来很大阻碍的不利环境因素可表现为学习环境的声学特性。这些不利的声学特性因子存在的形式及其对听障儿童的影响主要表现为以下几个方面（图2-6-2）。

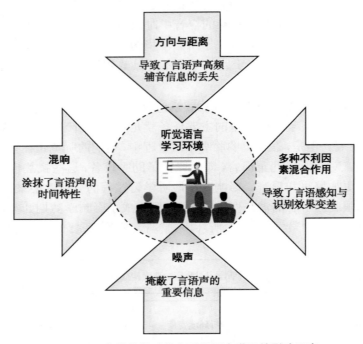

图2-6-2 声学特性对儿童听觉语言学习的影响示意

1. **方向与距离**（directionality & distance） 作为一个常识，发声源朝向聆听者且距离聆听者的距离越近，听得越清，距离越远听得越差。这是因为，声音的能量具有衰减的特性。随着聆听距离的延长，长距离的传播增大了声波波束被发散、吸收、反射、散射的可能，声能固然在传播中出现减少的现象。相关的声学实验发现，声场中的声能量与距离的平方成反比，距离每增加一倍，声压级将减少 6dB SPL。越是高频的声，其能量越容易衰减。如果教师授课时的言语强度是 80dB SPL，听障儿童坐在直线距离 1m 的座位听到的强度就是 80dB SPL；如果坐在直线距离 2m 的座位上听到的强度就是 74dB SPL；如果坐在直线距离 4m 的座位上听到的强度就是 68dB SPL。目前，助听器或人工耳蜗的有效助听距离多在 1.5～2m 的范围之内，超出这一范围，听到的声音就会出现衰减的现象。因此，相对于处在教室环境下的听障儿童而言，距离就意味着"座次"。其在班上所在座位的位置离授课教师的直线距离越短，越有助于聆听学习。

2. **噪声**（noise） 通常的教室环境中存在着各种噪声，它们可能来自教室的外部、内部。这些存在的背景噪声可能遮盖或掩蔽掉言语信息中重要的声学或语言学线索，而导致听障儿童对言语理解度的降低。尤其是减少了对言语中承载重要区别性信息的辅音成分的精确感知。信噪比（signal or speech-to-noise ratio，SNR）是一种描述信号声（如教师或说话人的言语声）与背景噪声之间关系的参量。具有聆听能力的健听成人实现言语感知所需的信噪

比大约为 +6dB。而听障儿童由于其听觉神经系统发育的不成熟和生活、语言经验的缺失，要想弥补其听觉或认知完形能力的不足，则需要更高的信噪比。相对于 15 岁以下且诊断为感音神经性听力损失的听障儿童、有复发性中耳炎病史的儿童、语言障碍儿童、构音障碍儿童、读写障碍儿童、学习障碍儿童、听中枢处理障碍儿童、发展迟滞儿童，以及注意力缺陷儿童，要想实现精准的言语感知，信噪比应保持在 +15dB 以上。为了实现这一信噪比目标，教室背景噪声水平应控制在 30~35dB（A）。信噪比低于 +15dB 时，上述的绝大多数儿童难以避免言语感知上的困难，并会为此付出更大的注意力努力而身心疲惫。

3. **混响（reverberation）** 另一个影响教室环境下听障儿童言语感知的重要声学因素就是混响。简单而言，混响就是由于坚硬光滑的地板、玻璃隔断、不吸声材料装饰的室内环境反射作用的存在，使最初的声音信号不断反射回来所组成的一组回音，有时被直观地叫作墙壁音。在声学领域，我们常用混响时间（reverberation time，RT）这个参量来表示混响现象存在的程度。混响作为一种特殊的室内噪声，对听障儿童的有声言语交流和学习有着很大的影响。由于混响的存在，许多正常的谈话声会混沌不清，从而严重降低了听障儿童的言语感知度，直接阻碍着他们聆听能力的发展。目前，美国国家标准委员会（ANSI）出台的教室声学标准建议，永久性的中等教室的混响时间应控制在 0.6 秒以下，用于听障儿童的教室混响时间应不高于 0.4 秒。

4. **噪声与混响的交互影响** 真实教室环境下的噪声与混响不是截然分开的，它们相互协同作用于听障儿童的聆听学习环境。早在 1987 年，就有学者通过严谨的对比试验，揭示出噪声与混响时间对健听儿童、听障儿童的单音节词言语识别率的交互作用（表 2-6-2）。可见，由于混响有效地填补了噪声的时间间隙，使得噪声变得更加自然和稳态，继而对言语信息中重要的声学或语言学线索造成了更大程度上的掩蔽，自然给听障儿童的听觉学习造成更加不利的影响，因此，噪声与混响时间的综合效应，更需要我们特殊关注。

表 2-6-2　不同信噪比混响时间条件下健听与听力损伤儿童单音节词识别正确率比较

测试条件		单音节词识别正确率 /%	
混响时间 /s	信噪比	健听儿童	听力损失儿童
0.0	安静	94.5	83.0
	+12dB	89.2	70.0
	+6dB	79.7	59.5
	0dB	60.2	39.0
0.4	安静	92.5	74.0
	+12dB	82.8	60.2
	+6dB	71.3	52.2
	0dB	47.7	27.8
1.2	安静	76.5	45.0
	+12dB	68.8	41.2
	+6dB	54.2	27.0
	0dB	29.7	11.2

三、学龄期听障儿童听觉康复的原则与方法

（一）学龄期听障儿童听觉康复的原则

1. 找准基线原则 学龄期听障儿童的情况相对复杂，听觉表现各异。有的接受过早期干预，具备一定的康复基础，有的虽接受过早期干预但效果不甚理想，有的刚佩戴助听设备（助听器或人工耳蜗）不久，才开始接受康复训练。利用交叉检验和评估的方法，找准个体现有听觉能力的基线水平，是进行持续、有效的听觉康复的前提条件，以确保听觉训练方案阶段目标整体规划与设定的基础。

2. 对比参照原则 融合教育是多数学龄期听障儿童目前或未来的主要教育安置形态。同堂健听学伴的聆听技能表现为学龄期听障儿童的听觉康复提供了发展参照。通过对比，不仅易于判定学龄期听障儿童现有听觉能力表现的强项和弱项，也能迅速确定其正在进行的康复训练所需的具体修改方向与内容。

3. 持续兼顾原则 由于学龄期听障儿童入学前的聆听学习能力的基础水平千差万别，涉及听觉能力相关要素如听觉察知、听觉辨别、听觉识别、听觉理解等方面的发展巩固性、均衡性欠缺，不足以支撑其进入学龄期不同安置阶段、不同环境下新的学习任务的挑战，因此对其进行整体和持续的跟进式评估和干预是必不可少的，目的是克服学龄期听障儿童听觉康复训练的随意化、碎片化的安排，增强听觉干预和支持的整体性、连续性效能。

4. 精细分析原则 学龄期听障儿童，尤其是处在融合教育安置状态者，学习环境和任务变得更为复杂。他们需要在动态沟通的情景中具备独立使用接受性语言（听、读）和表达性语言（说、写）的能力，才能支持完成相关文化课内容的学习。学前期初步具备的有关听觉技能是必要的，而在学龄期这些基础的知识、技能需要被整合并反映在沟通的理解和表现中。因此，在此阶段涉及听、说、读、写、理解幽默、理解比喻性语言任务需要更高一级的听觉学习能力，即使用听觉来综合信息、解决问题和推广新的学习的能力，一种基于更高一级信息处理的听觉学习能力。它涉及听障儿童个体现有助听模式下、不同动态学习环境中听觉信息处理的能力和水平。而这一过程则依赖于个体对声音的辨别、记忆；对新语音任务的适应、声音解释；有关声音失真、掩蔽、干扰的处理，以及声音刺激的匹配、排序、注意的定位、选择、迁移等细节。如果听障儿童不能对输入的信息进行有效的处理，认知操作参与的高级听觉学习也就无法发生或学习质量不佳。这就需要我们对儿童个体的听觉信息处理过程的各子环节进行精细分析，才能有效地作出决策和指导。

5. 联系实际原则 学龄期的听障儿童时刻处在一个动态的学习环境中，获取足够的信息对其学习来说是绝对必要的。但随着其年龄的增长和学习环境的变化，听力损失造成的听力输入减少所产生的螺旋式效应也以越来越复杂的方式显现出来（图2-6-3）。为了确保学龄期听障儿童听觉康复训练的效果与效率，助听器验配师必须把握不同年龄段听障儿童个体在实际学习、生活过程中遇到的各种问题，从而确定或调整为其制订的康复训练方案，使方案的目标、内容、实施的形式和适用的环境更接近听障儿童个体学习与生活的实际，以满足其不断地增长和变化的对聆听学习的需要。

6. 相互尊重原则 对学龄期听障儿童所提供的听觉训练服务，其目标是借由专业技术帮助听障儿童及其家庭面对听力障碍的实际，发展一个更有效的方法以改变或促进他们的生活和家庭功能的发展。而这一过程的实现则更多地依赖于评估、告知、分享、商谈、辅导

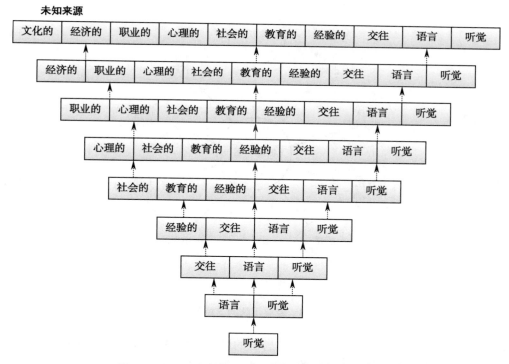

图 2-6-3 听力损伤对儿童成长发展的螺旋效应示意

等环节深入细致、周而复始地工作。这就需要助听器验配师与听障儿童及其家庭之间建立起一种积极合作的关系，它将为双方共同努力实现康复目标提供一种契机与动力。而这种关系的维系是以双方的相互尊重为基础的。只有相互尊重才能相互理解，只有相互理解才能相互信任。

7. 联动实施原则　学龄期听障儿童听觉康复训练目标的实现，离不开专业团队的支持和协同（图 2-6-4）。听障儿童个体在康复与发展的历程中，会接受来自不同专业背景职业者提供的服务，以满足个性化需要。尽管这一团队的每个成员的工作都做得很好，但听障儿童所接受的服务效果相距理想的状态甚远。这是因为，团队成员之间缺乏开放的、诚实的和经常性的沟通和参与联动，那么这种合作只能是形式上的。

（二）学龄期听障儿童听觉康复的方法

学龄期听障儿童的听觉康复训练的主要内容包括助听设备使用训练、助听设备保养训练、聆听策略训练和听觉训练。具体方法分述如下：

1. 助听设备使用训练　助听设备使用训练的目的在于帮助学龄期听障儿童独立操作助听器，确保助听设备正常开机工作。训练的内容包括：①如何佩戴耳模；②如何开关助听器；③如何操作功能按钮；④如何摘除助听器；⑤如何更换电池；⑥如何激活非完全自动化助听器的麦克风（如如何选择噪声程序）；⑦如何确认方向性麦克风发挥作用的最佳位置；⑧常见问题的处理；⑨助听器与新声音的适应。由于学龄期听障儿童已具备很好的理解和动手操作能力，因此助听设备的使用训练借助"示范—操作—练习"的方法即可实施。

2. 助听设备保养训练　助听设备保养训练的目的在于帮助学龄期听障儿童学会保养助

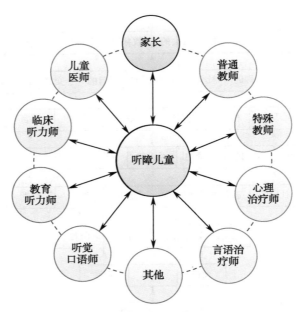

图 2-6-4　专业团队的支持与协同

听设备的方法和技巧，避免错误的操作对自己的助听设备造成损伤。具体内容包括：①耳模的清洗；②助听器的清洗；③耵聍的清理；④助听器的存放；⑤助听器的保护。这些内容的培训，可借由"讲解—演示—操作—释错"的方法完成。

　　3. **聆听策略训练**　聆听策略训练也称听觉策略训练，是一套在困难情景中可以提高言语可懂度的技巧（表 2-6-3）。学龄期听障儿童经常处在复杂而不利的聆听环境下，他们的辨别能力因此而下降。要想在困难的情景中尽可能多地实现有效聆听，必须掌握一些提高言

表 2-6-3　学龄期听障儿童应掌握的自主聆听策略

策略分类	编号	核心技巧描述
观察 / 看话策略	1	观察或注视说话者的嘴唇、脸、身体，学会看话
调整交流方式策略	2	要求说话者清晰表达
	3	要求说话者提醒自己注意
	4	要求说话者明确谈话的主题
	5	猜测意思并重复以确认
	6	向说话者提出具体问题
	7	不时地给予说话者反馈
	8	公开自己的听力损失
调整环境优化信息获取策略	9	调整光线
	10	调整位置
	11	降低噪声
	12	减少混响
	13	调整声源
	14	靠近说话者

语可懂度的策略。具体内容包括：①利用看话（speech-reading）技巧改善言语理解；②调整交流方式获取有用的言语信息；③调整环境优化自己聆听信息的获得。这些内容的培训，可通过"困难情景导向对应解决技巧发现指导法"而实现。也就是将学龄期听障儿童常感聆听困难的环境或情景及与之配套改善言语可懂度的技巧以列表的方式呈现，不是将学习的内容直接提供给他们，而是提供一种问题情境，即给他们一些事实（实例）和问题，让学龄期听障儿童积极思考，独立探究，自行发现并掌握相应的知识、方法和结论。此法的利用可采取"一对一"的方式，也可采取"小组讨论"的方式进行。

4. 听觉训练　听觉训练（auditory training）是听觉康复的重要组成部分，它可帮助学龄期听障儿童继续获得并提升倾听技巧和沟通策略。由于这一年龄段的多数听障儿童接受过早期干预，尽管他们的口语水平不尽相同，但多属于有一定听觉经验的听觉障碍儿童。因此，针对这一年龄段听障儿童的听觉训练，相对于学前期听障儿童的听觉训练而言，最大的区别在于要将更实际的学习内容材料整合至听觉练习之中，更加侧重于联系上下文语境的听觉辨识技能、背景噪声下的选择性听取技能的改善与提高。而对于那些没有接受早期干预或早期干预效果不好的听障儿童而言，听觉训练则侧重于听觉察知和听觉分辨技能练习，然后再进入到高阶的听觉技能训练（图2-6-5）。因此，针对这一群体的听觉训练方法依据各自的目的不同，大体上可以分为两种：

（1）分解式言语感知训练：也称为基础感知言语训练，目的是让听障儿童利用从下至上（bottom-up）的听觉处理过程，提高其识别言语中个别言语成分的能力。即训练者给出言语声，让听障儿童通过适宜的行为作出对语音的存在、听觉注意、时长长短、远程聆听、听觉定位、听觉辨别，以及听觉自我监控/听觉反馈的正确反应。它所关注的是听障儿童区分言语声中音节、音位的能力。

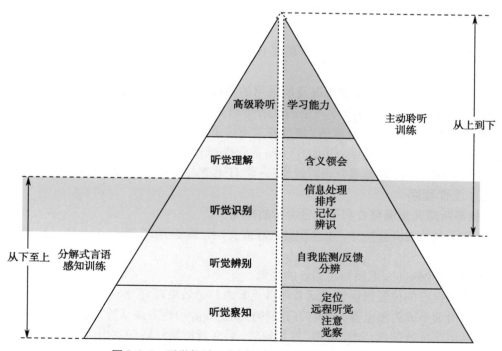

图2-6-5　听觉领域、对应技能与训练类别的关系示意

（2）主动聆听训练：也称为整合交流训练，目的是改变听障儿童在交际过程中正确理解言语信息的能力，即在利用不完整信息时使用从上到下（top-down）听觉处理过程的能力，其中还包括聆听策略的运用能力。即训练者以自然方式呈现言语，与听障儿童进行互动，通过问答方式，以训练其利用可用的言语信息片段，实现对言语交际中信息的正确理解和把握。以上两种方法皆可采用单独听或视听结合的"一对一"方式进行，只不过在一次训练过程中两种方法运用所占的时间比例和相应的具体训练内容要因人而异。

【能力要求】

一、能指导优化有利于听障儿童的聆听环境

（一）工作准备

1. **了解个体的档案资料**　在进行指导前，一定要对听障儿童个体的年龄，听力损失原因、伴随症状，听力损失发病时间、性质和程度，助听模式，耳模的种类，声孔的形状，助听器的型号、功率、工作状态、补偿程度，对助听器的期望值，以及当前聆听学习中遇到的困难和迫切需要解决的问题等有所了解。

2. **把握个体所处学习环境的声学信息**　通过问卷或访谈的方式把握听障儿童当前教室学习环境中声学状况。

（1）关于背景噪声：①是否能听到供暖和通风系统的声音；②是否能听到电子教学设备发出的噪声；③在重要课程授课期间必须关闭一些室内设备才能听清；④是否能听到操场上的声音；⑤是否能听见户外的交通工具声；⑥是否能听到飞机声；⑦是否能经常听见随机或附带的噪声（如音乐声、动物叫声、个人电子设备声等）；⑧当供暖和通风系统关闭时，是否能听到来自其他教室或楼道的声音。

（2）关于混响：①天花板高度是否超过 1m；②所处学习环境的墙面、地面是否已做声学处理。

3. **确认个体目前学习安置情况及所采用的策略**　通过问卷或访谈的方式了解听障儿童个体所在教室的安置与聆听学习中的优听策略采用情况，包括：①目前所在班级的学生人数；②教室类型（固定的／开放的／座位座次不可重定的）；③基本教学形式（传统授课／分组授课／小组授课／个别授课／其他）；④座位安排形式（分排座位／U 型或半圆形座位／其他）；⑤听讲距离远近；⑥教室有无扩音设备；⑦有无个人辅听系统（如调频系统）。

（二）工作程序

1. **指导听障儿童调整有利于自己聆听的环境**

（1）在不利的聆听环境中，通过开启点灯或变换位置的方式，确保能看清说话者的嘴唇和面部表情。

（2）申请调换座位，缩短与说话者的距离。

（3）变换自己的位置以保证说话者在自己听力补偿效果较好耳一侧。

（4）采用调小或关闭电器、关窗关门或转移到更安静的地方谈话等方法，降低噪声干扰。

（5）利用增加软装饰（如厚窗帘、厚绒地毯、后靠背椅垫），降低室内混响。

（6）其他情况下，尽量选择有类似上述软装饰的地方与同伴交流。

2. 指导听障儿童调整有利于自己聆听的交流方式

（1）利用看话的技巧，通过唇读、面读、体读弥补聆听时的信息遗漏。练习看话时，可借助播放有头部特写的录像（如新闻广播）的方法，首先要求听障儿童只用耳朵听，然后再结合视觉聆听。通过调节播放设备音量改变任务的难度，直到听障儿童难以单独靠聆听完成任务。

（2）在嘈杂的环境中，请求说话者通过放慢语速、提高言语声强度、强调主题词、举例说明的方法改善表达的清晰度。

（3）请求说话者在开始说话前提醒自己注意。在嘈杂的环境下，也可请说话者通过触摸的方式提醒自己注意。

（4）在小组讨论中，寻求主持人的帮助，确保每次只有一个人说话，并且要在主持人让他说话时再说。

（5）在别人要和自己交谈时，请求对方先告知要交谈的主题。参与群体交谈时，要坐在朋友旁边，可请身边的朋友告知别人谈话的主题是什么。有时可通过直接询问的方法，了解正在谈话的主题。

（6）在交谈过程中，当获取的信息不明确时，为了保证获取信息的完整性、准确性，可采取如下策略：①采取短暂打断谈话的方式获得错过的信息；②采用质疑的声调，配合质疑的面部表情示意说话者重复所错过的词或句；③询问更具体的问题，以表明自己听清了什么，没有听清什么；④通过复述或者换一种表述方式确认自己以为清楚的意思；⑤要求说话者用不同的方式重复说一下最后一个或两个句子；⑥当以上的策略都不起作用时，要求说话者清晰地说出关键词；⑦利用及时反馈回应（如发声"嗯""是的""啊哈"，微笑、点头、皱眉或困惑的表情）等，提示说话者对其语速、清晰度、声音大小和表达的复杂度进行适时调节。

二、能指导听障儿童助听器适应性训练

对于初戴助听器的儿童而言，会遇到助听器使用和适应两个方面的问题，解决不好直接会影响到对助听器的接受度和使用效果。为了保证听障儿童的听觉康复效果，在开始接受听觉训练之前，助听器适应性训练是不可或缺的。

（一）工作准备

通过问卷或访谈的方式了解听障儿童在佩戴和使用助听器时所遇到的问题与需求。主要包括两个方面，一是助听器使用方面的问题，如助听器的佩戴、摘除、开和关等功能按钮操作、电池更换、非完全自动化助听器麦克风的激活、方向性麦克风发挥作用最佳位置的确认，以及助听器保养方法等；二是助听器佩戴适应方面的问题，如佩戴时间、环境与新声音的适应等。

（二）工作程序

1. 指导听障儿童正确的使用助听器

（1）耳模佩戴的指导

①教会识别助听器或耳模上的标志和特定的手柄，把操作过程分解成几小步，让听障儿童将这些步骤用自己的话写下来，对照练习至熟练。

②当听障儿童用同侧手佩戴同侧的助听器时，必须用对侧手上下牵拉耳廓，以易于佩戴。

③针对耳模佩戴困难，不能将耳内式助听器或耳模的耳轮锁插入到耳廓的耳甲艇的儿

童，必要时可去掉耳甲艇部分；对于不能将耳背式助听器的耳模放到对耳轮下方的儿童，可考虑去掉耳模的耳轮缘（如将骨架式耳模换成半骨架式耳模）。

④如果佩戴耳模（壳）时较紧甚至导致其变形时，可告知每次佩戴助听器时使用水性的润滑剂，直至足够熟练且耳朵的形状适应了助听器。如果不会导致反馈啸叫，也可采取不包括开孔密封的修整耳模（壳）的方法，达成佩戴目的。

（2）助听器摘除困难者指导

①如果有某类儿童拿不住助听器或耳模，应提示采取增加移除把柄或移除线的方法，或者更换不同类型的助听器。

②如果某类儿童能抓住助听器但不能摘除，也不会适当的扭转，建议可去除耳模（壳）的一部分，或者可采用柔性圆帽耳塞。

（3）电池更换困难者指导

①可给电池槽的一侧染色以避免电池反放问题。

②教会儿童使用工具打开电池仓。

③可采用磁铁工具吸住电池。

④对特殊困难者可重新验配一个具有较大电池或电池仓的助听器或验配一个有内置充电电池的助听器。

⑤可教会儿童通过触觉而不是视觉识别电池的正极或是负极。使用移除胶贴可方便操作。

（4）定位或操作按钮困难者指导

①可以给耳内式和耳道式助听器的音量控制钮安装一个帽，使其更加突出。

②如果儿童容易将音量控制与程序开关钮混淆，可以利用剪线钳去掉其中的一个钮，留下更重要的钮。

③在不影响助听器音质的条件下，可增大压缩比以减小甚至消除在助听器机身上安装音量控制钮的必要。

④还可采取另外验配一只带遥控器的助听器的方法解决此类问题。

（5）关于方向性麦克风使用的指导

①告知儿童所有助听器佩戴者都是方向性麦克风的适用者，因为他们比健听人需要更高的信噪比。当目标言语或者主要噪声与助听器之间的距离小于临界距离时，方向性麦克风会非常有效。

②告知儿童方向性麦克风的不足点：对侧方或后方目标声音不敏感，在安静环境下容易增加机内噪声，当双侧助听工作方式不协调时定位精度较差，对风噪声更加敏感。

③教会儿童如何依据噪声强度，以及全向与方向性麦克风输出的信噪比，通过定向和全向性模式间智能切换（自动或手动），克服方向性麦克风的不足，发挥其优势。

2. 指导听障儿童正确地进行助听器日常维护保养

（1）告知助听器日常使用时的禁止行为

①不要清洗助听器。

②洗澡或游泳时不要佩戴助听器，一旦遇到该类情况，不要把助听器放至烤箱或微波炉中干燥。

③不要将任何东西插入助听器超过 3mm。

④不要将发胶喷到助听器上。

⑤不要将助听器置于停在阳光下的车内。

（2）教给助听器正确的保养方法

①定期使用绵纸擦拭助听器，可偶尔使用微湿的海绵擦拭。

②偶尔摘下耳背式助听器的耳模，并在温肥皂水中清洗。耳模的导管大约需要 1 天时间干燥，可用手持吹风机缩短干燥时间。

③一旦出现耵聍，请立即用刷子、环、镊子等工具清理或直接清理，更换耵聍挡板。

④晚上将助听器于置盒子里或其他容器中。

⑤如果助听器需要放置 1 天以上，请取出电池。

3. 指导听障儿童适应新佩戴的助听器

（1）初戴助听器时，音量控制小一些，逐渐增大到适合的强度。

（2）初戴助听器时，低频部分的输出不可过大，必要时应适当下调一些。

（3）刚开始时，每天从佩戴 1～2 小时开始，逐渐延长到整天都戴。

（4）遵循助听器佩戴后先简单后复杂、先家人再外人、先安静后嘈杂的环境的原则，以适应助听器佩戴环境。这种适应性所需要的时间长短因人而异，一般至少需要几周的时间。在此期间，可请听障儿童按照如下的场景顺序试用助听器，并记录下助听器作用发挥的情况和所遇到的问题。

①在家面对面听一个人讲话时。

②在家看电视或听收音机时。

③在家里随意走，试着分辨能听到的所有声音时。

④在家听一个人的讲话，但不要面对面时。

⑤听音乐时。

⑥大声读报或书，听自己的声音时。

⑦在安静的环境，与两三个人对话时。

⑧在课堂上听老师讲课时。

⑨在嘈杂的环境中听他人谈话时。

⑩在嘈杂的环境中与两三个伙伴对话时。

⑪其他特殊环境（如律动室、操场、阶梯教室、报告厅、体育馆）中听别人讲话时。

（5）在进行助听器适应性训练的同时，一定要结合听觉功能训练，才能达到事半功倍的效果。

三、能指导小学学龄期（6～11岁）听障儿童的听觉康复训练

步入到小学学龄期，越来越多的家庭将听障儿童送入普通学校，期望他们能与同伴一起学习、生活，获得学业上成功。即使是已经具备一定听觉语言能力基础的听障儿童，也会因为学习环境和任务变得复杂而面临新一轮的挑战。基于持续评估和监控下的听觉康复训练变得更加重要。这一阶段的主要任务，由学前期的"学会聆听"转变为"聆听学习"。

（一）工作准备

除了了解听障儿童的个体档案资料外，更重要的准备是细致地把握听障儿童个体当前聆听学习的听觉功能发展状态。一般可借由家长或教师对听障儿童学习行为的观察，从构成听觉功能的七个方面的技能水平（已获得、获得过程中但不稳定、刚开始、未出现）进行了解，作为制订个别化听觉训练方案的依据。构成听觉功能的七个方面的技能分别如下：

1. **有关声音的意识与意义**　能否表现出对大的环境声音、噪声、音乐、言语声的警觉；能够通过把各种听觉刺激与其声源联系起来的方式表现出对声音的兴趣。

2. **听觉反馈与整合**　是否可以改变、注意和监控自己的发声；是否可以通过助听器对声音作出反应；是否能通过发声来监控助听器在工作；此外，是否能使用听觉信息来接近或模仿发出所接收的口语话语。

3. **声源定位**　搜索是定位的必备技能。能否搜索和找到声源。只有一只耳朵听的孩子可能无法定位声源。

4. **听觉识别**　能否区分不同声音的特征，包括环境声音、超音段语音特征（例如强度、持续时间、音高）、非真实词和真实单词。

5. **听觉理解**　能否识别所说的话；能否识别信息中的关键元素；能否遵循指示，展示出对听到的语言信息的理解。

6. **短时听觉记忆**　能否听到、记住、重复、回忆一系列数字。这项技能适合两岁及以上的儿童。数字记忆经常被用来测试听觉记忆。

7. **语言听觉处理**　是否能利用听觉信息来处理语言。这一能力常被用来给语言排序、学习和使用语素、学习和使用句法信息及理解口语。

（二）工作程序

1. **训练目标设定的指导**　相对于学前期"学会聆听"的任务而言，学龄期的主要任务是"聆听学习"。任务的改变自然也就需要重新设定目标。6～11 岁的听障儿童正处在小学阶段，针对其听觉功能训练目标的设定要遵循一定的原则：既要考虑到他们的动机和兴趣，又要考虑与其当前学习内容和材料的整合，并将个性化的听觉功能强化与发展自然地融入日常学习与生活之中。

具体训练目标的设定应依据听障儿童现有的听力基础、听觉功能状态及小学阶段聆听学习的基本任务。目标内容至少包括两个维度：听觉技能训练、听觉策略训练。听觉技能训练的要素即指以上构成听觉功能的七个方面的技能；听觉策略训练见表 2-6-3 所列出的核心技巧描述。如果听障儿童是刚刚佩戴助听设备，且没有接受早期干预的经历，其最初目标的制定应更多参照学前期的"学习聆听"的目标。

听觉训练目标按照时间变量区分为两类：一是长期目标，即实施周期跨度大于一个学期或一个学年的目标，它从整体上规划了通过一段时间的努力要达到的理想目的（表 2-6-4）；二是短期目标，它是长期目标的阶段分解，实施周期跨度较短，一般以周或月为时间单位，往往会根据听障儿童的实际行为表现进行灵活调整。

2. **训练内容选择的指导**　目标确定之后，就要围绕着既定的目标选择与之相匹配的训练内容。与目标相对应的听觉训练内容的选择范围应包括 6～11 岁儿童课堂学习的内容、各分科教材的内容和日常生活（含家庭生活与学校生活）的内容。这些范围的内容将为具体目标的实现提供结合实际的训练或练习素材。将所要学习的内容整合到个性化听觉训练中，是训练内容选择的根本性原则。

比如，围绕着"对声音大小的反应"训练目标，其内容可选择为：①对上下课铃声的反应；②对消防警铃声的反应；③对体育课上吹哨音的反应；④对钟表闹铃声的反应；⑤对别

表 2-6-4   6～11 岁听障儿童听觉康复训练长期目标参照

序号	目标项目	要素描述
1	识别助听设备工作状态	● 无提示情况下能够自主汇报助听设备停机
2	展示聆听的益处	● 开始表现渴望听到，喜欢听任务
3	对声音大小的反应	● 能对突然响亮的声音表现出惊吓反应 ● 对柔声或小声表现出困惑表情或发出"嗯？"的疑问 ● 能演示如何使用合适的大声和小声
4	对声音快慢的反应	● 能根据声音的快慢作出相应的行为动作 ● 能通过发声演示声音的快慢
5	对声音高低的反应	● 能够正确匹配声调 ● 能通过发声演示声调的高低
6	理解音乐节奏	● 能够跟从歌曲的节奏模式进行表现
7	理解歌曲中的歌词	● 能伴随音乐、根据歌词进行动作表演
8	增加语言互动	● 能够使用比较复杂的句型和词汇 ● 能够区别语音相近的词汇 ● 能够使用语言达成基本沟通目的 ● 能够运用恰当的语调模式
9	小组学习参与（包括小组中聆听与言语交际规则）	● 能够轮替 ● 能够使用适当的澄清策略，明确误解的或错过的信息 ● 能通过谈论来完成任务分配或分工 ● 可使用恰当的短语或短句对应交流内容
10	对单词、短语、声音和音素连接发音意识的提高	● 能够将听到的声音内化为听觉图像，按要求进行听觉表征或单词的重复
11	不同语境下词汇或概念的使用	● 能够自我辨别或纠正错误发音或用词
12	口语信息的理解	● 能跟从多步骤教学讲解 ● 能广泛地与教师、同伴进行互动 ● 能降低互动对话中使用"嗯？""什么？""我不明白"等方式修复对话的频率
13	开始排除助听设备故障	● 能够主动报告电池没电或静电声音、间歇性故障、信号不好、耳模堵塞等情况
14	支持性服务寻求	● 能使用适宜的语言请老师检查辅听系统的发射机

人朗读或发言大声、小声的反应等。因为这些内容更契合此年龄段听障儿童个体生活、学习的实际需要。在选择内容的优先取舍上还应遵循如下一些基本要求：①儿童个体当前迫切需要解决或加强的；②课堂学习任务迫切要求的；③在日常生活中可以持续再现、巩固和提高的；④适合儿童个体现有基础能力和水平的。

除此之外，增加或强化在噪声环境下进行选择性听取、识别练习的内容，也是训练内容选择指导的一项重要原则。这是因为 6～11 岁儿童在学校的部分或全部时间里受到嘈杂环境的挑战，适度并有意识地补充听录音材料或计算机生成声源的训练内容，有助于提高听障儿童课堂聆听技能。

3. 听觉康复训练计划编制的指导　听觉康复训练计划是针对听障儿童个体听觉技能差异，以改善或促进个体聆听学习技能为目的一种康复计划。由于 6～11 岁儿童独立性和自律性还不成熟，因此，听觉康复训练计划的编制主要依赖于教师和家长的参与。一个优质的个别化听觉康复训练计划应具备如下要素：①计划的期限即起始和终止日期明确。一般针对初始接受训练的儿童，一次计划的期限应以 1 个月为宜；针对已有一定基础的听障儿童，一次计划的期限可为 2～3 个月。随着儿童个体听觉能力水平的逐步提升，计划的期限也可随之延长。②听障儿童个体现有基础能力水平状况详实。③当前需求及急需解决的问题表述具体。④目标全面、适宜，具有可观察的行为表现描述。⑤训练内容的确定可根据不同情境加以区别。如哪些内容适用于家居生活情境，哪些内容适用于学校学习情境或当前学习任务。具体训练内容可与听障儿童共同商议确定。⑥计划要注明专门性训练进行的频次（如一周一次还是两周一次）和单次训练的强度（一般一次训练时间安排至少为 1 小时）。⑦列出每项目标达成与否的评价标准，评价等级的标识应体现激励的原则，以激发听障儿童个体努力争优的学习意识。

4. 听觉康复训练实施方法指导　针对 6～11 岁儿童听觉康复训练的实施，无论是家长还是康复教师，主要通过正式和非正式的听觉训练而实现。

正式训练通常安排在一天中指定的时间进行，可以是一对一的形式，也可以是小组形式。用于正式训练的活动具有高度的结构化特点，在具体的实施过程中应遵循如下准则：①随着时间的推移，训练刺激应该变得更具挑战性；②同一训练内容应考虑由具有不同声学特征的说话人发起；③尽可能在相对较短的时间内实现较多内容的训练，减少注意力分散；④非语言训练刺激应该只用于语前聋的较小儿童，并且只能在短时间内使用；⑤具体训练方法既要有分解式言语感知训练，也要有整合交流训练；⑥训练进程应遵循由"封闭"逐渐到"开放"、由易到难的水平；⑦正式训练应坚持每天在相同的时段进行，每次训练的时长应有 15～30 分钟；⑧正式训练目标应在全天活动中得以泛化；⑨正式训练的活动内容或方式必须引人入胜且有趣。

非正式训练指的是融于日常活动中的听觉训练，如日常对话或课堂的学业学习活动。它是正式训练目标得以泛化，形成聆听技能的重要手段。非正式训练，不仅可以增强听障儿童参与对话的信心，更重要的是可以培养增强他们主动交流的动机。实施非正式训练要遵循如下要求：①需要强化的目标应与其正在进行的正式训练目标相对应；②需要强化的目标应与拟利用的情景相适宜；③具体的训练内容应考虑到儿童的性别和兴趣；④问题发起或提问方式应考虑儿童现有的交际能力基础；⑤强化物的采用应适应儿童的年龄特点。

四、能指导中学学龄期(12～18 岁)听障儿童的听觉康复训练

进入到 12～18 岁阶段的听障儿童，正处于身心发展的突变时期，是人类个体即将步入成人期的过渡阶段。其生理方面的发展是急剧而不平衡的；在心理发展方面则充满独立性和依赖性、自觉性和冲动性、成熟性和幼稚性等的矛盾。与此同时，相对于小学阶段，学业课程的门类显著增加，其中每门学科的内容也趋于专门化，并且在体系上已接近科学体系。科任老师也显著增多，每个老师都向他们提出自己的具体要求，但又不像小学阶段老师指导那样频率高、内容具体。这就要求听障儿童个体学会合理安排自己的学习时间，以免造成学习上的忙乱；在课堂上，更要善于听讲，学会记听课笔记，按照教学的要求组织自己的智力活动。随着学习内容的扩大和加深，更加要求他们能够学会独立思考，对学习内容进行逻辑加工，把新知识纳入已有的认知结构中去，才能独立地分析问题和解决问题，做到学

得活、记得牢、用得上。这一变化,无疑对处于中学学龄期的听障儿童的聆听学习提出了更大的挑战。

(一)工作准备

针对这一年龄阶段听障儿童的听觉康复训练指导,除了了解其个体既往的档案资料,细致地把握当前聆听学习的听觉功能发展状态以外,还应与家长、当前的授课教师及相关专业服务人员通过观察、讨论获得有关听障儿童个体目前学业学习环境与需要的信息。具体信息包括如下内容:

1. 所在教室的物理环境条件 ①尺寸大小;②采光条件;③本底噪声水平;④主要噪声来源;⑤已采用的降噪措施。

2. 当前的学习环境状况 ①教师引发学生积极行为的技巧应用水平;②明确作息和学习要求的直观展示方式;③结构化行为规范或规则的可视化标识;④包含对应年龄等级水平的不同科目、内容的课程或活动计划表的设置。

3. 所接受的教学风格特点 ①教室中主要使用的语言形式;②授课教师的语言技巧与风格特点;③多媒体设备或可视化信息的使用;④确保口语信息传递的策略与措施;⑤手势或提示言语法的运用;⑥助听或辅听学习技术、设备的运用;⑦体验学习机会的提供;⑧转衔安置的考虑。

4. 所在学校对满足个体特殊需要的支持度 ①教学管理者对听障个体的特殊需要的理解和接纳情况;②教学教师对听障相关知识的学习与接受意愿;③学校满足听障个体学习必要设施设备的提供保障情况;④教学师资团队接受专业服务团队指导的开放性水平;⑤教学教师对使用辅听设备、学习解决设备故障排除的意愿;⑥学校对课堂以外课程学习(如体育课)满足个体聆听需要的考虑或采取的措施;⑦对听障学生个别化训练需要的满足。

由于处于这一年龄段的听障儿童表现为一种强烈的独立倾向,当其在与同龄人和成年人的交流中,由于自身并未公开有关自己听力状况和沟通所面临的挑战时,交流的挫折感很容易加剧。为此,在开始指导之前,有必要通过问卷或个体访谈方式,准确地把握听障儿童个体理解和寻求个人权利支持的需要即自我宣传的能力基础与需求(表2-6-5)。

表2-6-5　中学学龄期听障儿童自我宣传能力状况评核表

评核领域	检视条目与内容	评核结果记录
自身听力健康/医学信息把握情况	有关听力及听力损失的认知: ● 描述耳朵是如何工作的及常见的听力障碍	能□ 否□
	● 描述听力图的音高和响度特征	能□ 否□
	● 描述自我听力损失的类型、程度与形态	能□ 否□
	● 描述自我致聋的原因	能□ 否□
	● 描述听力损失对自身基本沟通的影响	能□ 否□
	● 描述预防听力损失的基本策略	能□ 否□
	● 设计一个脚本并已排练过如何披露自己的听力损失信息和相应的适应需要	能□ 否□
	有关听力健康专业支持的获取: ● 知道相关的医学和健康专家,了解他们各自的角色支持,以及如何找到他们	能□ 否□
	● 知道自己的听力师或其他专业支持者	能□ 否□

评核领域	检视条目与内容	评核结果记录	
助听及辅听设备使用把握情况	关于设备责任的认知：		
	● 保管好个人助听及辅听设备的所有组件	能□	否□
	● 对自身助听和辅听设备进行故障排除，并遵循程序对设备进行维修	能□	否□
	● 安全地携带自身设备往返于各种环境间	能□	否□
	● 个人设备运转异常及时联系专业人员	能□	否□
	● 解释自己设备用途、熟练地连接并展示设备的灵活性	能□	否□
维权意识	关于应对学习和沟通挑战的策略认知：		
	● 描述自己面临的沟通挑战	能□	否□
	● 确认哪些设施或举措能帮助自己适应交流与学习的需要	能□	否□
	● 以信函的方式与相关者讨论自己的听力障碍问题和所需要的适应性设施条件	能□	否□
	● 当适应性设施条件不能提供或满足时可以制定替代策略	能□	否□
	● 描述自己的受教育经历（包括学业成绩、学习风格、沟通能力水平）并能解释自己已具备强势技能和可能面临的挑战	能□	否□
	● 当需要时能够确认自己所需的学业支持	能□	否□
	● 对于高中生应能自我设定、调整个别化训练目标，并能综合描述自己的学业成就和听能表现水平	能□	否□

（二）工作程序

1. 训练目标制定的指导 针对 11～18 岁阶段听障儿童的听觉训练目标的确定，应从听觉策略训练、听觉技能训练和自我推销能力培养三个维度进行考虑、设置，按照时间变量区分为长期目标和短期目标。有关听觉策略训练的长期目标的设定可参照表 2-6-3 所列出的核心技巧描述，听觉技能训练目标的制定可继续沿用表 2-6-4 中的目标项目。自我宣传能力培养目标的制定参见表 2-6-6。

2. 训练内容选择的指导 12～18 岁阶段听障儿童一方面有着较好的认知经验积累，另一方面他们已有一定听觉经验基础，尽管所表现出的语言熟练程度不同。与其听觉训练目标对应的训练内容的选择应侧重于三个方面：①努力将课内学习和课外兴趣内容整合到个性化的听力练习中。不仅可以调动他们的训练动机和兴趣，还可以通过提供教前词汇和主题学习的机会，不断强化内容材料和扩大其听觉范围，最大限度地使听觉训练服务于他们的学习和个人社交需要。②提升听觉精细辨别技能。主要应考虑不同距离、不同环境、不同信噪比条件下音素、音位、音节及语义的分辨识别。听辨录音材料也是一项重要的内容选择。③改善并提高自我宣传能力。包括识别和分析困难的聆听场景、如何利用自身助听设备的有效功能，以及自主聆听策略的运用等。

3. 听觉康复训练计划编制的指导 由于 12～18 岁儿童独立性和自律性已接近成熟，因此，听觉康复训练计划的编制需要听障儿童个体的参与。计划的期限即起始和终止日期、当前需求及急需解决的问题表述、不同场景训练内容的确定、专门性训练的频次和单次训练的强度，以及训练地点、方式、每项目标达成与否的评价标准，都应与听障儿童共同商议，并获得他们的确认。

4. 听觉康复训练实施方法指导 12～18 岁听障儿童听觉康复训练的实施，原则上可参见 6～11 岁儿童听觉康复训练实施的方法。但对于年龄较大（如 16～18 岁）且自律性较强

表2-6-6　中学学龄期（12～18岁）听障儿童自我宣传能力长期培养目标参照

适用年龄 12～15 岁		
目标领域	对应条目	具体内容
听力医学与保健	有关听力及听力损失的概念	• 能描述自己听力损失的程度和状态 • 在已知的前提下能说出自己听力损失的原因 • 能描述听力损失对自身基本沟通的影响 • 能描述预防听力损失的基本策略
听力技术与使用	对设备的责任	• 能安全携带自身设备往返于各种环境 • 当设备运行异常能知道并及时告知相关者 • 能知道并能灵活使用设备与其他设备连接
	个体助听设备使用	• 能知晓个人助听设备的基本功能操作 • 能知道个体助听设备的使用限制 • 能在不同的场景下有效使用个体设备 • 能主动参与设备使用的培训
	个体辅听设备使用	• 能够识别、确认常见的辅听设备 • 能够演示自己常用的辅听设备操作
教育性服务	应对学习和沟通挑战的策略	• 能够描述沟通中所面临的挑战及可能采取的策略 • 能够确认有助于自己聆听学习必要条件的需要 • 能够向老师描述自己的辅助支持性需求
	维权	• 能够知晓相关法律授予自身的权利
适用年龄 16～18 岁		
目标领域	对应条目	具体内容
听力医学与保健	有关听力及听力损失概念	• 能够提供有关自己听力损失情况如类型、程度、性质、形态、病因和对沟通不利影响的更精细的描述 • 能够设计一个脚本并已排练过如何披露自己的听力损失信息和相应的适应需要 • 能够向别人解释自己沟通的意图
	专业支持获取	• 能够知道相关医学和健康专家，了解他们各自的角色支持，以及如何找到他们 • 知道自己的听力师或其他专业支持者
听力技术与使用	对设备的责任	• 能够对自身助听和辅听设备的简单故障进行排除 • 能够遵循预先设定的程序获得设备服务
	个体助听设备使用	• 能够懂得在更困难的聆听条件下操控自己的设备 • 能够懂得如何将自己的设备与其他独立的听力设备相连接 • 能够掌握教室以外使用自己设备的知识和技能
	资源利用	• 能演示如何使用网络来查询听力和助听技术的信息和资源 • 知道如何选择并申请资助以改善自己的听力状况或聆听设备
	个体辅听设备的使用	• 能够描述有益于自己聆听的常见辅听设备及技术的特点
教育性服务	受经历教育与现状	• 能够解释接受教育的强项和正面临的挑战 • 能够确认与学业有关的支持需求 • 能自我设定、调整个别化训练目标 • 能综合描述自己的学业成就和听能表现水平
	个人档案资料利用	• 能够依据个人的听力档案确认并阐释自己的特殊需求 • 能告知老师哪些设施或举措能帮助自己适应交流与学习的需要 • 能以信函的方式与相关者讨论自己的听力障碍问题和所需要的适应性设施条件 • 当适应性设施、条件不能提供或满足时可以采用替代策略
	转衔安置	• 能够描述和区分不同法律条文授予自己的权利 • 能够提供有利于申请高等教育学习机会或申请就业的证据

的听障儿童，建议采用自主练习的方式。基于计算机的听觉训练方法是开展自主练习的最佳选择。例如，国际上"天使之声"计算机程序就是一个交互式听觉训练程序，专为听障者设计，用于练习听力和识别声音和语音。难度会自动调整，以适应用户不断发展的听力技能。该程序提供反馈，突出用户可以继续练习的领域。培训和测试结果可以与听障者的临床医生共享，以便为其听觉训练提供进一步的建议。

第二节 学龄期听障儿童语言康复训练指导

【相关知识】

一、学龄期儿童语言发展的年龄阶段特征与心理特点

（一）学龄期儿童语言发展的年龄阶段特征

学龄期儿童的语言发展变得越来越个性化，描述典型的学龄期儿童语言的特点要比描述典型的学前期儿童语言特征困难得多。在学龄期，多数儿童的语言发展是积极的。理想情况下，多数学龄期儿童的语言发展建立在大量早期口语经验的基础上，包括许多与父母和其他成年人的对话，尤其是鼓励和支持去语境化语言的对话。他们在构成语言要素（语音、语义、语法、语用、元语言意识）的各个方面的发展上呈现出一些与年龄阶段对应的共性特征（表2-6-7）。

表 2-6-7　学龄期儿童语言发展的年龄阶段共性特征

参考年龄	语音	语义	语法	语用	元语言意识
6～11岁	• 掌握了在意思上有细微差别的发音	• 刚入学时词汇量近万个 • 能在解释的基础上理解词汇的意思 • 对词汇多重意思的鉴别产生了对隐喻和幽默的延伸理解	• 一些复杂的语法结构（如复句、语态）继续被完善	• 出现了进步的会话策略，如"渐变" • 对语言意图的理解扩展了 • 在不熟悉高要求环境下的参照性交流得到了提高	• 元语言意识快速发展了
12～18岁	• 掌握了一些词汇使用上的轻重发音 • 掌握了语气的运用	• 词汇量继续增加，且包括了许多抽象术语 • 提高了对词汇微妙的非字面意思的理解能力，比如讽刺和嘲笑	• 继续完善更为复杂的语法结构	• 参照性交流（特别是对接收到的不清晰信息）继续得到完善	• 元语言意识继续得到完善

分析学龄期儿童语言继续发展的可能性，无外乎有以下几个原因：①当接受阅读和写作的正式指导后，许多重要的概念已被掌握；②可能已经从他们多次接触父母给他们读的书中推断出文字原则和基本的形音对应规则。这是因为：进入初中，儿童的阅读和写作能

力迅速提高。读书是为了学习，通过学校作业和课外活动，他们在文化知识方面上打下了坚实的基础；到了高中，他们对自己的同龄人接纳有了明确的要求，伙伴关系的确立增强了使用共同语言的观念和意识；此外，在整个学龄期经常接触正式的外语教学可能对其语言能力的发展也发挥了助力作用。

当然需要提醒的是，不是所有学龄期儿童语言的发展都是积极而有效的。其中一些儿童可能因为在家里缺少早期的识字、阅读经验，还有一些儿童可能在水平不高的学校，接受的阅读和写作教学不足，阅读失败率很高。即使是学习读写能力很好的儿童，也可能缺少机会以有意义和令人满意的方式运用他们的读写技能。此外，还有一些双语儿童受到学习第二语言的压力而压抑了自己母语的发展。另外，某些单语儿童因为学习第二语言有困难，从而导致语言厌学。

（二）学龄期儿童与语言发展相关的心理特点

导致学龄期儿童的语言发展变得越来越个性化的因素中，个体心理的变化与发展是一个重要的变量。除了要了解学龄期儿童心理方面共性发展特点之外，为了更好地把握这一时期儿童的语言发展特征，还有必要进一步了解学龄期儿童心理发展的个别差异特点。这是因为这个时期是一个从儿童向成人转变的连续发展时期，尤其是步入 11 岁、12 岁后，儿童个体所表现出来的种种特点都是由过渡期的心理矛盾所制约的。这一过渡期的主要心理矛盾可以表述为急剧增长的成人感和独立自治的需求与仍不成熟的心理发展水平之间的矛盾。随着身体加速生长、性成熟等生物因素所引发的生理变化，使其心理产生不同的影响和变化，进而影响到了个体语言发展上的差异。

1. **早熟和晚熟的影响**　早熟和晚熟对学龄期男童和女童的影响是不同的。早熟的男生身材高大，有积极的自我身体表象，比较自信，往往是班级中的体育明星，在集体中受到伙伴的欢迎，享有较高的威望，担任学生干部的概率大，交往的范围更为广泛，与别人沟通交往的机会更多。而晚熟的男生具有消极的自我身体表象，因此自尊水平较低，往往成为别人嘲笑的对象，交际范围有限，交流的机会少。对于女生而言，情况刚好相反。早熟的女生体态丰满，她们对自己的身体形象不满意，缺少自信并有心理压力，一般不太受同学欢迎。而晚熟的女生往往被认为是具有吸引力的，她们很活跃，常常成为集体中的"小领导"，社交广泛及机会多。这是因为，这一时期的儿童都喜欢找身材和长相和自己差不多的人为伴，而早熟的女生和晚熟的男生处于身体发育的两个极端，他们和同龄人不相匹配，相处比较困难。

2. **亲子关系的变化**　由于身体的发育成熟，致使这一时期的儿童对自我身体表征的认识发生重要的变化，产生了"成人感"，独立意识增强了，要求独立自主地处理自己的问题的欲望变得更加强烈，希望别人再不要把他们当"孩子"看待。但是，他们的心理发展还没有达到成人的成熟水平，待人接物上表现出种种的"半幼稚"性，教师和家长对他们的干预是不可避免的，但每一次干预都是对其独立自主要求的一次挑战。尤其进入初中以后，家长们感觉越来越难与他们沟通，这就需要家长在充分尊重的前提下，学会使用更加明智的方式与他们交流，以发展更趋成熟的亲子关系。

3. **个体心境的变化**　研究发现，这一时期的儿童，情绪表现不够稳定，有时显得兴高采烈，有时感到苦闷、彷徨，把自己关在房间里，不愿和人多说一句话。尤其是步入初中以后的儿童，他们的情绪不稳定可能与自身激素水平的提高有关，但更主要的是受环境因素的影响。一方面是因为他们生活圈子扩大了，参加社会生活的面更广了，常会碰到各种愉快和不愉快的事情，作出各种不同的情绪反应，显得情绪不稳定。另一方面是因为，独立自主的愿望得不到成人的理解和支持，时常会感到孤独。所以常常"自我沟通"，即通过写日记的方式进行自我对话，宣泄心中的郁闷，袒露内心的秘密，故呈现出不愿意与别人沟通或至少与别人沟通有保留的特点。

4. 抽象逻辑思维发展带来的影响 由于抽象逻辑思维的发展，这一时期的儿童对自己、对周围环境的看法发生了很大的变化，表现出如下的特点：①喜欢争论，并收集各种事实去论证他们的"假设"，更多地关注问题的原则方面。②自我关注：更多地关注自己，关注自己的长相、衣着打扮和言谈举止。总是想着自己的思想、外貌和行为有多么重要，认为别人也一定是这样看他，容易出现过激的言语和行为。③理想主义：他们的想法多从假设的可能性出发，从而超脱现实的束缚，因而看不惯现实生活的种种缺点、弊病。这一特点容易导致人际关系困难，即使与自己的长辈，也会产生认识的偏差和距离，对自己的父母也变得爱挑剔。④增强了计划性：随着抽象思维能力的发展，他们越来越善于分析问题和处理问题，因而对自身的行为调控能力也随之增强了，更会计划自己的时间和管理时间。⑤言语能力进一步提高：言语与思维的发展是相互促进的，形式运思思维的出现，使得他们更能理解和运用各种抽象或意义深奥的词语，除了词汇量进一步扩大、对词义的理解进一步深化外，对句法的掌握和语用能力进一步完善。书面语言能力明显提升，不仅能开始自觉地运用语法知识分析自己的作文和各种语言现象，还能根据不同的场合改变自己的语言风格。

（三）影响学龄期儿童语言发展的因素

除去学前期语言发展的基础与状态以外，影响学龄期儿童语言发展的因素是多方面的，一般概括为以下三个方面：

1. 儿童本身因素 学龄期儿童语言的发展与其认知技能、学习动机、情绪意志、兴趣，以及对个体语言和言语学习所采取的策略紧密相关。在语言学习的认知技能方面，儿童本身的发展类型、功能水平和正在出现的问题（如感知觉、注意、记忆等方面的异常）都会对语言的继续习得与进步产生影响。在和语言学习相关的非智力因素方面，如动机、兴趣、态度、情绪、意志和社会性，其发展的成熟性、稳定性影响着个体语言学习的进程与使用的心理体验和感受。其中阅读兴趣和社交的广泛性、经常性，对其读写和沟通技能的形成、掌握产生更直接的影响。

2. 情境因素 儿童的语言能力并非在真空或孤立的情境中发展出来的。语言的使用离不开情境，不同的情境会规范语言使用的内容。儿童的语言能力就是在不断地接触实际情境中，通过听话人与说话人的言语互动，日积月累地得以锻炼、改善和提升。当我们分析影响学龄期儿童语言发展的情境因素时，必须考虑个体生活中的重要情境层面，包括家庭、学校、伙伴、社区，以及社会或主流文化对其语言发展需求的影响。

3. 语言学习任务因素 学龄期儿童一天大部分时间是在校园里度过的，学习是他们的主导活动。上课、做作业及和老师、同学交往都要使用语言。除此之外，语文课、外语课为其语言能力的提高提供了专门的学习机会。在专门性语言学习过程中，习得新的语言或沟通知识、技能，使用与维持已有的语言或沟通知识、技能，是学龄期儿童语言学习不可避开的因素。这些目标的达成与承载语言学习任务对应的学习材料内容有着紧密的联系。专门性语言学习与专门性语言课外语言的使用,其任务的明确性、全面性、针对性、具体性与可及性,直接影响着学龄期儿童整体语言学习的速度、效果、质量,以及语言经验的积累和语用能力的改善与提高。

(四)学龄期听障儿童的语言特点

对学龄期听障儿童的语言特点研究从很早就开始了。听力障碍直接影响着这个时期儿童的语言发展,只是在过去 25 年里,学龄期儿童语言系统的详细描述才得以汇编。

1. 语用上的特点

(1)与成人之间的互动

①成人的说话语调不典型,听障儿童很少得到口头表扬。

②成人往往占据主导地位,听障儿童总是在接受来自成人的指令。

③互动过程中行为受到控制时,听障儿童表现出对语言表达不感兴趣。

④互动开始时,成人总是在说而不听听障儿童的表达,整个交流过程都在被成人控制。

(2)交际意图方面

①常在互动过程中使用最先获得的指示手势。

②接受口语康复的听障儿童与健听儿童的交际意图相似。

③听障儿童的交际意图与交际模式无关。

④较少使用启发式提问来暗示自己的意图。

(3)对话交流方面

①常使用引人注意的陈述而不是简单的话题评论来进行交谈。

②不能主动开启一个话题。

③表现出决定何时开始谈话困难。

(4)问题澄清方面

①更倾向于重复而非更正。

②表现出对澄清请求的答复不同,会使用许多非语言形式的澄清请求。

2. 语义上的特点

(1)词汇方面

①听障儿童的词汇水平远远低于同龄健听儿童。

②已到 18 岁的听障儿童,其中多数只达到四年级健听儿童的阅读词汇量。

③在语言虚词的获得上也少于同龄的健听儿童。

④对抽象的、意义深奥的词词量不足。

(2)语义关系方面

①经常能从合适的句法类别中选择正确的词性(如形容词、动词、副词等),但在具体的单词选择使用上又经常表现为"词不达意"。

②语义结构严重倾向于,甚至局限于字面文字或事物直观的表面现象关系。

③大龄听障儿童的词汇联想能力类似于较低年龄的健听儿童水平。

④早期康复效果不理想的听障儿童,在获得与听觉意象相关的词时,还表现出语义组织的差异。

(3)语言形态学方面

①由于听力的原因,感知主语形式类中较小的差异困难,否定句结构习得较容易。

②语素结构的发展明显低于 8 岁的健听儿童,初中后才趋于平稳,这表明多数尤其是康复效果不理想的听障儿童在关键的教育阶段缺乏优化的听觉记忆能力。

二、学龄期听障儿童语言康复的原则与方法

(一)学龄期听障儿童语言康复的原则

1. 与听觉训练紧密结合　听力是一种感觉,它发挥着声音的可及性作用,以确保声音自下而上地到达大脑。事实上,听力在驱动着人类聆听学习的整个过程。借助于现代先进的听力技术,听力驱动问题正在逐步迎刃而解。而人要准确感知快速语音,同时将注意力分散用于监控正在进行的语音处理,积极应用认知过程来理解声学信息,必然需要听觉训练。它使人习得真正的聆听技能,即在听力驱动的条件下,借由大脑认知过程的参与,自上而下,主动积极并最大限度地利用着可以得到的自下而上的信息,确保个体聆听学习自然而持续地发生。语言训练内容为听觉训练提供着丰富的、有意义的素材,而听觉训练为语言康复提供着能力基础。研究表明,被训练最大限度地提高聆听技能的儿童比那些没有进行训练的儿童,会发展出更好的言语和语言技能。

2. 强调个性化　每位儿童个体与他人之间的互动方式、其家庭在不同层面的强势与弱势,以及儿童个体能力基础和发展上的差异、需求的不同,要求针对个体的语言训练从目标到内容,从形式到方法上都应具有针对性。从教学目标、教学内容、教学方法,乃至教学材料、学具的选择都要考虑到听障儿童个体及其家庭的基础水平、认知特点、特殊的语言学习需要,以适应其及家庭独特的学习方式。此外,强调个性化还应贯彻于语言康复训练进程,即每一阶段训练活动的推进,必须建立在对听障儿童个体及其家庭的系统的、持续的观察评价之上,根据观察评价的结果作出个性化调整,这就需要对其提供的语言训练也应以个别化的方式进行。

3. 关注学习任务　临床经验证明,基于听障儿童纯粹发展或语言缺陷的语言训练,对儿童语言发展的满足,不如对他们的读写能力和课程表现提供功能性改善的训练重要。遵循这一原则,可使语言训练更能紧贴语用情境实际,更易把握学龄期儿童在参与课程学习的互动中需要什么样的和怎样使用语言。坚持这一原则,既解决了语言训练与文化知识的学习相割裂的问题,又实现了与学龄期儿童每天在课堂上所面临需求的结合,从而提高了时间利用率。

4. 整合口语与书面语活动　整合口语与书面语意味着语言训练要为学龄期儿童提供口头和书面的机会来练习语言的形式和功能。对于小学阶段的听障儿童而言,语言训练除了基本的口语训练外,还应包括识字、元语言和语音意识,以及叙事和简单的写作活动。也就是说,有关抽象词汇的理解和使用,不仅存在于口头练习中,也应该在涉及印刷形式材料的阅读活动中。对于中学阶段听障儿童而言,口头和书面语言的整合再造更显重要。对这些儿童的语言训练应提供各种语言体验来实现每个目标。刚开始的训练可能主要是口语的和高度语境化的,比如面对面的谈话。但是,接下来的训练要考虑通过不断增加识字率、去文本化的活动来达成相应的目标。例如口头叙述上下文,并最终通过阅读理解、写作和拼写活动来解决。

5. 转向元技能原则　转向元技能原则指的是学龄期听障儿童语言训练应有意识地关注他们在课程中语言和认知技能的使用。所谓元技能指的是一种"关于讨论的讨论,关于

思考的思考"的技能。换句话说，针对这一时期的语言训练，围绕任何语言目标所做的所有活动都应该在两个层面上进行。在第一个层面上，通过模型演示和练习语言的特殊形式和功能，就像我们对处于早期语言阶段的小龄听障儿童所做的那样。第二个层面，就是训练师要和学龄期的听障儿童一起讨论正在使用的语言形式和功能，并明确陈述规则和原则，重点关注语言的结构，旨在使他们对语言的使用和理解达到更高的认知水平。比如有关词汇和句法的基本理解训练可以通过教学理解监控来补充，而有关语言形式产生的训练，如高级语素、复合句和状语用法，可以借助语言基本知识介绍、元语言讨论活动来完成。在具体训练过程中，训练师可以陈述何时及为什么使用这些语言形式，告诉他们编码的意思，解释什么是合适的等。

（二）学龄期听障儿童语言康复的方法

学龄期听障儿童语言康复内容相对广泛，一般包括语音能力、语义能力、语法能力、语用能力、词汇寻取训练等多个方面，所采用的方法也不尽相同。

1. 语音能力训练方法

（1）发声训练：发声训练主要针对解决的是学龄期听障儿童发声时表现出的功能异常问题。概括地讲，发声训练方法大概有25种，其中常见的方法包括"减少嗓音滥用和误用法""改变响度法""建立新的音调法""反馈法""减少硬起音法""吟唱法""咀嚼法""打哈欠-叹息法""喉部按摩法""改变舌位法""发气泡音法""半吞咽法""转动头位法""分类法""吸入式发音法""掩蔽法""张嘴法""转调训练法""调整发声位置法""甩臂后推法""放松法""呼吸训练法""伸舌法"。

（2）构音训练：构音训练主要针对解决的是学龄期听障儿童言语时本该习得而未习得的发音或者发音不准确、不清晰的问题。声母训练法主要是从声母发音部位和发音方式两个方面进行训练的方法；韵母训练法主要是练习听障儿童舌位、唇形、下颌开合度，以及送气强度与时间的准确性与协调性的方法。

2. 语义能力训练方法 学龄期听障儿童的语言问题之一表现在语义层面，严重者甚至完全没有任何词汇出现，或是词汇习得速度慢、理解及使用的词汇较少、语义网络较窄、对比喻性或抽象性语言的理解或应用能力差、词汇寻取困难、较难将语句之间的意义做整合。针对上述语义层面所表现出的问题，所采取的具体训练方法如下：

（1）词汇训练法：针对儿童词汇训练的方法有如下几种。①使用实际物品提供对应名称；②示范实际的动作并提供对应名称；③在不同的情境中，提供词汇输入与学习的机会；④所教的词汇应与句子配合；⑤在提供的语言输入中，同时使用例子与非例（如"这里有好多蔬菜，有萝卜、黄瓜、白菜。但是，这个苹果不是蔬菜。"）；⑥使用视觉印象建立词汇与知觉概念的联结；⑦结合"做中学"的活动学习词汇；⑧利用读故事、念文章的方式帮助词汇学习。除此之外，一些必要的语言-词汇训练游戏也可有助于词汇的掌握。如：词汇比较、分类游戏、命名或描述、词汇接龙、句子分析整合、开放式句子填空、词汇知觉训练、词汇记忆等。

（2）语义网络法：就是对新学得的词汇与以往习得的词汇，比较其相似与相异性的一种认知处理的方法。具体步骤包括：①教师和儿童一起脑力风暴想出以某个词汇为中心的相关词汇并制作词汇单；②将想出来的词汇依其语义类别关系分类；③依据这些关系画出语义网络图。这一方法，可以帮助学龄期听障儿童学习新的词汇并增强旧词汇的概念，将词汇与世界知识联结、整合在一起。同时经由"网络图"——视觉印象的辅助，帮其组织起语义网络。

（3）语义整合法：是指一种将几个语句中的概念或信息统整在一起的训练方法。无论是在口语的听取或是书面语的阅读过程中，儿童都需要将一段话整合理解。然而对学龄期听障儿童而言，他们可能就会面临"有听没懂""有读不解其意"的困境。这种方法可表现为一些具体的活动方式，如连环图卡猜猜看、预测与解释、上下文迷津、语句配对、结局对对看、故事接龙游戏等。

（4）象征或比喻性语言理解法：象征或比喻性语言理解是学龄期听障儿童面临的又一大难题。帮助他们发展出适当的象征或比喻性语言技能则是语言训练的一项重要任务。经常采用的训练的方法或内容包括：明喻的理解与应用、隐喻的理解与应用、猜谜语、熟语（成语、言语、惯用语）的解释、成语挑错、言外之意的理解、口语类推、象征或比喻性词句的收集等。

3. 语法能力训练方法 无论是口语还是书面语中，不同词汇的组合、排列顺序都是依据语法规则而产生的。由语言学习的观点来看，儿童语法的学习必须从不断输入的语句中，抽取抽象的规则，因此其发展成为学龄期听障儿童最难的语言发展任务。一般而言，语法训练的目标是依据普通儿童发展的顺序制定的。针对学龄期儿童语法能力的训练，其具体方法或形式包括：换句话说、造句、句子仿说、词语接龙、语法判断、语句表演、语句结合、语句扩充、词语重组、语法理解、语法修改、词类位置变化、你说我说、连环卡片学复句、交谈训练、讲故事等。

4. 语用能力训练方法 语用能力训练所关注的焦点主要是沟通的功能、沟通的频率、交谈对话的技能、依不同沟通对象与沟通情境弹性调整沟通说话内容和方式等。具体的训练方法包括：语用前设能力训练、话题开启与选择训练、交谈互动训练、沟通过程中信息修补与澄清训练、说者 - 听者角色轮替训练、沟通中的肢体语言理解、交谈礼貌训练、谈话技巧训练、让听者注意听的训练、问题解决活动训练、角色扮演训练、常规问候训练、节日祝福训练等。

5. 语言觉识能力训练方法 尽管语言的最大功能是用于人际沟通，但在使用的过程中却不可避免地涉及所使用的有关语言的音韵、语义、语法或语用层面的觉识能力（即指语言使用者能有意识地思考语言的组成单位、结构和规则的能力，即之前所提及的元技能）。除此之外，还会运用到词汇寻取能力、语言记忆能力，以及阅读能力等。相应能力的损伤或异常都会导致儿童语言不同程度和方面的障碍。对有关语言觉识能力的训练内容方法主要如下：

（1）音韵觉识训练：音韵觉识是指对语言中音韵结构的觉察，或是对音韵规则的后设认知。包括音素（字母对应规则如拼音规则）、声母或韵母相同词汇辨识、音节数量辨识、目标音找寻等。具体方法有：①词汇增加觉知训练，即由口语的听觉训练发展词汇觉知能力，如大声念读、说故事、唱歌、问与答、词汇游戏、消失或遗漏词汇指认、音调音量音长区辨、解释词汇与句子、话语中词汇计数、重新造句等；②音节增加觉知训练，将词汇分解至音节，如大声念读、说故事、拍打音节数、区辨真假复合词、指认消失的音节、删除音节、增加音节、替换音节、前后音节调换等；③增加语音觉知训练，将音节分解成语音，如大声念读、说故事、听觉轰炸、唱歌、语音游戏（包括新词创造、添加尾音、歌词押韵、押韵配对、语音结合、语音替换、语音删除、声母韵母异同查找）等。

（2）语义语法觉识训练：学龄期听障儿童除了音韵觉识需要专门性的训练以外，其还会因在语法语义上的知识不足，以及词汇提取问题，使得他们除了在语言的理解与表达上产生较大的困难之外，语言觉识能力的发展也受到影响。故语义语法的觉识训练也是语言康复训练的重要内容。具体方法包括：①语义语法误用的判断与更正；②同义不同词汇的表达；③语句缩减；④反义词训练；⑤口语表达的自我监控等。

（3）词汇寻取训练：学龄期听障儿童有时会表现出某种程度的词汇寻取困难。所谓的词汇寻取困难主要是指在语言处理的历程中，无法依情境、刺激或是语义情境需求而激发或联结某个词汇，将其说出来、写出来或是解释其义的问题。词汇寻取困难可能反映出的是儿童词汇或语言学习、记忆与提取历程中的问题。导致儿童词汇寻取困难的原因可能包括：①词汇库中的词汇表征不够完整，词汇纵向、横向的整合不足，或是词汇知识不足；②提取时的效能较差；③记忆存储问题与提取问题同时并存。因此，针对学龄期听障儿童的语言训练也应包括词汇寻取训练。

一般而言，有关儿童词汇寻取训练的重点应放在：①词汇知识、词汇记忆、词汇组织的加强或深入整合；②提取策略的学习与练习；③自我觉知与控制；④使用交谈、述说的自然沟通情境减轻词汇寻取困难。具体的方法包括：①词汇知识、记忆、组织的加强与深入整合训练；②词汇寻取效能改进训练，如词汇属性特质提示、联结提示、语义替代、故意停顿、词汇寻取自动化增强训练等；③自我监控词汇寻取训练；④利用语境减轻词汇寻取困难练习等。

三、学龄期听障儿童交际训练的原则与方法

对听障儿童开展康复训练的目的之一就是希望他们在参与、融入社会时通过口语的方式与人更加自然、顺利地沟通互动。即便是学龄期健听儿童，由于沟通机会少、沟通能力差、沟通意愿低、沟通信心弱等原因，也会造成儿童人际沟通能力培养的相关难题。因此，针对学龄期儿童的言语交际训练必不可少。

（一）交际训练的本质与内涵

确切地讲，交际能力指的是人际沟通能力，它涉及沟通、语言沟通和人际沟通能力几个核心概念。学习和理解这些核心概念的内涵，才能有效地把握交际训练的本质。

1. **沟通**　沟通主要是指人与人之间的信息交换、情感交流、思考想法和经验的分享，以及需求的表达。可见，人际沟通是人与人之间的一种交往互动活动。它对儿童的个性养成、情感发展和健康成长具有重要的意义，是儿童实现社会人转化的必要途径。

2. **语言沟通**　语言是人们用以进行人际沟通、社交最便利的工具。在人际沟通整体架构中（图2-6-6），不难看出语言沟通、副语言沟通和非语言沟通构成了人际沟通的基本通道方式。

（1）语言沟通：是指使用语言符号进行的沟通，除了"听""说"口语，"读""写"书面语等媒介之外，还应包括"做""看"手势语媒介，正是这些媒介为人类提供了一种非常好的、有效的语言沟通方式。

（2）副语言沟通：主要是指通过正式语言系统之外特征，比如在音韵、构词、语义、语法、语用等层面之外，借由语调、音量、音色、音调、语速、语气等所达成的信息传递。

（3）非语言沟通：是指有别于语言形式的非语言沟通方式，如使用动作、表情、眼神、图画或照片、线条符号等方式达成交际的目的。

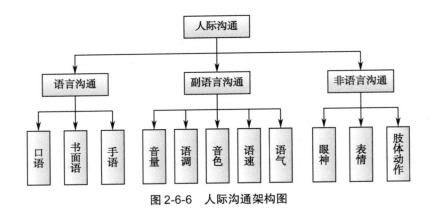

图 2-6-6 人际沟通架构图

总而言之,副语言、非语言沟通在人际语言沟通过程中发挥着重要的辅助作用。美国学者梅拉比安(Albert Mehrabian)通过大量实验总结出一条著名的公式:信息量 = 7% 的语言 + 38% 的副语言 + 55% 的体态语。当人类个体为了使自己的信息传达给对方并使之完全被理解,就要使用一种最为广泛的表达方式:传送信息时必须伴随有恰当的肢体语言、语音语调,并贴切地加强语气。

3. **人际沟通能力** 人际沟通能力是指人有主动沟通交流的意愿,有一定的人际沟通技巧,可以在交往相处的过程中表现出适宜和有效的行为,能够很好与他人进行人际交往的能力。这一能力由人际沟通认知、动力和技能三个层面要素组成(图 2-6-7),具体包括:

(1)人际沟通动力即沟通倾向,包括沟通意愿、沟通动机、沟通积极性。

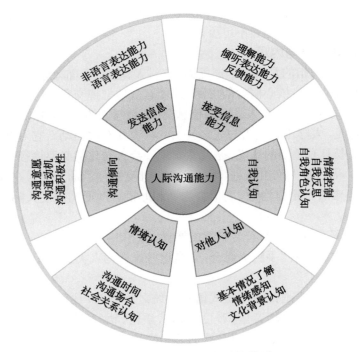

图 2-6-7 人际沟通能力结构模型

（2）人际沟通认知，包括：①自我认知（自我角色认知、自我反思、情绪控制）；②对他人认知（基本情况的了解、情绪感知、与他人交谈兴趣点、宗教信仰和生活习惯的了解）；③情境认知。

（3）人际沟通技能，包括：①发出信息的能力（语言表达能力、非语言表达能力）；②接受信息的能力（理解能力、反馈能力）。

可见，对儿童进行交际训练的本质就是要培养其人际沟通的能力，因此这也是学龄期听障儿童语言康复训练内容的重要组成部分，它将对儿童适应学校生活、社会生活乃至成人后的人际关系产生深远的影响。

（二）学龄期听障儿童交际训练的原则

人际沟通是学龄期听障儿童社会化成长的必要途径，人际沟通能力的培养即交际训练关系到儿童的身心健康成长，为此我们应遵守如下原则：

1. 拓展听障儿童人际沟通交往时空　以小组为单位，有目的、有计划地组织一些有意义的社会活动，不仅可为学龄期听障儿童合理利用业余时间提供一种有效途径，更可以为他们人际沟通交往能力的培养和锻炼提供更广阔的时间和空间。利用双休日、寒暑假进行的活动，在时间保障上有绝对优势。如果家庭成员也能参与其中，就可以形成一个以小组为中心，家庭为基础，学校为指导，社会为背景的交际教育与训练环境。它不仅可以拓展听障儿童人际沟通交往的时空，弥补现代少子化的家庭结构和"独门独户"的家居形式造成的听障儿童缺乏过往大家族兄弟姐妹、亲朋好友玩耍活动的经历和缺少街坊邻居串门游戏的现实，还可以满足独户独子渴望伙伴友情的情感需求，可以让他们学会待人接物、与人交往的基本方法，提高学龄期听障儿童的社会适应能力。

2. 提升听障儿童人际沟通交往认知　人际沟通交往是有一般原理知识和原则技巧的，听障儿童如能够从小就学习了解相关的人际沟通交往原则和概念，掌握相关沟通知识技巧，并在日常生活中予以应用，对他们自身良好沟通能力的培养，以及未来的课堂、职场，乃至个人生活都能起到积极的影响作用。由于不同的主题活动可以有不同的形式，听障儿童接受起来也更加容易。不同形式的人际沟通主题活动，可以让听障儿童更为系统地接受人际沟通知识的学习。我们可以根据不同年龄阶段的听障儿童特点，开展学会说话、学会倾听、学会沟通、交往礼仪我知道、网络沟通我了解和与人相处我能行等系列不同形式的主题活动，采用多感官认知、高频率实践和全方位参与的方式，帮助儿童学习人际沟通的一般知识原理，认识人际沟通的重要性，了解与人沟通的简单技巧，也让他们在参与中形成乐于沟通和敢于沟通的意识，培养初步的人际沟通能力。

3. 培养听障儿童人际沟通交往技巧　体验和实践是学龄期听障儿童活动组织的重要法则。"体验活动"是指通过丰富多彩的实践活动，引导听障儿童去体验，去感悟，是培养能力的重要教育形式。人际沟通交往体验活动的基础是实践，在实践中体验，在体验中培养技能、养成行为习惯。通过体验活动实践，听障儿童可以将自己通过相关课程学习所获得的人际沟通知识应用于实践活动或伙伴之间的交往活动之中。这样便可以避免出现"纸上谈兵"的人际沟通学习现象。因此，体验活动多从人际沟通教育的角度设计，为其观察、模仿他人有效的人际沟通交往行为提供契机，增强他们的实际交往体验，为其进行人际沟通提供更多可能的实践舞台，以锻炼和培养学龄期儿童的会话技巧、咨询技巧、自我支持技巧、安抚技巧、叙述技巧、说服技巧、管理技巧。

4. 激发听障儿童人际沟通交往动力 动力即一切力量的来源。人际沟通动力助推人际交往行为。听障儿童有了人际沟通动力，才有更多意愿与他人进行人际沟通交往，而听障儿童人际沟通意愿态度又影响听障儿童人际交往实践。拥有强烈人际沟通意愿的听障儿童，会积极寻求更多可能的交往机会。因为期望能与人更多的人交往交流，他们便会努力去扩展自己的社会范围，这对于提升他们个体的人际沟通能力很有帮助。引导听障儿童去关注自我以外、身边以外的人和事，这对于听障儿童社会化具有十分重要的意义。听障儿童在与不熟悉的世界和个人的交往中，可以获得更多的人生阅历和经验，也能够让他们进一步认识客观事物，尤其是对外界人和物的"关注"的实践，对听障儿童而言更是一种包纳他人的良好人际关系的教育。在互相了解、互相信任的过程中，也为他们的生活打开了一扇窗。听障儿童可以通过自身的实践学会与人相处，理解他人，体会他人，激发他们人际沟通交流的动力和信心。

5. 满足听障儿童人际沟通交往需求 听障儿童有沟通交往的需求，因为他们对社会经验的学习、社会规范的掌握、角色行为的理解都需通过人际沟通交往来实现。听障儿童的生理、心理和情感需求也是他们人际沟通的直接动力原因，反映他们的人际沟通交往需求。当他们快乐时，他们希望有人分享；当他们感到痛苦、烦闷和失望悲伤时，也希望能有人可以倾诉，需要沟通来缓解和释放；当他们在真诚善待他人或热心帮助别人后，得到对方回应或他人的肯定时，他们的心理情感可以得到满足。在收获自我价值感之后，他们会更愿意进一步体会人际沟通交往的乐趣，也就更加乐于与人交往。

6. 遵循个体差异性 由于学龄期听障儿童个体人际沟通能力的基础、水平不同和诸多因素的影响，个体间的差异是客观存在并十分明显的。正视这种差异，是开展沟通与交往教学的前提。遵循个体差异性应坚持做到：①围绕学龄期不同阶段课程的总体目标，教师应根据每个个体的具体情况为其设置个别化的教学目标，到训练目标的差异性，提高训练的针对性。②在安排教学内容时要根据每个听障儿童不同的训练目标，安排适合的教学内容，开展相应的活动，尽可能做到量体裁衣。③听障儿童个体之间沟通方法发展的不平衡性要求应有针对性地选择训练方法，实现扬长补短。通过采用有针对性的训练方法，课堂教学与课外辅导相结合，提高训练实效。

（三）学龄期听障儿童交际训练的方法

学龄期听障儿童的交际能力的培养涉及人际沟通能力构成的多个维度和层面，简而化之，可划分为两大层面的内容和方法：一是语言沟通技能训练，二是沟通技巧策略训练。

1. 语言沟通技能训练方法

（1）基于听觉口语的言语沟通训练：主要是利用儿童已有的听觉、语言基础，训练儿童个体在交际过程中听话和说话的一些规则和使用技能。具体方法包括：①交际过程中的理解性训练，如封闭式问答训练、开放性问答训练等；②交际过程中的表达性训练，如朗诵训练、主题故事续编训练、命题故事创编训练、独白言语训练、即兴表达训练；③语用能力训练，如应对不同听者调节说话内容与形式的训练、利用语言信息理解说话者不同指令意图训练、自主言语行为调节训练、完整复述故事训练、开放性对话训练等。

（2）基于可视化语言的沟通训练：主要是借助儿童的视觉、表情和肢体动作，培养建立的一类辅助有声言语交流或利用非语言进行沟通的技能。具体方法包括：①看话或唇读训练，通过视觉代偿作用，借由观察、模仿等方式进行看话与听音相结合的一种训练方法；

②笔谈训练即书面语训练,是一种利用书写(如书面沟通、手机短信、网络聊天等工具)表达自己的思想与意愿,实现或辅助实现沟通交流的一种方法;③手势或手语训练,借助手势或手语学习,通过训练及大量阅读建立手语与书面语间的对应联系,使某类儿童具有将手语转换为口语或书面语能力的一类方法,如运用手势或手语进行日常会话及发问训练,手语讲故事训练、手语歌表演训练等;④其他沟通方式训练,主要解决的是一类无法习得手语、口语及书面语等方式进行沟通的儿童的需要(如多重障碍儿童)。具体包括体态语、符号、信息技术和沟通板使用,它是一种替代性沟通方式的训练。

2. 沟通技巧策略训练方法 沟通交往技巧策略的训练,目的是使学龄儿童通过学习训练,懂得根据沟通对象、沟通环境等选择合适的沟通方式,能目视对方、保持距离、注意倾听、懂得轮替,能保持体态优美、着装恰当、举止文明、言语得当、大方有礼,充分感受体验沟通与交往活动的愉悦与美好,进而培养出勤于交流、乐于交往、善于表达的好习惯。具体训练方法包括开启交流话题、角色轮替、对话维持、信息修正与补充、结束话题等技巧策略训练。

【能 力 要 求】

一、能指导营造有利于听障儿童的语言交流环境

(一)工作准备

1. 了解个体的档案资料 具体参照本章第一节的【能力要求】中"一、能指导优化有利于听障儿童的聆听环境""(一)工作准备""1. 了解个体的档案资料"中的内容。

2. 把握个体所处学习环境的声学信息 具体参照本章第一节的【能力要求】中"一、能指导优化有利于听障儿童的聆听环境""(一)工作准备""2. 把握个体所处学习环境的声学信息"中的内容。

3. 确认个体目前沟通交流的能力基础 通过问卷或访谈其本人或教学教师的方式了解听障儿童个体的沟通能力状况。一是沟通中的理解水平:①能够准确、轻松地理解课堂上其他人的交流;②在使用常用的互动交流方式理解课堂上其他人的交流时有一些困难,但困难可以通过重复和解释来解决;③即便借助手语翻译或辅听设备也很难理解课堂上其他人的交流。二是沟通中的表达水平:①能够流畅并轻松地和老师或同伴进行表达;②课堂上使用常用的互动交流方式进行自我表达时有一些困难,困难可以通过重复和扩展来克服;③很难用课堂上普遍使用的交流方式来表达自己。

(二)工作程序

1. 指导听障儿童调整有利于自己聆听的环境 具体参照本章第一节的【能力要求】中"一、能指导优化有利于听障儿童的聆听环境""(二)工作程序""1. 指导听障儿童调整有利于自己聆听的环境"中的内容。

2. 指导听障儿童调整有利于自己聆听的交流方式 具体参照本章第一节的【能力要求】中"一、能指导优化有利于听障儿童的聆听环境""(二)工作程序""2. 指导听障儿童调整有利于自己聆听的交流方式"中的内容。

3. 指导家长和教师构建一个具有支持性的和丰富机会的语言交流环境 所营造的有

利于学龄期儿童语言交流的环境应具备如下特征：

①经常性：在日常生活和新奇事件发生时不断用语言表达、评论、分享、讨论，让儿童始终沉浸在语言中。②反应性：能始终跟随儿童。当儿童表达时，无论是口头的、手势的、言语的、手语的，都要自然地用恰当、准确的语言给予重复、纠正。③支持性：接受并支持儿童使用的语言。同时，启发他们使用新的词汇、更复杂的语言，表达更抽象的意思。语言内容既要有关于当下和眼前事物，也应有关于外部或过去及未来的事物。④策略性：学会使用多种策略鼓励儿童交流和表达。⑤社会化：在家、学校或社区里为儿童提供丰富的机会与他人交流。⑥完整性：交流互动过程中确保与儿童交流使用的语言流畅、完整。⑦情感化：教师和家庭成员要用语言交流自身情感，帮助儿童学习使用表达、交流情感的词汇。⑧启发性：语言的重要功能是启发思考。要为儿童提供谈论"为什么""怎么样"的机会。⑨指导性：教师和家长都要坚持教育儿童使用语言解决问题和思考。

二、能指导小学学龄期(6～11岁)听障儿童的语言康复训练

(一) 工作准备

除了了解听障儿童的个体档案资料外，更重要的准备是细致地把握个体当前语言学习相关方面的发展状态。一般可借由家长或教师根据对6～11岁听障儿童语言能力要素的观察，对相应问题进行了解，作为制订个别化语言训练方案的依据。需要了解和把握的问题如下：

1. 语音意识方面
①是否理解、喜欢言语韵律？
②是否容易识别声母相同的单音节词？
③是否难以分清口语中的音节数量？
④是否随着歌曲或节奏拍手或跺脚有问题？
⑤是否学习拼音字母表示有问题？

2. 书面语意识方面
①在翻阅图书时，是否不能正确地定位所要读的页面？
②是否无法识别图画书中的单词和字母？

3. 拼音字母名称知识方面
①是否不能背诵字母表？
②是否教师命名时无法识别打印的字母？
③当被询问时是否不能对字母命名？

4. 词汇检索方面
①是否检索特定词汇有困难(比如说"牛"，不说"牛"这个词，而说成"犄角")？
②是否对同学名字记忆不佳？
③是否言语表达不流畅，中间充满停顿或发声(如"嗯")？
④是否经常使用缺乏专门性的词语(如常用"东西""事情"等指代那些非常明确的事物或事务)？

5. 言语产生 / 感知方面
①是否存在发音困难的常见词汇？

②是否误听并随后念错单词名称？

③是否经常出现构音错误？

④是否经常表现出口误？

6. 理解方面

①是否仅能回应多项请求或指令的一部分内容？

②是否要求多次重复说明或指示，但还不能理解？

③是否无法理解适合年龄的故事？

④是否缺乏对空间方位术语的理解？

7. 表达性语言方面

①是否能进行简短交谈？

②是否经常出现语法错误？

③词汇的使用上是否缺乏多样性？

④是否交谈中很难给出指示或解释（如出现多次修订）？

⑤是否以不相关或不完整的方式讲述故事或事件？

⑥是否表现出可能有很多话要说，但没有提供什么具体细节？

8. 识字动机方面

①是否不喜欢课堂讲故事活动，当老师读故事时，表现出分心，不能集中注意于所讲的故事？

②很少或根本不能参与课堂识字活动，如写作、看书？

（二）工作程序

1. 训练目标制定的指导　6～11 岁的听障儿童正处在小学阶段，针对其语言训练目标的设定既要考虑到他们的动机和兴趣，又要考虑与其当前学习内容和材料的整合，并将个性化的语言技能强化与发展自然地融入日常学习与生活之中。

具体训练目标的设定既要考虑听障儿童现有的听力基础、语言能力状态及小学阶段语文学习的基本任务，又要考虑他们当前的迫切需要。目标内容至少包括语言知识、语言技能和沟通策略三个方面，语音、语义、语法、语用四个维度。具体目标内容项的设定可和拟定的听觉训练目标相关联。

同样地，语言训练目标按照时间变量也区分为两类：一是长期目标，即实施周期跨度大于一个学期或一个学年的目标，它从整体上规划了通过一段时间的努力要达到理想目的；二是短期目标，它是长期目标的阶段分解，实施周期跨度较短，一般以周或月为时间单位，往往会根据听障儿童的实际行为表现进行灵活调整。

2. 训练内容选择的指导　目标确定之后，就要围绕着既定的目标选择与之相匹配的训练内容。与目标相对应的语言训练内容的选择范围应包括 6～11 岁儿童课堂学习的内容、各分科教材的内容和日常生活（含家庭生活与学校生活）的内容。这些范围的内容将为具体目标的实现提供结合实景的训练或练习素材。

除此之外，针对 6～11 岁听障儿童语言训练内容的选择还应关注阅读和书写的作业内容，以满足其语文课专科学习的需要。

3. 语言训练计划编制的指导　由于 6～11 岁儿童独立性和自律性还不成熟，因此，语言康复训练计划的编制也主要依赖于教师和家长的参与。

4. 语言康复训练实施方法指导 针对6～11岁儿童语言康复训练的实施，无论是家长还是康复教师，主要通过正式和非正式的训练而实现。正式训练通常安排在一天中指定的时间进行，可以是一对一的形式，也可以是小组形式。用于正式训练的活动具有高度的结构化特点，坚持每天在相同的时段进行，每次训练的时长为15～30分钟。具体方法的采用应结合具体训练内容的需要。语音能力、语义能力、语法能力、语用能力、语言觉识能力、沟通能力所对应的训练方法各不相同。具体可参见本节【相关知识】中所介绍的有关学龄期听障儿童语言康复的方法。

三、能指导中学学龄期(12～18岁)听障儿童的语言康复训练

(一)工作准备

如前所述，12～18岁的听障儿童已进入中学阶段，口头和书面语言的整合再造对他们尤显重要。因此，要想实现有效的语言训练，除了了解他们的档案资料外，更应采用标准化或非标准化的测量评估其语言能力和需求。针对12～18岁的听障儿童还应侧重了解以下几方面的情况：

1. 课堂谈话知识基础的把握 由于课堂谈话不同于与朋友和家人的谈话。在课堂上，往往老师选择话题，学生必须评论这个话题，而不是他们选择话题。试图将话题转移到自己兴趣上的听障儿童经常会发现他们的评论被拒绝或者被轻视。课堂上的轮流规则也与其他环境中的规则大不相同。老师决定谁、什么时候可以说话、说多长时间。听障儿童要想被视为课堂谈话的成功参与者，就必须学会阅读微妙的口头和非口头暗示，包括他们应该何时自愿发言、他们应该说什么及他们应该何时放弃发言权。也就是说他们必须能够同时利用两套知识：有关学术知识(教师问题的正确答案)和课堂上的社交规则知识。

2. 去语境化语言的理解 12～18岁的听障儿童在学校里接受最多的是课堂语言。去语境化是课堂语言的一个主要特点。在普通的谈话中，我们经常谈论周围环境中的事情，但这些语言都是有情景背景的。然而，在课堂上，大部分讨论的内容都不在他们的直接体验之内，更不用说是那些跨越时空背景的知识了。一个来到学校却没有太多去语境化语言的听障儿童，他们究竟能理解课堂语言多少，存在着怎样的问题，也是我们所关注的。

3. 元语言技能的水平 12～18岁的听障儿童课堂谈话、去语境化语言的理解依赖的是个体已具备的元语言技能水平，这是一种使用语言讨论语言的能力。具体涉及定义词语；识别同义词、反义词和同音异义词；诊断句子和识别词性；在编辑或写作过程中识别语法和形态错误；识别多义词和结构中的歧义，以及进行阅读所需的对语言的认知能力。这种能力不属于使用词语和句子进行交流的语言能力。

4. 元认知和自我调节能力 12～18岁的听障儿童要想取得学业上的成功，需要弄清楚完成一项任务需要做什么，制订一个计划，执行它，并评估任务是否已经成功完成。此外，他们需要控制冲动，比如做一些比当前任务更吸引人的事情的冲动。所有这些目的的实现都需要元认知和自我调节能力。课堂中的理解监控是元认知能力之一，直接影响着学龄期听障儿童课堂学习的效果。小学阶段的听障儿童在学校要花50%以上的时间听老师讲课，而进入到中学阶段，他们要花90%以上的时间进行课堂学习。元认知技能为听障儿童学习功能的执行或自我调节提供了基础，如注意力、计划、冲动控制和面对复杂任务时的组织。尽管这些元认知技能在听障儿童身上发展较弱，但是已经有研究证明，元认知和自我调节

能力的改善可以预测他们读写能力发展的结果,所以了解元认知和自我调节能力基础水平,有益于帮助学龄期听障儿童在语言康复及学业学习上取得更大的成功。

(二)工作程序

1. 训练目标制定的指导　12～18岁的听障儿童已进入中学阶段,针对其语言训练目标的设定主要考虑与其当前学习内容和材料的整合,并将个性化的语言技能强化与发展自然地融入学业学习与生活之中。

具体训练目标的设定既要考虑听障儿童现有的听力基础、语言能力状态及中学阶段学科学习的基本任务,又要考虑他们当前的迫切需要。目标内容除了涉及传统语言学的语音、语义、语法、语用四个方面的知识与技能要求以外,更应着眼于当前正在学习的教育课程目标任务,才能真正贴近此年龄段听障儿童的实际需求。口头和书面语言的整合目标的制定尤为重要。刚开始的训练目标可以是口语的和高度语境化的。但是,接下来的训练目标制定则要考虑去语境化的目标,涉及阅读理解、写作和拼写技能的目标,以及培养或提升其元语言、元认知技能的目标。

按照时间变量,这一年龄阶段的语言训练目标同样地也区分为两类:一是长期目标,即实施周期跨度大于一个学期或一个学年的目标,它从整体上规划了通过一段时间的努力要达到理想目的;二是短期目标,它是长期目标的阶段分解,实施周期跨度较短,一般以周或月为时间单位,往往会根据听障儿童的实际行为表现进行灵活调整。

2. 训练内容选择的指导　目标确定之后,就要围绕着既定的目标选择与之相匹配的训练内容。与目标相对应的语言训练内容的选择范围应包括11～18岁儿童课堂学习的内容、各分科教材的内容和日常生活(含家庭生活与学校生活)的内容。从语言能力领域划分,具体的训练内容可分为:①语音训练(包括发音、构音训练);②语义训练(包括词汇、语义关系分类、语义整合、象征、比喻理解训练);③语法训练(包括造句、句子仿说、词语接龙、语法判断、语句表演、语句结合、语句扩充、词语重组、语法理解、语法修改、词类位置变化训练);④语用训练(包括语用前设、话题开启与选择、沟通过程中信息修补与澄清、角色轮替、肢体语言理解、交谈礼貌、交谈技巧训、角色扮演训练);⑤语言觉识训练(包括音韵觉识、语义语法觉识、词汇寻索训练);⑥口语、书面语整合训练;⑦阅读与书写整合训练;⑧沟通训练(包括结构性对话训练、非结构性对话训练、沟通策略训练)。

3. 语言训练计划编制的指导　由于11～18岁儿童独立性和自律性开始走向成熟,因此,语言康复训练计划的编制需要他们共同的参与。

4. 语言康复训练实施方法指导　针对11～18岁儿童语言康复训练的实施,除了由家长或康复教师主持训练外,还可由具有自律性高的听障儿童自主进行。由成人(家长或教师)主持的正式训练通常安排在一天中指定的时间进行,可以是一对一的形式,也可以是小组形式。由听障儿童自主进行的训练,也应有明确的时间点,但是所提供的训练材料要求高度结构化。每次训练的时长为15～30分钟。具体方法的采用应结合具体训练内容的需要。语音能力、语义能力、语法能力、语用能力、语言觉识能力,还是沟通能力所对应的训练方法各不相同。具体可参见本节【相关知识】中所介绍的有关学龄期听障儿童语言康复的方法。

(梁　巍)

思 考 题

1. 简述 6～11 岁儿童的听觉特点和相关心理发展特征。

2. 简述 11～18 岁儿童的听觉特点和相关心理发展特征。

3. 不同年龄段儿童听觉能力发展里程碑性质的指标是什么？

4. 影响学龄期儿童聆听学习的要素有哪些？不利的声学特性存在的形式各是什么？

5. 简述学龄期听障儿童听觉康复的原则与内容。

6. 简述学龄期儿童语言发展的特点。

7. 影响学龄期语言发展的因素有哪些？

8. 怎样创设有利于听障儿童聆听的声学环境？

9. 怎样创设有利于听障儿童语言交流的环境？

10. 简述学龄期听障儿童语言康复的原则与方法。

11. 简述学龄期儿童交际训练的原则与方法。

12. 简述如何指导学龄期听障儿童开展听觉训练？

13. 简述如何指导学龄期听障儿童开展语言训练？

14. 人际沟通能力的构成包括哪些内容？

第七章 培 训 指 导

助听器选配过程中有不同的操作项目,根据不同操作项目的要求,完成相应的任务,让助听器选配流程更加条理化。对于三级验配师来说,要能指导四级验配师开展相应的操作项目,给四级验配师进行听力学和助听器相关理论知识的培训,并充分利用不同的培训方法和带教方法,让其掌握整个助听器选配流程。

第一节 操 作 指 导

【相关知识】

一、相应听力检测设备的使用

纯音听力检测是最常用的行为测听方法,其检测结果给助听器验配师提供了受试者从外周到中枢整个听觉系统的听力情况,对于助听器验配的准确性具有十分重要的意义,是四级助听器验配师应熟练掌握的最基本的听力检测方法,三级助听器验配师不仅要教会他们正确地分析检测结果,还要指导他们正确地使用该种听力检测设备,特别是要熟悉怎样选择测听环境、怎样校准测试仪器、怎样选择检测项目、如何对受试者提出要求、如何操作测试仪器、如何记录测试结果等,力求通过纯音测听得到尽可能多的听力学信息,以帮助助听器的准确验配(第一篇第二章第二节 纯音测听)。

二、助听器调试软件的安装

编程和数字技术的介入使得助听器的调试得以通过计算机和相应的验配软件来实现,因此助听器调试软件的安装成为验配师必须掌握的一项技能。三级验配师要指导下级验配师学会助听器调试设备和调试软件的安装。

1. **调试设备的安装** 要了解 NOAH 软件的不同版本及其性能特点;NOAH 软件的安装;NOAH 软件的操作使用;HI-PRO、USB HI-PRO、NOAH-Link 等助听编程器的性能特点和安装;编程器和计算机的连接;编程线和助听器的连接等。

2. **助听器调试软件安装** 要掌握计算机的参数配置;不同助听器厂家验配软件的安装要求及其与计算机的兼容情况;验配软件与 NOAH 平台的关系;验配软件独立安装于计算机操作系统;要熟练操作和正确使用验配软件等。

三、助听器的保养和维护

随着新材料、新工艺、新算法等的不断介入，现代助听器的技术含量越来越高，其价格也在不断提高，如何延长助听器的使用寿命，不但是佩戴者关注的问题，也是验配师应该掌握的基本技能，三级验配师要指导四级验配师掌握助听器的保养维护知识，并要学会如何教会佩戴者对自己佩戴助听器进行保养和维护，要告诉佩戴者助听器的保修期限和条款；指导佩戴者正确取戴助听器或耳模；对有音量或程序调节旋钮的助听器，要教会佩戴者正确的使用方法；如有遥控装置，教会佩戴者掌握正确的操作方法；指导佩戴者正确更换电池；指导佩戴者正确连接助听器和耳模；指导佩戴者正确干燥和保养助听器；指导佩戴者清洁助听器的耵聍堵塞及防耳垢装置的使用方法；指导佩戴者电感拾音线圈的使用；告诉佩戴者服务中心的电话。

四、听力康复管理与咨询

一个合格的助听器验配师不仅要保证给听障者选配了高质量的助听设备，对于佩戴者在助听器使用过程中遇到的问题进行解答，对于他们的听力康复进行管理也是应尽的义务。三级验配师要指导四级验配师做好这方面的工作。

在听觉训练指导方面要告诉佩戴者听觉训练的重要性；听力康复过程和方法；指导佩戴者合理的佩戴时间；指导佩戴者学会一些聆听技巧（如利用视觉、语境和情景线索等）；向听障者提供听觉康复相关机构的信息。

在言语训练指导方面要告知佩戴者言语训练的方式（针对儿童、成人、老年人）；鼓励佩戴者尽早开始言语训练；创造有利听觉言语交流环境的技巧（如光线、距离、座位等）；向听障者提供言语训练相关机构的信息。

在听力康复咨询方面，重要的是要做好助听器验配后的跟踪随访，要做好随访方式的选择（如电话、当面、邮件、上门等）；随访周期的选择（针对新用户、老用户、潜在用户等）；随访的内容（助听器的使用和佩戴情况、测听、助听器维修或保养、电池的检查、调节旋钮的使用、康复进展、问题解答、心理引导等）；随访的详细记录和整理；随访结果的分析等。

【能力要求】

一、工作准备

（一）相应听力检测设备的使用

1. **选择听力测试的环境**　如果纯音测听仪安装在隔声室内，要用听力计测试内环境是否达到隔声要求；如果不具备隔声室的条件，要尽量选择远离噪声源和震动源、相对安静的室内，面积尽量满足 3m×3m，光线要充足但不要过于明亮。

2. **设备的功能要求**　至少要满足能够测试气导、骨导、舒适阈、不舒适阈的条件，为达到测试助听器效果的目的，要求具备声场测听和言语测听的条件。

3. **听力测试前把握好关键环节**　询问耳聋及相关疾病史，检查外耳道、耳廓及耳周，佩戴耳机时相对位置要选好，要去掉影响测听准确性的饰物等。

4. 测试过程中注意要点　起始声强度的选择,测试频率的顺序,给声的方法,假阳性和假阴性的排除,测试结果的记录符号要规范等。

(二)助听器调试软件的安装

1. 计算机的选择　具有固定调试条件的,计算机可以选择台式机,也可以选择笔记本式电脑,无论哪种,内存需满足软件运行要求。

2. NOAH软件的选择　为保证能完成调试不同种类、型号和代次的助听器,要选择最新版本的NOAH软件。

3. 调试软件的选择　由于助听器的更新换代,新的调试软件不断升级或推出,在计算机存储空间足够的前提下,建议保留一些旧版本的软件,以便能调试较早期选配的助听器。调试软件安装时需注意与其他软件的兼容情况。

(三)助听器的保养和维护

1. 了解各助听器制造商的售后服务方式和内容,包括保养项目、维修期限、维护方式、更换条件等。

2. 掌握各类助听器(包括耳模和电池)的材料、工艺、性能等的特点、可能发生的主要故障及简要处理方法等。

3. 掌握助听器及附属装置的日常保养方法,如防震、防潮、防高温及及时更换电池、清洗耳模、干燥助听器等。

(四)听力康复管理与咨询

1. 了解听力训练的基本知识。

2. 了解语言训练的基本知识。

3. 掌握助听器验配后跟踪随访的时间安排、访问内容及随访结果的处理知识。

二、工作程序

(一)相应听力检测设备的使用

见第一篇第二章第二节　纯音测听。

(二)助听器调试软件的安装

打开计算机—连接HI-PRO(注意型号的不同)—安装NOAH软件(注意版本的不同)—安装助听器调试软件(注意助听器厂家和版本的不同)—试用—结束。

(三)助听器的保养和维护

见本篇第一篇第七章第一节"成人助听器使用指导"。

(四)听力康复管理与咨询

见助听器验配师(四级、三级、二级)国家职业技能培训教程中"康复指导"相关章节。

第二节　理论培训

一、听力学相关基本知识的培训

(一)听觉系统的解剖和生理

1. 培训内容　听觉系统的解剖;听觉系统的生理;耳科常见的症状和疾病。

2. 培训要求 能够掌握正常耳的解剖和生理,分析耳镜检查结果。

参见《助听器验配师 基础知识》(第2版)中第二章"听觉系统解剖生理和疾病"相关内容。

(二)听力损失的分类、分级

1. 培训内容 声音传导的途径;根据骨、气导关系对听力损失分类;根据不同标准对听力损失程度的不同分级;各种听力图的识别,包括听力损失程度、性质及听力图代表的病理意义;助听器验配适应证及转诊指标。

2. 培训要求 能通过纯音听力图判断听力损失的类型及种类,能根据转诊指标提出转诊建议。

参见第一篇第三章第一节 听觉功能分析的相关内容。

(三)听力损失的预防保健

1. 培训内容 正确看待耵聍;噪声对听力的影响;耳机的正确使用;防噪装备的使用;耳毒性药物的了解;日常饮食起居对听力的影响;各种疾病对听力的影响。

2. 培训要求 能指导听障者正确爱护耳朵,预防听力损失。

参见《助听器验配师 基础知识》(第2版)中第七章"听力语言康复与听力保健基础知识"相关内容。

二、助听器相关理论知识的培训

(一)助听器基础知识

1. 培训内容 助听器的工作原理;根据外形、功能、功率等对助听器分类;不同种类听力损失所适合的助听器类型(如定制式助听器、小功率、大功率、超大功率耳背机助听器等);不同年龄段听障者所适合的助听器类型(儿童、成人、老年人等);不同心理需求的听障者所适合的助听器类型(如追求美观,或经济实惠,或尝试新技术,或功能多样且稳定等)。

2. 培训要求 能够根据听力图结果、听障者年龄、听障者经济情况和心理需求综合选择合适的助听器类型。

参见《助听器验配师 基础知识》(第2版)中第六章"助听器基础知识"相关内容。

(二)助听器技术特点

1. 培训内容 各式助听器所具有的功能(如方向性功能、学习功能、蓝牙功能等);每项功能的适用人群和环境范围;每项功能达到的效果;每项功能的使用方法。

2. 培训要求 能够根据听力图结果和听障者实际生活的环境来选择合适功能的助听器。

参见《助听器验配师 基础知识》(第2版)中第六章"助听器基础知识"相关内容。

第三节 指 导 培 训

【相关知识】

一、培训讲义的知识要点

如何才能讲好课,是摆在每个教师面前的一个严肃的课题。因为,要想在有限的教学时间内传授给学生丰富的知识,教师不仅需要有丰富的理论知识和实践经验,而且需要有科学的教学方法，能够讲得生动活泼，富有趣味，才能使学生充分消化、吸收所讲授的内容，获得较好的教学效果。

编写好培训讲义是讲好课的首要条件，这需要做大量的准备工作，主要有以下几个方面：

1. **吃透教材** 教材是按照教学大纲的要求，参考大量专业书籍编写出来的。虽然对内容已有一定条理和层次的安排，但是，要想在课堂上把这些内容充分地讲授出来，课前必须对教材进行认真的推敲，在内容上进行适当的调整、浓缩，将收集的最新资料进行补充，使其更加充实；力求做到内容精练、新颖、条理清晰、层次分明、重点突出、逻辑性强。总之，只有吃透教材才能备好课，并取得良好的教学效果。

2. **认真写好教案** 写教案绝不是对教材内容的简单抄录，而是对准备讲授的内容做透彻的分析，明确本次课程应达到什么目的、使学生掌握到什么程度、重点内容是什么、应如何讲解、完成重点内容的讲解需用多长时间、难点内容是什么、用什么方法来突破它才能使学生听明白。通过分析，写出教案。要达到讲课目的，使学生深刻理解和掌握讲课内容，应当使用恰当的、准确的表达方式和教学手段，使学生能够完全理解。为了使学生课后能更好地巩固所学知识，在教案中还可写出具有启发性和引导性的思考题，使学生通过思考题将各部分的内容紧密地联系在一起，使其能触类旁通，举一反三，深入全面地掌握所讲内容。在教案中还应写出课堂情况、具体要求和学生听课要求，以便正确分析课堂情况和更好地组织课堂教学，积累更多的教学经验。

3. **讲课时间的分配和语言的准备** 上课的时间是有限的，为了在有限的时间内加大对学生信息量的传递、少说废话，达到语言精练，就应充分准备，对每个问题、每段内容用什么样的词语、语调来表达，进行反复推敲、斟酌，力求达到准确而富有趣味感，使学生容易集中精力、认真听讲。在备课过程中，应对整堂课的时间合理分配，如课堂提问、非重点内容、重点内容、难点内容、内容归纳、布置思考题等各占多长时间，做到心中有数，只有这样，才能做到不出现整堂课的内容前压后、后赶前的忙乱现象。缺乏教学经验的青年教师应尤为注意这点。

另外，在讲授过程中要想紧紧扣住学生的听课心理，平铺直叙地"满堂灌"的效果是不会好的，必须想办法调动学生思考问题的主动性和积极性，要进行必要的启发式教学，使他们的思路跟着教师的思路走。在讲授每部分内容时，可先把结论性的问题交代出来，然后再与学生一起分析这个结论的原因和过程，使问题的解决符合逻辑。所提问题都应在备课时予以认真思考，写好提纲，以便讲解提问。

课堂范例也是帮助学生更好地理解问题的一个好办法。举例恰当与否直接影响到学生理解问题的正确性和准确性。举例恰当能起到画龙点睛的作用，否则就成为画蛇添足。在备课时要认真挑选范例，范例不仅要紧密结合实践，还应选取典型的或具有普遍性的、易理解认识的、有说服力的，举例不能过大过长，否则将会喧宾夺主。

以上内容是培训讲义编写时需要进行的几项主要工作，只有吃透了教材，合理安排讲课时间，备课充分，才能编写好培训讲义，为上好课打下基础。

二、培训方法相关知识

对于一个优秀的三级验配师来说，在培训过程中，需要根据四级验配师的培训需求，使用不同的教学方法，帮助其高效地掌握听力学和助听器相关的知识。

273

（一）讲述教学法

讲述教学法或称讲演法，是最传统的教学方法。几乎自有教学活动以来，身为"教"者就习于采用这种以讲演或告之为主的教学方法。正式的讲述方式有些以演讲的形态出现，大部分则采口头讲解及书面资料（教科书）的阐述方式，并以问答及学生练习和教学媒体呈现的方式来进行讲述教学。讲述教学之所以长久以来广受教师欢迎，主要是其进行过程极为简单、方便，多数教师只要依教科书来讲解说明即可。

讲述教学法要点：

1. **讲述的内容需适合学生能力水平** 在内容上最好能适合学生目前的学习经验和能力，不宜过深，也不应太过简化。在解释概念时尽量举一些能被学生理解的例子来说明。

2. **教师应注意讲述时的动作、表情和语言** 讲述的动作要自然，不夸张、不轻浮。表情要有亲和力，不宜太严肃或者毫无表情。用语方面，避免使用太多俚语、方言及一些尖酸刻薄的话。

3. **避免照本宣科，兼用教学媒体** 教师在讲述时不应照着教科书的内容从头到尾、逐字宣读，也不宜指定学生照课本轮流宣读。讲解课文应分段落，扼要解释说明。在正式的讲述和演讲时，教师常使用教科书并利用各种教学辅助器材，包括幻灯机、投影机等。如此可使教学活动生动而富有变化，亦可吸引学生的注意力。

4. **随时与学生保持眼神接触** 教师在讲述时要随时注意学生是否仔细听讲，因此要随时注视学生，保持与学生眼神接触，如此可以维持其注意力，并了解学生反应。

5. **适时地强调重点** 教师在说明重要概念时，可以用暂时停顿或提高音调的方式来引起学生特别的注意，使学生有时间做笔记、思考。

6. **同时提供讲演纲要或书面资料** 除口头讲述外，最好能再提供讲述大纲或其他相关的书面资料，有助于学生的听讲、记忆和了解。

（二）探究教学法

引导学生参与教学过程，经过思考以获得知识。验配师培训主要使用实践式探讨方式，是在实践过程中学习。探究教学法有以下几个特点：

1. 学生有机会提问。

2. 学生间可以互相交换意见。

3. 需要提供辅助教学器材。

（三）练习教学法

练习教学法的意义在于对某种动作、教材内容，反复操练，从而养成反射性的正确反应。根据教学的目的，为养成某种习惯或技能，就必须采用练习教学法。

练习教学的步骤为：引起动机—教师示范—学生模仿—反复练习—评量结果。

练习教学的原则为：选择适当（有意义）的练习教材；练习应该先求正确，再求迅速；练习方法要多变化；练习手续要经济（简化）；顾及个体差异；练习后要能应用；练习时间宜短、次数宜多；教师要做好指导（技能课要注意安全性，观察、纠正学生错误）。

（四）讨论教学法

由学生与学生及学生与教师之间相互共同讨论而使某些问题获得解决或形成观念。讨论教学法可分为下列三种：

1. **开放式讨论** 针对一个主题让学生多方讨论。

2. **计划式讨论** 教师事先准备好题目让学生依题目讨论。

3. **辩论** 以辩论方式从不同观点出发相互讨论。

（五）网络教学法

网络教学法利用计算机设备和互联网技术，对学生可实行异地、同时、实时、互动教学和学习，是远程教学的一种重要形式。其主要实现手段有：视频广播、网络教材、视频会议、多媒体课件等。与传统教学方法相比，有三个主要特点：网络信息资源丰富，选择自由，要求学生具备学习自主性；学生与任课教师或网络上专家或其他同学之间交互式学习；学生可根据自己实际情况，及时调整学习，更加个性化。

三、听力保健与听力康复宣传知识

对于广大群众，特别是老年人，掌握听力保健常识，注意耳的保健，对预防耳病的发生，保持正常的听力，具有重要的意义。在宣传方面主要内容为：日常生活中的听力保健，包括外耳、中耳及内耳的保健；儿童听力保健，包括遗传性聋的预防，新生儿听力筛查、早期诊断及干预；预防感染性疾病致聋，关注儿童的听力及语言发育；关注中老年人的听力保健，科普听力健康与全身基础疾病的关系等内容。

【 能 力 要 求 】

一、实操带教

对下级验配师的指导培训，除了能够编写培训讲义、制定培训计划外，重点要放在根据学员的具体情况开展好实操带教工作。目前常用的实操带教方法可以归纳为：课堂讲授法、案例分析法、角色扮演法、游戏法、示范操作法和分组讨论法。以上六种方法在培训时都可以使用，但要加以选择才能达到最佳培训效果。表 2-7-1 列出了选择培训方法时应考虑的要素。

表 2-7-1 选择培训方法时应考虑的要素

考虑要素	说明
培训目的	能够最有效地引导学员达到培训目的
培训内容	能够最有效地让学员掌握和记忆学习内容
学员情况	学员人数、学员对知识的了解水平、学员的文化与社会背景
实际情况	培训场地、时间、设施及费用限制情况等

（一）课堂讲授法

1. **概念** 课堂讲授法也称演讲法（图 2-7-1），是传统模式，也是教师最常用的培训方法，是教师通过口头语言向学员描述情况、叙述事实、解释概念、论证原理和阐明规律的教学方法。它包括四种具体的方式：讲述、讲演、讲解、讲读。

（1）讲述：讲述是带教老师运用口头语言描绘或叙述所学的具体对象或基本材料，通过分析、解释、说明、论证对学员传授知识的一种方法，讲述注重于系统知识的传授。

（2）讲演：讲演是通过语言的感染力来引起听众的共鸣。

（3）讲解：讲解是用语言传授知识的一种教学方式，通过语言对知识的剖析和揭示，分析其组织要素和过程程序，揭示其内在联系，从而使学员把握其实质和规律。讲解有两个特点：其一，在主客体信息传输（知识传输）中，语言是唯一的媒体；其二，信息传输具有单向性（主体指向客体）。

（4）讲读：讲读是在讲述、讲解的过程中，把阅读材料的内容有机结合起来的一种方式。通常是一边读一边讲，以讲导读，以读助讲，随读指点、阐述、引申、论证或进行评述。

图 2-7-1　课堂讲授法

2. **适用范围**　常被用于一些理念性知识的培训，用于向群体学员介绍或传授一个单一课程的内容，如对某项测听技术的介绍与演讲、某听力评估方法的意义和临床应用等理论性内容的培训。

3. **优势和不足**　课堂讲授法的优势在于能够向群体学员一次性讲授相同信息，而且时间和进度由教师掌握，有利于加深理解难度较大的内容，适于学员数量不同的大、小型培训；但此法也有不足之处，由于学员长时间没有参与，可能会有烦闷感，教师很难确定学员的掌握程度，学员对内容记忆有限。

4. **步骤与技巧**

（1）开始，即阐明课程主题与要点：事先了解培训学员情况，包括知识、年龄、职位及培训需求等，并在讲课中有意提及培训要点。将授课内容以讲义的形式事先发给参加培训的学员，将培训场地布置得有吸引力，学员座位舒适，环境宜人。

（2）讲述，即举例、说明主题与要点：使用音像资料、幻灯片、电子演示文稿或使用白板、翻页板等辅助工具，拉进与学员的距离，与学员进行目光交流，音量适中偏大，响亮的声音富有感染力，讲授内容时要有系统性，条理清晰，重点突出，发现学员对内容流露出疑惑的神情时，放慢教学速度或重新讲解，分段授课，中间休息几次。

（3）结束，即总结主题与要点：收集学员对课程的意见，酌情改正，总结授课经验与不足，便于下次提高。

（二）案例分析法

1. **概念**　案例分析法（图 2-7-2）是关于要学员作出决策或是解决问题的真实或假设情况说明，可短可长。学员单独或者分组讨论分析，作出决策或解决问题。所要作出的决策或解决的问题，或简单或复杂，答案不定，有多少学员或小组参加就可能有多少种答案。

2. **优势与不足** 案例分析法允许学员积极参与，能够提出全面分析与解决问题的方案，可以获得多种答案，开拓思维，但信息要准确，案例要真实，学员需要足够的上课时间来完成，需注意讨论时学员可能会跑题。

3. **步骤与技巧**

（1）准备案例：根据培训目的准备案例，案例要真实，源于生活或工作，考虑使用音像或讲义形式准备案例；准备案例分析讨论的问题，这些问题要能够激发学员参与的积极性。

图 2-7-2 案例分析法

（2）案例分析：对学员进行分组，鼓励团队解决问题，引导学员阅读案例，分析问题，提出解决方案，促进学员的互动，鼓励多种解决方案的出现，始终观察各小组的进展情况，并适时进行引导。

（3）总结：分析之后，检查各组案例分析的结果是否达到教学目的，回答学员提出的问题，总结案例分析的结果。

（三）角色扮演法

1. **概念** 角色扮演法（图 2-7-3）是指一部分学员根据教师的要求表演一个制定的情景，其他学员在旁边观看并作出评价和分析。角色扮演有助于学员在愉快的环境中学习新技能，让培训变得更有趣味性，也可以帮助学员建立自信。教师通过这种方法让学员辨识过去的不当行为，探索与练习新技能。

图 2-7-3 角色扮演法

2. **优势与不足** 角色扮演法使学员能够体验真实或夸张的现实场景，体验所扮演角色的特别感受，给学员一个站在他人角度看问题的机会，学员在互动、愉悦的场景中学习与练习；但角色扮演使用较多时间来理解看起来很简单的问题，花费较多时间准备场景、解释人物以使学员能够正确理解扮演内容,该方法需要周密的计划和实施控制,有些学员可能会因为羞于表演而抵制参与。

3. 步骤与技巧

(1)说明场景:教师提供场景资料,说明为什么要进行角色扮演,把角色扮演的内容与培训目的联系起来,为角色扮演规定时间,可使用讲义提供场景资料。

(2)角色扮演:为参与者分配角色和任务,为其他学员分配观察任务,最好提供检查表让学员分项填写,对表演适时地进行指导或鼓励,使之正常进行,掌握时间。

(3)总结:听取参加表演学员的体会与感受,并引导其得出正确结论,把角色扮演活动与培训目的结合进行总结。

4. 举例,助听器使用指导实操带教

(1)实操前,教师准备一张桌子、两把椅子、新包装的助听器、验配师工具箱、笔、纸等道具。

(2)实操开始时,先由教师从学员中挑选验配师和听障者的扮演者,将其组队并分配角色和任务,尽可能让每位学员都有参与机会。

(3)然后请他们演示验配师如何向听障者介绍助听器的使用。例如,对于第一次佩戴助听器的听障者,验配师必须从如何戴上、取下助听器开始指导。对于老年人,若一次讲解内容过多,老人不可能记住这么多信息,那么验配师应该将注意事项写下来或定期电话给予指导,而不是敷衍地让听障者自己回去看说明书。

(4)未参与表演的学员应认真观察表演学员的指导过程,记录该过程中的可取和不足之处。观察的内容包括:验配师的业务熟练程度,指导的具体内容是否完整,验配师对听障者的态度和语气是否合适,指导的方式是否得当等。

(5)演示完毕时,可先让扮演者对自己的表演进行评价,再让观察者提出意见和建议,教师对每一组的点评和总结可作为下一组表演学员的提示。待所有学员表演结束时,实际上已经对助听器使用指导过程巩固了多遍,有助于学员加深印象。

(四)游戏法

1. 概念　游戏法(图 2-7-4)通过游戏将学习内容与学习目的相联系以强化培训效果,把所学的概念应用到设计的游戏情形之中。

2. 优势与不足　游戏法优点明显,生动活泼,学员参与性强,易引起学员的兴趣,集中学员注意力,让学员融入学习过程,寓教于乐,通过活动引起学员对培训目的的思考;但缺点是,教师需要花时间挑选或编制完全符合培训目的的游戏,特别是大型游戏,比较难掌控,需要有效的总结,将游戏与培训目的加以直接联系。

3. 步骤与技巧　游戏为教师提供了有吸引力的重复教学的方法。用游戏巩固所学知识,达到温故知新的效果,符合成年人的学习特点。如果是技能培训,游戏可以示范多种技能。

安排游戏时,要考虑学员的年龄构成。游戏不宜过于复杂,要有清晰的游戏规则或说明。

(1)准备游戏:选择简短、简单的游戏,通常 1～30 分钟,选择参与性强的游戏,通过学员在身体或心理上的参与,促进大脑的思考。准备游戏空间,要有充分的空间,没有危险性。按游戏规则对学员进行分组,介绍游戏,介绍游戏目的,要与培训目的相结合,强调游戏时间及规则。

(2)做游戏:不参与游戏的学员做观察员,并在结束后发表观察评论,及时对参与学员进行指导与调整,注意游戏的进展情况,记录细节,以备总结。

图 2-7-4 游戏法

（3）总结：游戏结束，请观察员对观察内容进行评论，请参与学员分享参与感受及在参与过程中受到的启发。总结游戏的完成过程，分析游戏细节，把游戏与培训目的联系起来，强调学习目的。

（五）示范操作法

1. **概念** 示范操作法（图 2-7-5）是教师向学员示范所教授工作任务的正确步骤或做法。示范操作是用于技能培训，这种方法要求教师对所示范操作的工作任务能够熟练地完成。

图 2-7-5 示范操作法

2. **优势与不足** 示范操作法能够调动学员视觉因素，有助于理解和记忆，引起学员的兴趣，为学员树立一个效仿的榜样，示范内容要与学员的学习直接相关；但是示范操作需要时间准备，教师示范操作时，由于学员的视角位置不同，可能不是所有的人都能看清楚。

3. **步骤与技巧** 借助音像资料与多媒体设施的示范操作效果不错，但教师要注意将观看、解说及操作结合使用。在必要的讲解、播放部分演示内容后,给学员亲自动手练习的机会。适用于小型集体培训和"一对一"技能培训。

（1）示范操作前的准备：展示"样品",引起学员的兴趣,对总体任务和操作内容进行说明,因为示范操作的内容可能是一个总体任务中的一小部分。介绍示范操作的程序、步骤及要点。

（2）示范操作：以正常的速度示范操作一遍,边示范边进行解说;放慢速度边示范边解说第二遍;让学员练习动作,互换角色,由学员边讲解操作程序与步骤,边示范操作;表扬学员的进步,纠正学员的错误,提供积极的反馈。

（3）结束示范操作：收起示范操作的用品和设施,将其看作是示范操作的一部分,再次强调操作的要点,复习培训目的,结束示范操作培训。

4. 举例,印模取样实操带教　实操前,教师准备印模取样工具箱。实操开始时,首先向学员逐个介绍工具箱的器具名称及各自的作用,请一位学员配合当听障者,教师亲自示范演示印模取样的全过程。清洁双手和检耳镜、安置听障者、检查耳道、放置耳障、混合印模材料、注射材料、填充耳甲腔、耳甲艇、待干、取出印模;再次检查耳道,检查印模质量,填写订单。操作演示期间,仔细描述各步骤的正确手法和技巧、注意事项及可能出现的问题和应对方法。必要时换一位学员当听障者,重复操作演示一遍。

示范操作法要求教师严格按照讲义规范操作,不得有误,示范几乎是一个单向传授的过程,因此不以学员提问为主。示范完毕后,请每位学员按照示范程序自己相互印模取样,教师指导,加深印象。

（六）分组讨论法

1. 概念　分组讨论法（图 2-7-6）是教师将学员分组,并引导各小组对某专题进行讨论。各小组可以讨论同一题目,也可以讨论不同题目。分组讨论是一种互动培训方式,每位学员都可以参与其中,从而收到良好的培训效果。

图 2-7-6　分组讨论法

2. 优势与不足　分组讨论法的优势在于,学员的参与使其资源得到发掘并与大家共享,有助于学员提出意见,一个意见可能会启发出另一个思路;但教师要提出讨论的框架结构,同时监控所有的小组难度较大,学习要点可能不够清晰甚至被忽略,时间比较难控制。

3. 步骤与技巧 采用分组讨论形式进行实操带教时，教师要鼓励学员参与。

（1）分组：最佳分组人数为 3～5 人，如果培训中设计了分组讨论，最好采用圆桌式或分组式摆台，便于同一小组成员面对面地进行沟通。规定讨论时间，最佳为 5～7 分钟，最长不超过 10 分钟。规定达到的目的及其他具体要求，使用翻页板记录各小组的讨论意见，进行集体交流。

（2）鼓励参与：鼓励学员的参与，表扬领先讨论的小组，鼓励后进小组。鼓励学员自由表达意见，所提出的意见不必是成熟的意见，重在抛砖引玉。鼓励思维创新，创造一种自由开放的氛围。随时观察每个小组的讨论进展情况，回答学员问题。

（3）总结：支持各小组的讨论结果和意见，深入理解每一条意见的实施潜力，寻找更佳方案，对讨论加以积极的总结，将讨论结果与培训目的相结合，遇到争论性话题，尽量保持中立，鼓励不同意见，引导冲突成为有创意的解决方案。

二、听力保健与听力康复知识宣传

可以通过以下方式进行听力保健与听力康复知识宣传：

1. 公众媒体 通过广播、电视、报纸及网络上的文字广告（软文）、直播、演讲录像等各种形式开展宣传，这几种形式仍然是大部分人了解信息的主要渠道，尤以老年人为主，具有广泛的宣传效应。

2. 自媒体形式 微信、微博、短视频等各种媒体形式。通过该方式可传播到各种会应用此类媒体形式的人群，这些人群以年轻人为主。

3. 与目标群体的直接接触 到社区、学校、幼儿园、聋康机构、老年公寓和老年大学举办讲座，科普听力学常识，进行义诊等。

4. 慈善活动也是一种市场宣传的重要形式 如医院的义诊、免费体检，助听器公司、残联、助听器经销商等各种机构的捐赠。这些活动都需要高级验配师的专业质量把控。各种机构的慈善活动与国家的助残活动相结合，使各种慈善活动普及到方方面面。

（段吉茸 韩 睿）

思 考 题

1. 如何指导四级助听器验配师使用听力设备？
2. 如何指导四级验配师进行助听器调试软件的安装？
3. 怎样进行听力康复管理与咨询？
4. 助听器相关理论培训的内容是什么？
5. 如何编好培训讲义？
6. 理论培训方法有哪几种？
7. 各种实操带教方法有什么特点？
8. 通过哪些形式进行听力保健与听力康复知识宣传？

推荐阅读

[1] 李新钢，王任直. 外科学 神经外科分册. 北京：人民卫生出版社，2016.

[2] 周良辅. 现代神经外科学. 2 版. 上海：复旦大学出版社，2015.

[3] FINITZO-HIEBER T，TILLMAN T. Room acoustics effects on monosyllabic word discrimination ability for normal and hearing-impaired children. J Speech Hear Res，1978，21（3）：440-458.

[4] HAMEED NUF，ZHU Y，QIU T，et al. Awake Brain Mapping in Dominant Side Insular Glioma Surgery：2-Dimensional Operative Video. Oper Neurosurg（Hagerstown），2018，15：477.

[5] LI J，CHEN G，GU S，et al. Surgical Outcomes of Spinal Cord Intramedullary Cavernous Malformation：A Retrospective Study of 83 Patients in a Single Center over a 12-Year Period. World Neurosurg，2018，118：e105-e114.

[6] LI PL，SONG JP，ZHU W，et al. The application of hybrid operation suite in the management of cerebral and spinal vascular diseases and intracranial hypervascular tumors. Zhonghua Waike Zazhi，2019，57：607-615.

[7] QIU TM，GONG FY，GONG X，et al. Real-Time Motor Cortex Mapping for the Safe Resection of Glioma：An Intraoperative Resting-State fMRI Study. AJNR Am J Neuroradiol，2017，38：2146-2152.

[8] QIU TM，YAO CJ，WU JS，et al. Clinical experience of 3T intraoperative magnetic resonance imaging integrated neurosurgical suite in Shanghai Huashan Hospital. Chin Med J（Engl），2012，125：4328-4333.

[9] SHAHNAZ N，BORK K. Comparison of Standard and Multi-Frequency Tympanometric Measures obtained with the Virtual 310 System and the Grason-Stadler Tympstar. Canadian Journal of Speech-Language Pathology and Audiology，2008，32（4）：146-157.

[10] WU JS，GONG X，SONG YY，et al. 3.0-T intraoperative magnetic resonance imaging-guided resection in cerebral glioma surgery：interim analysis of a prospective，randomized，triple-blind，parallel-controlled trial. Neurosurgery，2014，61 Suppl 1：145-154.

[11] YU Z，HAMEED NUF，ZHANG N，et al. Intraoperative awake brain mapping and multimodal image-guided resection of dominant side insular glioma. Neurosurg Focus，2018，45：V2.

[12] ZHANG J，ZHUANG DX，YAO CJ，et al. Metabolic approach for tumor delineation in glioma surgery：3D MR spectroscopy image-guided resection. J Neurosurg，2016，124：1585-1593.

[13] ZHUANG DX，WU JS，YAO CJ，et al. Intraoperative Multi-Information-Guided Resection of Dominant-Sided Insular Gliomas in a 3-T Intraoperative Magnetic Resonance Imaging Integrated Neurosurgical Suite. World Neurosurg，2016，89：84-92.

32